开关磁阻直线电机建模与纵向边端效应分析

聂　瑞　司纪凯　著

中国矿业大学出版社

·徐州·

内 容 提 要

本书着重进行了开关磁阻直线电机(SRLM)非线性建模以及纵向边端效应的分析与补偿方法研究，以期为SRLM理论体系的构建奠定基础。本书提出了一种SRLM高精度的非线性建模方法，并完成SRLM系统的数学建模；基于所建立的电机模型，研究SRLM的纵向边端效应和绕组连接方式对电机性能的影响。随后，为了改善纵向端部效应带来的负面影响，提出了两种纵向边端效应设计补偿方法和一种控制补偿方法，并提出了一种不受纵向端部效应影响的SRLM新型拓扑结构。在研究过程中基于两种SRLM的样机和平台方案，对本书理论研究内容进行了实验验证。

本书适于电气工程领域的教师、研究生、本科高年级学生、研究人员及工程技术人员阅读参考。

图书在版编目(CIP)数据

开关磁阻直线电机建模与纵向边端效应分析/聂瑞，司纪凯著.—徐州：中国矿业大学出版社，2024.4

ISBN 978-7-5646-6246-2

Ⅰ.①开… Ⅱ.①聂… ②司… Ⅲ.①开关磁阻电动机—系统建模 Ⅳ.①TM352

中国国家版本馆CIP数据核字(2024)第087843号

书　　名　开关磁阻直线电机建模与纵向边端效应分析
著　　者　聂　瑞　司纪凯
责任编辑　何　戈
出版发行　中国矿业大学出版社有限责任公司
（江苏省徐州市解放南路　邮编221008）
营销热线　(0516)83885370　83884103
出版服务　(0516)83995789　83884920
网　　址　http://www.cumtp.com　**E-mail**:cumtpvip@cumtp.com
印　　刷　江苏淮阴新华印务有限公司
开　　本　787 mm×1092 mm　1/16　**印张** 11　**字数** 215千字
版次印次　2024年4月第1版　2024年4月第1次印刷
定　　价　45.00元

前 言

开关磁阻直线电机(SRLM)凭借结构简单、可靠性高、容错能力强等优点迎来了良好的应用前景。但是由于现有 SRLM 的优化设计方法与控制策略通常借鉴开关磁阻旋转电机(RSRM)的研究成果,这使得其区别于 RSRM 而特有的纵向边端效应被忽略。对 SRLM 的纵向边端效应进行研究可以加深对其真实运行特性的理解,可以为提升 SRLM 系统性能提供新的思路。本书通过建立一种高精度非线性的 SRLM 模型,介绍了纵向边端效应对 SRLM 性能的影响,从电机设计角度和控制角度提出对 SRLM 的纵向边端效应进行补偿的方法。

全书共分为 5 章。

第 1 章介绍了 SRLM 研究背景及意义,综述了目前 SRLM 的电机本体、控制方法、电机建模及纵向边端效应在国内外的研究现状。

第 2 章介绍了一种 SRLM 的高精度非线性模型,该模型能够充分体现 SRLM 的真实特性,包括纵向边端效应为电机性能带来的影响,为 SRLM 纵向边端效应的研究打下了坚实的基础。通过有限元方法对 SRLM 的磁化曲线及磁密分布曲线进行了分析,改进了磁化曲线的准线性模型。通过对该准线性模型进行分析得到了一种变形的 Sigmoid 函数,该函数可以作为获得完整磁链特性曲线过程中的插值函数。同时归纳了带有偏差的磁链对电流的影响规律,从而提出一种用于获得电机磁链-电流-位置完整曲线簇的训练方法。为了比较所提方法的建模精度,还给出了基于六阶傅里叶级数法所得同一样机的电磁特性模型,设计了在线半实物仿真实验与离线实验,分别证明了依据所提方法得到的电磁特性具有更高的精度以及所建模型用于模拟电机动态性能时具有良好的效果。此建模方法同样适用于开关磁阻旋转电机,具有良好的普适性。

第 3 章结合绕组连接方式研究了纵向边端效应对 SRLM 性能的影响,通过有限元方法分析了纵向边端效应和绕组连接方式为电机各相的自电磁特性以及相间的互电磁特性带来的变化。结合两种绕组连接方式详细分析并量化了纵向边端效应对电机动态性能的影响，还分析了电机在不同绕组连接方式下的磁密特性和铁损耗特性，总结了两种绕组连接方式各自的优缺点。完成了样机在两种绕组连接方式下的测试，分析了电机电动状态时的电磁力脉动以及发电状态时的输出电压纹波，并根据间接测量法处理得到了电机动态运行过程中的铁损耗，不同控制策略下的实验结果均验证了纵向边端效应为电机性能带来的影响，以及电磁分析和仿真结果的正确性。

第 4 章从电机设计角度对 SRLM 的纵向边端效应进行了补偿，通过有限元方法对增加定子辅助磁极的这种已有的补偿方法进行了补偿效果分析，并基于最小化额外空间与成本的目的进行了定子辅助磁极宽度与电磁力脉动之间的敏感性分析，这为定子辅助磁极宽度的选择提供了参考。在等效磁路分析后，根据磁场相似原理提出了一种加宽定子边端磁极的新的纵向边端效应设计补偿方法，并给出了定子边端磁极的理论最优宽度，还对这两种针对平板型 SRLM 的纵向边端效应的设计补偿方法进行了补偿效果比较。除此之外，在借鉴开关磁阻旋转电机的结构特点后，提出了一种不受纵向边端效应影响的 SRLM 新结构，并在所制造的样机和所建立的硬件平台上完成了实验验证。

第 5 章从控制角度对 SRLM 的纵向边端效应进行了补偿，利用考虑相间互耦合特性的电压平衡方程研究了电机动态运行时纵向边端效应对各相电流峰值造成的影响。随后分析发现原有的 SRLM 电流估计模型对电流峰值的估计精度有限，为了提高估计精度提出了一种将相间互耦合特性考虑在内的改进的电流估计模型。基于改进的电流估计模型提出了一种用于平衡电流峰值的开通位置自适应调节控制方法，并给出了基于这种调节方法的电机速度闭环控制框图，该系统结构简单且易于实现。实验与仿真结果表明，所提控制方法可以实现电流平衡以及对纵向边端效应带来的负面影响进行补偿，该方法在重载和电机饱和情况下同样适用，具有良好的通用性。

本书的出版得到了国家自然科学基金项目(52207067，52277069)及中国博士后科学基金项目(2023M743155)的资助，特此鸣谢。

本书由郑州大学聂瑞撰写第 2～第 5 章、司纪凯撰写第 1 章。在撰写过程中，参考了国内外许多专家、学者的著作、论文等文献，在此表示衷心的感谢！

著 者

2023 年 10 月

目　　录

第1章 绪 论

1.1 课题研究背景与意义

随着工业生产的发展，人们要求现代先进制造行业应具备高速、高精度、快响应及低成本的特点。在所需旋转运动的系统当中，依靠旋转电机获得旋转运动的体系已较为完善，也有越来越多高速、高效率及高可靠性的旋转电机出现。在传统的直线运动系统当中，通常是利用旋转电机带动曲柄连杆将旋转运动转换为所需的直线运动[1-9]。这种系统存在多次能量转换过程，因此系统整体的效率有限，同时还具有机械摩擦严重、能量损耗大、噪声大等缺点。对于需要直线运动的应用而言，直线电机系统在重复定位精度、刚度、工作寿命等性能指标上都优于旋转电机系统。如果将直线电机直接运用在直线驱动系统当中，还可以赋予系统结构简单、安装方便、无须多余传动装置、摩擦小等明显的优点。因此近年来在一些工业自动化的应用中直线电机系统逐步取代了旋转电机系统[10-13]。

直线电机的出现略晚于旋转电机。从第一台直线电机问世距今已有接近两百年的历史，世界上第一台直线电机由于样机气隙过大导致效率不高而宣告失败。随后，直线电机经历了探索实验、开发应用到实用商品化三个主要发展阶段[2]。在近些年直线电机的发展进程中，科研工作者们遇见过很多难以攻克的问题，因此直线电机的发展经历过起落，但是最终伴随着理论研究的不断深入、电机加工制造工艺的不断提升以及高性能铁磁材料的运用，一些高性能直线电机也得以商品化与市场化，直线电机的研究热潮得以在全球蔓延。尤其是在欧美等发达国家，直线电机技术日趋成熟。德国西门子公司推出了成套的适用于数控设备的直线电机、驱动器及数控系统；日本发那科公司也推出了用于高端设备的高控制精度直线电机，其利用高刚性的伺服系统，实现了高增益、高精度的运动控制以及免维护的机械结构；日本三菱公司开发了精密两轴直线工件台；美国科尔摩根公司开发了两种类型的永磁直线同步电动机，一种为无铁心结构，一种为有铁心结构。除了直线电机的发展之外，与直线电机相配套的光栅尺、线性导轨和直线轴承的制造公司也逐渐发展起来。现如今直线电机已经被应用在了运输系统[14-16]、电梯牵引[17-19]、轨道交通[20-25]、直驱波浪能发电系统[26-30]、军事设备[31-32]等领域。

在轨道交通领域，直线电机系统相较于传统旋转电机系统具有以下优点[20]：

（1）直线电机系统可以省去旋转电机系统中的齿轮箱等传动装置，因此系统整体能耗更低。

（2）直线电机系统具有更优秀的爬坡能力和动力性能，其线路最大坡度可以达到传统轮轨系统的两倍以上。

（3）利用直线电机的轨道交通系统转弯处的曲率半径更小的优势，可以绕过更多的城市建筑物，选线更为灵活。

（4）交通用直线电机系统所需隧道盾构面更小，建筑成本与系统造价更低。

（5）直线电机的运用使得轨道摩擦减小，因此造成的噪声更小，所需轨道的维护成本更低。

典型的直线电机驱动列车如图 1-1 所示。随着直线电机的发展，德国、日本、加拿大、美国、英国、法国、韩国和中国等国家相继对轨道交通用直线电机系统进行了探索。其中以日本的低速磁悬浮系统 HSST[21] 及加拿大的 Bombardier 系统最具代表性，它们已经成功应用于多个国家的轨道线路当中，取得了良好的商业效益。

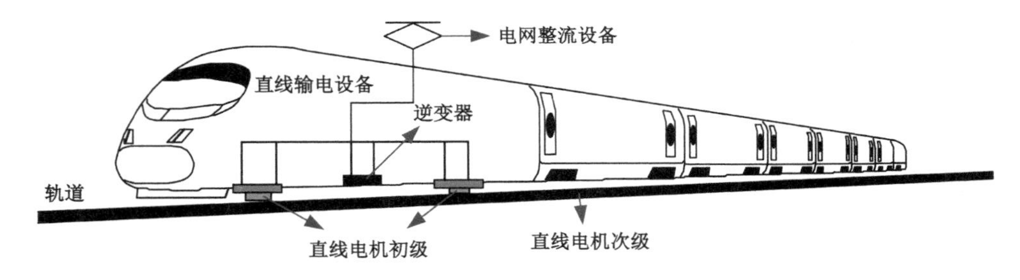

图 1-1　直线电机驱动列车示意图

我国从 20 世纪 70 年代开始关注直线电机牵引技术，浙江大学、西南交通大学、中国科学院电工研究所、北京交通大学、国防科技大学等单位对轨道交通用直线电机系统展开了研究。2004 年国家发展改革委在组织实施交通现代化关键技术国家重大产业技术开发专项（发文号：发改办高技〔2004〕1344 号）时，将城市轨道交通关键技术作为重点开发内容之一，大力推动城市轨道用直线电机的关键技术及设备研发。近年来，我国实现了将基于直线电机的轨道线路投入运营，如上海高速磁浮线、广州地铁4号线、北京机场快轨、长沙及北京低速磁浮线等[22]。其中广州地铁4号线是我国第一条运用直线电机系统的轨道线路，总长约60.03 km，其直线电机的装机总数为240台，已于2005年投入运营[23-24]。北京机场快轨工程从磁悬浮、快速轮轨、直线电机轨道交通系统等多种方案中选择了直线电机系统作为最终的轨道交通方式，线路总长28.1 km，是一条服务于航空旅客的具有候机楼功能的客运专线，其研制了10列40辆直线电机列车[25]。我国对直线电机系统应用于轨道交通领域的研究取得了一定的成绩，但是相较于加拿大和日本更为成熟和出色的产品还有一些差距，这还需要国内的企业及科研院校继续攻坚克难，紧跟世界城市轨道交通发展的大潮流。

在新能源发电领域，直线电机可以将直线方向上的动能收集起来转化为电能，近年来将直线电机与海浪发电结合起来的直驱海浪发电系统已经引起全世界学者的广泛关注。在全球能源日益短缺、人们呼唤“绿色”浪潮的今天，世界能源专家们将研究的触角伸向了广阔的海洋。海洋既清洁又蕴藏丰富的海洋潮汐能和波浪能，已成为人类未来理想的新能源之一[26-27]。根据海洋观测资料，我国陆地海岸线长超过18 000 km，沿海海域年平均波高在2 m左右，波浪周期平均6 s左右，丰富的波浪能资源约有五分之一可供开发和利用。

据原国家发展计划委员会发布的《中国新能源与可再生能源1999白皮书》数据，我国沿海潮汐能资源可开发总装机容量为2 179万kW，年发电量可以达到624亿kW·h，进入岸边的波浪能理论平均功率为1 285万kW。因此实现波浪能的有效利用可以大大缓解化石能源枯竭带来的危机，且能改善化石能源燃烧带来的环境污染问题。现有的波浪能转换方式大致可以分为四类，即空气涡轮式、液压式、聚能水库式以及振荡浮子式。前三种转换方式都是通过传动媒介（空气、液压油及海水）收集波浪能，将海浪的低速直线运动转换为高速旋转运动，利用旋转发电机组进行发电。这三种能量转换方式都存在能量转化过程多和能量损失严重的问题，这使得系统整体效率不高。而且液压系统的成本高昂，还存在液压油渗入海洋从而导致环境污染的风险。近年来，由浮子直接带动直线发电机往复运动的振荡浮子式能量转换方式成为海浪发电系统的研究热点，直线电机的运用降低了系统的能量损失[28-29]，且发电过程无环境污染的风险。典型的振荡浮子式波浪发电示意图如图1-2所示，图1-2(a)中直线电机在水面之上连接浮子，图1-2(b)中直线电机沉在水底连接浮子。

近20年来，国外关于直驱海浪发电的研究日趋成熟，2012年美国俄勒冈州立大学将圆筒永磁直线电机应用于点吸式的波浪发电系统中。瑞典乌普萨拉大学开发了放置在海底的直线电机，浮子通过柔性电力系统连接[30]。我国也已经有科研单位开始发掘直驱海浪发电系统的巨大潜能，主要有清华大学、山东大学、东南大学、深圳大学、西安交通大学、中国矿业大学等。但是整体而言国内对直驱海浪发电系统的研究目前仍处于发展阶段，亟须更加成熟高效的直线发电机系统及相关控制技术。

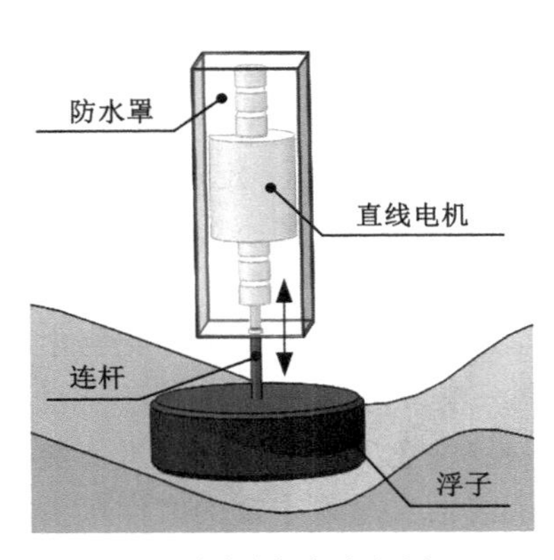

(a) 直线电机在浮子以上

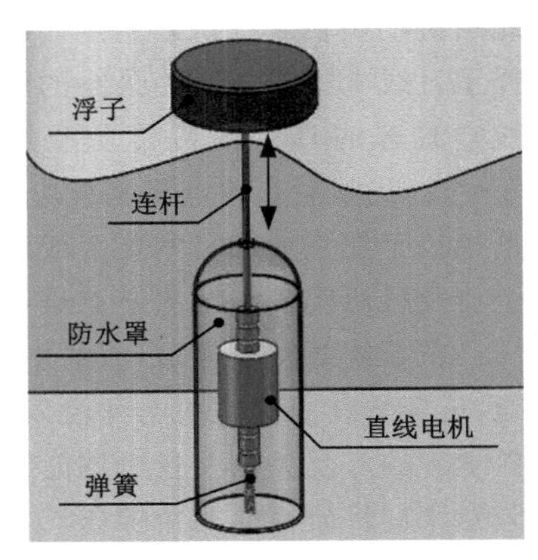

(b) 直线电机在浮子以下

图 1-2　振荡浮子式波浪发电示意图

直线电机还被应用在军事领域，导弹电磁弹射技术是电磁发射技术在军事领域的重要应用，现有的导弹电磁弹射技术基本上都是依据三种原理，即线圈发射、轨道发射和直线电机。其中依据直线电机的导弹电磁弹射技术具有效率高和功率密度高的特点，而直线电机是这种导弹电磁弹射技术中最核心的部分，现在常用于导弹电磁弹射的直线电机种类包括直线感应电机、直线永磁电机及直线磁阻电机[31]。美国在 1995 年宣布研制出了直线电机驱动的电磁炮。英国国防部在 2003 年完成了电磁弹射器的核心技术论证。中国工程物理研究院流体物理研究所在 20 世纪 80 年代研制出了我国第一台导轨式电磁发射装置，此外还有中国科学院等离子体物理研究所、西安电子科技大学、华中科技大学先后对电磁弹射技术进行了研究[32]。随着相关技术的发展，直线电机作为电磁弹射技术的核心技术之一，仍需更加新颖的本体结构和匹配更加高效的控制方法，才能在电磁弹射技术中具有更宽广的发展和应用前景。

综上所述，直线电机系统相较于非直线电机系统具有精度高、结构灵活、低损耗等优点，但是它也具有安装气隙较大以至于电机性能受限的缺点，除此之外，直线电机由于其自身结构造成了磁路切断，从而普遍具有边端效应，这往往会对直线电机的性能造成负面影响。如何弥补和弱化直线电机的缺点并突出其优点是当代直线电机专家学者们的研究目标。经过几十年的发展，我国对直线电机的研究取得了一些成绩，但是与国外相比，在推广应用方面依然有很大差距。我国各研究团队也逐渐加大了对新型高效直线电机的研究力度，以求能尽快实现高效直线电机系统的市场化与实用化。我国直线电机专家委员会给出了直线电机未来的发展与应用趋势[33]：① 直线电机可以广泛应用在输送系统当中；② 加大直线电机在机床加工业上的应用与开发；③ 在自动化、信息业、微系统等方面，加速各种微特电机的应用与开发。近年来电力电子技术与电磁场技术迅速发展，作为特种电机之一的开关磁阻电机的优越性日益凸显。研究表明，开关磁阻电机可靠性高、容错能力强、环境适应性强且可维护性好[34-38]，已经成功运用在电动汽车、军事、风力发电系统等多种应用当中[39-43]。由旋转开关磁阻电机（rotary switched reluctance machine，RSRM）衍生而来的开关磁阻直线电机（switched reluctance linear machine，SRLM）继承了其一系列独特优势[44-53]，这些优势使得 SRLM 的工业应用及理论研究取得了一定的进展，能够在一些场合当中良好应用，例如直驱海浪发电系统、轨道交通运输与直线牵引系统等。但是，SRLM 与直线感应电机和直线同步电机相比，在研究和应用方面仍有较大差距。本书根据直线电机的发展趋势与需求，对 SRLM 这种具有独特优势的特种直线电机进行研究，针对其建模困难的问题提出了一种 SRLM 高精度非线性模型，该模型能够充分体现 SRLM 的真实特性。然后基于该模型从三个方面探索了 SRLM 的性能提升方法，包括电机绕组连接方式的选择、纵向边端效应的设计补偿和纵向边端效应的控制补偿，最终从本体优化设计与高性能控制方法两个关键技术上实现了 SRLM 系统性能的提升。

1.2 直线电机分类与常见直线电机

直线电机的分类如图 1-3 所示。按照电机原理来分类，常见的直线电机包括直线感应电机、直线同步电机、直线直流电机、直线步进电机以及直线开关磁阻电机等[54-55]。按照磁通路径来分类，直线电机可以分为纵向磁通直线电机与横向磁通直线电机，纵向磁通直线电机的磁路所在平面与直线电机动子的运动方向平行，而横向磁通直线电机的磁路所在平面与电机动子的运动方向垂直。直线电机中横向磁通电机与纵向磁通电机的概念分别与旋转电机中的径向磁通电机和轴向磁通电机相对应。按照电机结构来分类，直线电机又可以分为平板型直线电机、圆筒型直线电机及圆盘型直线电机，平板型直线电机常见的结构有单边型与双边型两种。

直线感应电机（linear inductance machine，LIM）是单边励磁电机，它具有结

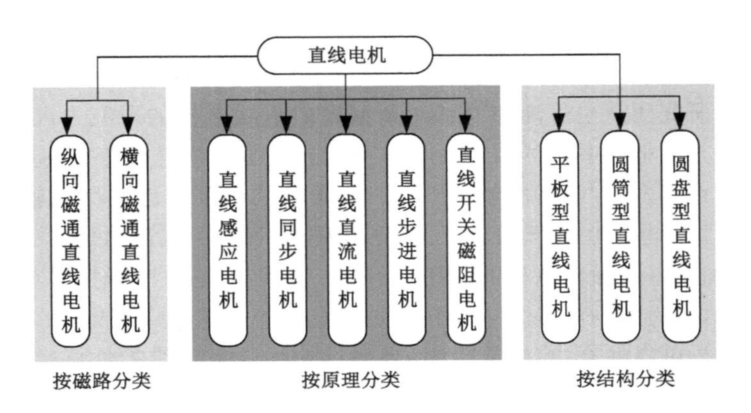

图 1-3　直线电机分类

构简单、成本低的特点，也是在中低速轨道交通中应用最早的直线电机[33]。前文所提到的我国直线电机成功应用在轨道交通系统的例子中，广州地铁 4 号线与北京机场快轨选用的就是 LIM。按照电机初级与次级结构的不同，常见的 LIM 可以分为短初级单边 LIM、短次级单边 LIM、短初级双边 LIM 及短次级双边 LIM。短初级 LIM 比短次级 LIM 的功率吸收好，且其运行能耗更小，结构也比短次级 LIM 简单，维修方便，维护成本低。双边型 LIM 由于双侧定子的存在，电机整体效率更高，自身结构在两侧气隙完全对称的情况下能克服法向电磁力，但是由于电机两侧气隙厚度很难保证完全相同，这反而增加了电机制造的成本与难度。因此，在实际轨道交通系统中多采用短初级单边 LIM。然而由于直线电机自身结构中所有的两侧铁心开断，LIM 的性能受到边端效应的影响。传统的平板型 LIM 的边端效应包括横向边端效应与纵向边端效应两大类，横向边端效应是由于电机初级、次级长度不一致导致的，纵向边端效应是由电机铁心开断从而使得不同相的阻抗不对称造成的。纵向边端效应导致了不对称电流的产生，从而增加了电机的附加损耗，降低了电机的电磁推力以及效率。LIM 这两大边端效应使其数学模型难以解耦，从而加大了 LIM 建模及分析的难度。除此之外，当 LIM 高速运行时，由于边端效应、集肤效应以及电机温升的共同作用，电机的稳定控制难以实现。因此，现在关于 LIM 的研究主要集中在电机结构优化设计、边端效应研究、电机电磁分析、电机解析分析以及新型控制算法方面。近年来国内的许多高校包括浙江大学、西南交通大学、北京交通大学、华中科技大学以及国防科技大学等对中低速磁悬浮列车用 LIM 展开研究，围绕着 LIM 的边端效应、电机解析分析、场路耦合进行了大量的研究工作[56]。北京交通大学进行了 LIM 的参数辨识研究，研究表明，将边端效应考虑在内的 LIM 参数辨识方法精度更高[57-58]；华中科技大学除了提高LIM的参数辨识精度之外，还对其无速度传感器控制进行了详细研究[59-60]。

直线同步电机(linear synchronous machine，LSM)是双边励磁电机，它具有功率因数好和效率高的优点，因此适于制造为大气隙、大功率电机，LSM还具有适宜高速运行的特性，因此常常被用在高速磁悬浮列车系统当中，我国上海高速磁悬浮线中采用的直线电机就是LSM。但是由于双边励磁的原理，LSM定子与动子上均有绕组，因此无论是长定子的LSM还是短定子的LSM，它们的结构都比较复杂，且成本往往要高于LIM。文献[61]对比分析了LSM与LIM，结果表明，LSM具有更高的电磁力密度，还提出了一种超导LSM以用于超高速大推力的应用环境。为了使LSM的结构得到简化，出现了一种电机动子磁极为永磁体结构的LSM，即永磁同步直线电机。这种电机的磁极磁场由永磁体提供，因此其动子上无须外加电源励磁，电机结构得到了简化。除此之外，永磁同步直线电机还具有电磁力密度高、效率高、电机运动惯量小、易于控制、制造维护方便等优点，其大推力及高效率等特点使其成为电磁弹射中常用的直线电机之一。这种电机还可以利用悬浮绕组形成磁悬浮永磁同步直线电机，能够解决数控机床直线驱动系统中摩擦力大的问题。传统的LSM励磁磁场的大小由电流的大小决定，而永磁LSM的磁极磁场大小难以调节。文献[62]提出了一种可控励磁的永磁LSM，完成了其运行机理分析、数学模型推导和结构设计与优化工作，在提高了电机推力密度的同时还降低了电机的成本。现在关于永磁LSM的研究主要集中在电磁推力分析、推力脉动抑制、无传感器控制策略以及法向电磁力抑制等方面。国内对LSM及永磁LSM展开研究的高校有沈阳工业大学、浙江大学、哈尔滨工业大学、北京理工大学和东南大学等。

直线直流电机(linear direct-current machine，LDCM)与旋转直流电机相似，具有原理简单、控制灵活以及效率高等优点，但是传统LDCM由于存在引流用的电刷以及带绕组的电枢，很难运用于长行程系统当中。随着半导体电子技术的发展，LDCM结构的研究重点从有刷向无刷过渡。且随着稀土永磁材料在电机结构中的运用，永磁式LDCM相较于电磁式LDCM更容易实现无刷无接触运行，稀土永磁材料的使用还减小了永磁式LDCM的体积，提高了其电磁性能与控制性能。永磁式LDCM还兼有直线电机的高定位精度，因而得以在工业生产和军事领域中应用。现在针对LDCM的研究热点包括电机结构设计优化、电磁推力优化、控制系统仿真以及新型控制策略研究等。文献[63]分析了一台电磁弹射用永磁无刷LDCM非换相期间的推力，并提出了通过调整电压及占空比的方式对非换相期间降低的推力进行补偿，仿真分析结果验证了所提方法的可行性。文献[64]提出了一种不存在铁心齿槽结构的动磁式LDCM以弥补常规 LDCM 齿槽力过大和行程短的问题。相较于 LIM 和 LSM,国内有关 LDCM 的研究相对较少,但是随着电力电子技术的发展,永磁无刷 LDCM 的研究渐渐成了电机领域的研究热点之一。

直线步进电机(linear stepping machine,LPM)是一种直接将脉冲驱动信号转化为直线步进运动的伺服电机,它采用步进式直线排列的线圈绕组结构。这种直线电机结构简单、效率高、定位精度高,由于不受机械传动的限制,因此电机运行过程中可靠性高。LPM 相较于其他直线电机具有更高的系统控制精度,因此被应用在了针织横机上的纱嘴运动系统[65]、光学镜头的微型变焦系统[66]以及 3D 打印系统[67]当中。但是 LPM 与旋转步进电机一样具有易发生共振和难以高速运行的缺点。从现有的相关文献来看,国内外对于直线步进电机的研究仍处于起步阶段,研究的热度也远不及 LIM 与 LSM。

开关磁阻直线电机(SRLM)是一种特种直线电机,其简单的结构和优良的性能逐渐吸引了专家学者的关注。与研究较多的其他直线电机相比,SRLM 比稀土永磁直线电机成本低,运行可靠性更高,其效率要优于 LIM。在 SRLM 发展的初期阶段,系统不可缺少的功率变换器限制了这种特种电机的发展,但是随着电力电子技术的进步和变频器的普及,功率变换器的存在也不再是限制 SRLM 发展的原因。近年来已有研究将 SRLM 应用于轨道交通[68]和直驱海浪发电系统[69]中。表 1-1 将 SRLM 与上述几种常见直线电机进行了比较,其中 LIM 的结构简单,但是具有边端效应明显的缺点;LPM 的效率较高,但是高速性能较差;SRLM 控制方法灵活,但是振动噪声较大。

表 1-1 按照原理分类的常见直线电机比较

直线电机	原理	本体结构	效率	控制方法	成本	其他缺点	常见应用
LIM	定子绕组通交流电,气隙中产生稳定直线运动的行波磁场	简单(单边励磁)	低	较复杂	低	边端效应明显	中低速轨道交通系统、电磁弹射系统等
LSM	动子磁场受定子磁场磁拉力作用,随定子磁场同步直线运动	复杂(双边励磁)永磁同步直线电机有所改善	高	复杂	高	—	高速轨道交通系统、电磁弹射系统等
LDCM	载有电流的导体在磁场中受直线电磁力作用	复杂(有电刷及带绕组的电枢)永磁直流无刷直线电机有所改善	高	灵活	较高	—	工业检测领域等

表 1-1(续)

直线电机	原理	本体结构	效率	控制方法	成本	其他缺点	常见应用
LPM	一个驱动脉冲使动子沿直线前进一步	简单(单边励磁)	高	较复杂	低	高速性能差	光学镜头的微型变焦系统等
SRLM	磁阻最小原理	简单(单边励磁)	较低	灵活	低	振动噪声明显	轨道交通系统、直驱海浪发电系统

1.3 开关磁阻直线电机研究现状

近20年来,国内外电机专家开始对SRLM进行深入的理论研究与性能实践,相关关键技术的发展使得SRLM成了直线驱动系统当中可以选择的直线电机之一。依据RSRM衍生而来的SRLM继承了RSRM的一系列独特优势[44-53]:

(1) 结构简单,坚固耐用,动子部分无线圈无电刷,电机整体不存在永磁体,能够适用于环境较为恶劣的应用场合中。

(2) 启动电流小,但启动转矩大。

(3) 能实现再生制动和能量反馈,降低了能量的浪费[70]。

(4) 系统中可控参数较多,因此控制方法灵活,为高性能控制研究提供了可能。

SRLM的这些优点是吸引学者对其进行研究的重要原因,但是由于独特的本体结构与运行特性,SRLM也具有一些不可避免的缺点:

(1) SRLM正常运行需要获取准确的动子位置,因此需要配备位置传感器,这增加了系统的成本,并降低了系统运行的可靠性。

(2) SRLM的功率密度及效率要小于永磁直线电机。

(3) 与RSRM相似,SRLM的电磁力脉动大,系统振动噪声问题严重[50,71-77]。

近30年来,为了改善SRLM的缺点以及提升SRLM系统的整体性能,相关学者进行了大量的研究,本书从本体设计与新结构、控制方法以及电磁特性建模研究三个方面对SRLM的研究现状进行了总结。

1.3.1 本体设计与新结构研究现状

常见的 SRLM 按结构可以分为平板型 SRLM 和圆筒型 SRLM。

(1) 平板型 SRLM

常见的平板型 SRLM 结构包括单边型 SRLM 与双边型 SRLM,现有的平板型 SRLM 的标准设计流程一般参照 RSRM 的设计经验,在设计了同功率的 RSRM 后,将 RSRM 沿径向切开并延展,从而能够得到单边型 SRLM 的尺寸。

文献[46]给出了单边型纵向磁通 SRLM 的标准设计流程,并给出了一台 4.8 m 长的 6/4 结构单边型 SRLM 的设计过程,样机实验验证了设计方法的有效性。而文献[78]推导了双边型 SRLM 的关键尺寸、电磁功率等级以及电磁负荷之间的关系,所得公式可以根据 SRLM 的功率设计指标计算出电机定子极距与定子叠厚的大致尺寸,随后根据设计经验选取其他结构的尺寸,该文献为 SRLM的电负荷与磁负荷大小的选取提供了参考,所提设计方法不需要将 SRLM 与 RSRM 进行等价变换,简化了 SRLM 的设计过程。

文献[79]利用文献[46]中的标准设计流程得到了一台功率为 1 kW 的 12/8 结构的单边型 SRLM 的初始尺寸,为了提高电机的效率及降低电机的电磁力脉动,利用遗传算法完成了该电机的多目标优化设计。

文献[48]对四种用于电梯直线牵引系统的 SRLM 的特性进行了比较,其中两种分别为传统的 8/6 结构单边型 SRLM 和 8/6 结构双边型 SRLM,第三种 SRLM 具有三个定子和两个动子,定子与动子之间的气隙共有四部分,第四种为动子无轭结构的高推力密度双边型 SRLM。对比结果表明,第四种 SRLM 最适合用于电梯直线牵引系统,该文献重点对这种 SRLM 的本体优化设计、建模及磁路分析等进行了研究。

文献[49]提出了一种低成本、高效率的平板型 8/6 结构 SRLM,并将其运用到汽车主动悬架系统当中,还研究了适合这种电机的非线性控制器。文献[50]研究了一种减小四相双边 8/6 结构 SRLM 电磁力脉动和冲击力的方法,这种电机被用于电梯牵引系统当中,该电机结构与文献[49]中所提出的高推力密度 SRLM 的结构相同。

文献[80]首先将一种双边型混合耦合 8/6 结构的 SRLM 运用于直驱海浪发电系统当中,并将其与一种传统结构的永磁直线发电机进行了对比研究,结果表明,文中所提出的混合耦合结构的 SRLM 在高于额定速度下能更好地从原动机提取能量,具有良好的经济性,而永磁直线发电机则在效率方面更胜一筹。

文献[46]、文献[78]和文献[79]中的三个 SRLM 的结构为常见结构,与传统 RSRM 相似,定子包括定子磁极和定子轭部,动子包括动子磁极和动子轭部,绕组缠绕在定子磁极上。而文献[49]和文献[50]所提出的8/6结构的双边型SRLM的绕组缠绕在动子上，动子为无轭结构，如图1-4(a)所示。为了提高电机的电磁力密度也有一些新型的平板型SRLM被提出。

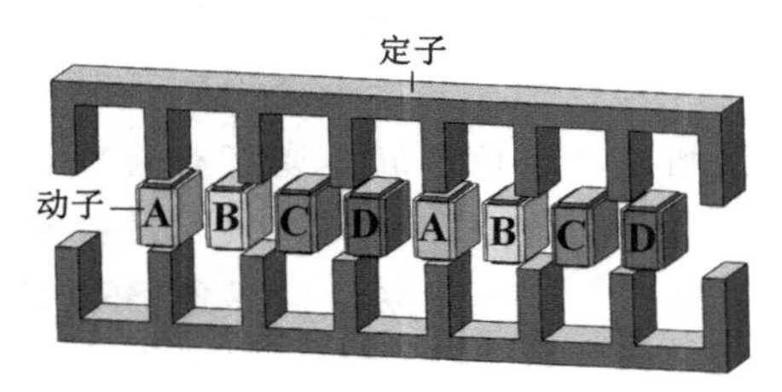

(a) 文献[49]中的双边型SRLM

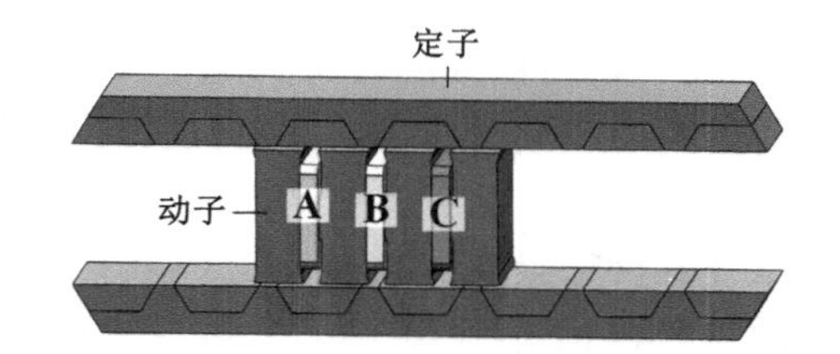

(b) 文献[81]中的双边型SRLM

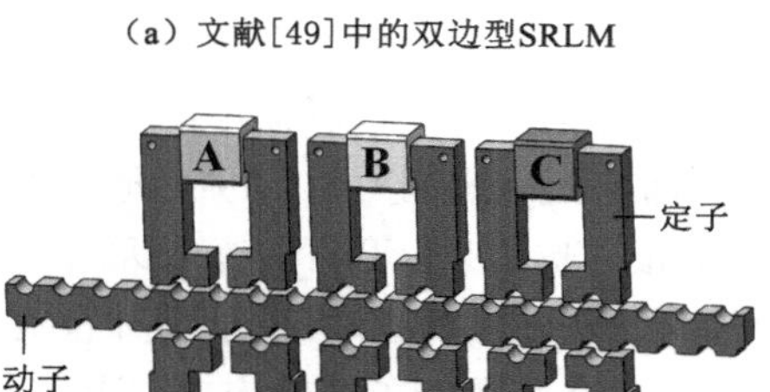

(c) 文献[82]中的双边型SRLM

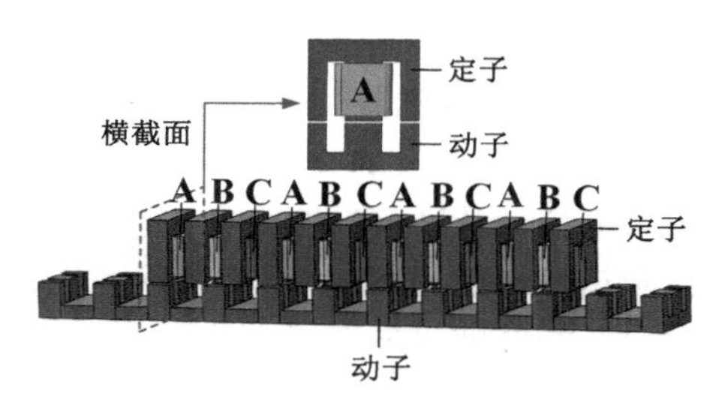

(d) 文献[86]中的单边型SRLM

图1-4　四种平板型SRLM

文献[81]提出了一种用于轨道交通的新结构双边型纵向磁通SRLM，该电机集中绕组缠绕在动子轭部，定子结构中有许多定子铁磁块，它们嵌入由非铁磁材料制成的定子底座中，非铁磁材料的定子底座隔绝了定子铁磁块之间的磁通回路，这种新结构SRLM与传统结构SRLM相比具有更大的铜利用率和磁链承载能力，该电机结构示意图如图1-4(b)所示。该文献还给出了这种电机的设计过程，有限元计算结果表明，这种结构的SRLM较相同尺寸的传统结构的SRLM表现出了更大的电磁推力，样机实验验证了有限元计算结果的正确性，其热识别与建模工作在文献[51]中完成。

文献[82]中给出了一种定子具有多个凸出磁极结构的双边型SRLM，这种电机的绕组缠绕在定子轭上，该电机结构示意图如图1-4(c)所示。关于该电机位置控制[82]、发电补偿控制[83]、最优定位协调控制[84]以及协同跟踪控制[85]的研究结果也相继发表。

文献[86]提出了一种功率为250 W的12/8结构的单边型横向磁通SRLM，并给出了这种SRLM的设计过程，样机测试结果与有限元计算结果的误差不超过5%，证明了设计过程的可靠性。文献[86]中的单边型SRLM区别于文献[78-85]中的平板型SRLM，该SRLM为横向磁通电机，其结构示意图如图1-4(d)所示。

横向磁通电机的构想于20世纪80年代初期被首次提出[87]，随着相关理论、技术、材料、方法的发展，横向磁通电机于90年代中期开始渐渐得到了国内外学者的广泛关注，这一结构的提出对提高电机功率密度和转矩密度有着重要意义。与传统的纵向磁通电机相比，横向磁通电机具有易于制造、装配过程简单、漏磁低、磁路短和气隙可以制造得较小等优点[86]，近年来横向磁通SRLM成为SRLM新结构领域的又一个研究热点。

文献[88]也提出了一种横向磁通双边型SRLM，并将其性能与一台等尺寸的纵向磁通双边型SRLM进行了比较。有限元计算结果表明，所提出的横向磁通SRLM的电磁推力密度、功率密度和效率都略逊色于等尺寸的纵向磁通SRLM，该文献还给出了纵向磁通SRLM的样机实验结果，证明了有限元计算的可靠性。从现有的关于横向磁通平板型SRLM的文献来看，所得结果并没有体现出横向磁通SRLM具有更优越的性能，这说明了现有的横向磁通SRLM的研究与其他横向磁通直线电机相比还有较大差距，需要引起相关学者的重视。

(2) 圆筒型SRLM

单边型SRLM因单侧定子结构而存在单侧法向电磁力大的问题，巨大的法向电磁力会加大电机动子与导轨之间的摩擦，影响电机寿命。双边型SRLM的对称定子结构可以大大减小电机动子所受的法向电磁力，但是这需要两侧气隙高度一致，加大了电机装配的难度。而圆筒型直线电机的圆筒型定子结构可以简便地消除定子与动子之间的法向力，这种结构的电机气隙能够被制造得很小，从而电机力密度也可以得到有效提高。近几年来学者们为了提高SRLM的电磁推力密度提出了一些圆筒型结构的SRLM，它们兼有圆筒电机及SRLM的双重优点。现有的关于圆筒型SRLM的研究工作还主要集中在电机的设计优化方面，相关理论还没有成熟，也没有相应的产品。

文献[89]提出了一种具有饼式线圈的圆筒型SRLM，并对电机出力与相电感进行了建模。

文献[90]提出了一种具有饼式线圈的纵向磁通单相圆筒型SRLM，通过有限元方法对电机的静态电磁力进行了分析，且与样机测试数据相比较得到了趋于一致的结果。

文献[91]通过实验测试对圆筒型SRLM与圆筒型永磁直线电机的性能进行了比较分析。通过测试发现圆筒型SRLM的力密度虽然高于一般平板型SRLM，但是其大小仍只有圆筒型永磁直线电机的70%。圆筒型SRLM的力密度虽然不及圆筒型永磁直线电机，但其在结构与可靠性方面却有较大优势：圆筒型 SRLM 没有永磁体，电机整体而言可靠性更高且成本较低，还能实现可靠的装配。反之，圆筒型永磁直线电机由于存在永磁体的缘故，通常只能工作在干净和有一定保护措施的场合内，而圆筒型 SRLM 可以制造成封闭型结构，能够工作在相对恶劣的环境当中，因此这种电机在一些应用场合中有着不可替代的优越性。除此之外，该文献还对两种圆筒直线电机的热场进行了分析，结果表明，两种电机的损耗与温升基本都产生在定子部分，这说明圆筒型结构便于冷却。

文献[92]中研究了一种用于辅助心脏循环的圆筒型 SRLM，其所提出的电机结构在定子部分加入了不导磁环，因而各相磁路之间互不干扰，其结构示意图如图 1-5(a)所示。该电机能够作为辅助心脏血液循环的促动器，通过理论研究与有限元分析发现，所提出的促动器能够为心脏血液循环提供所需的促动力。

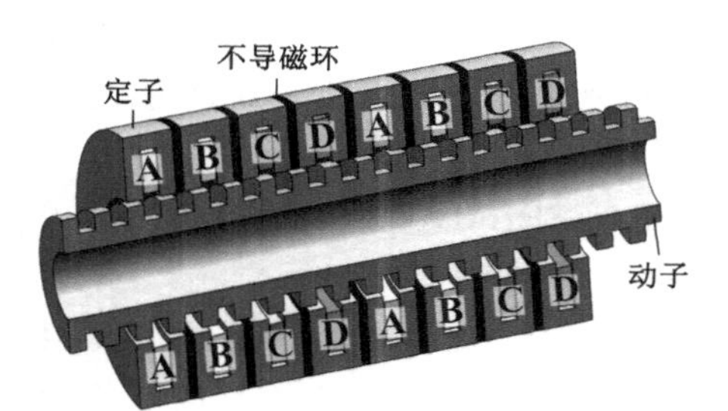

(a) 文献[92]中的双边型SRLM

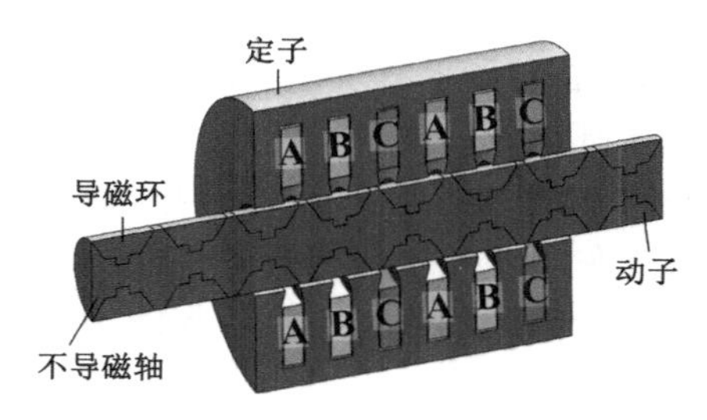

(b) 文献[93-95]中的双边型SRLM

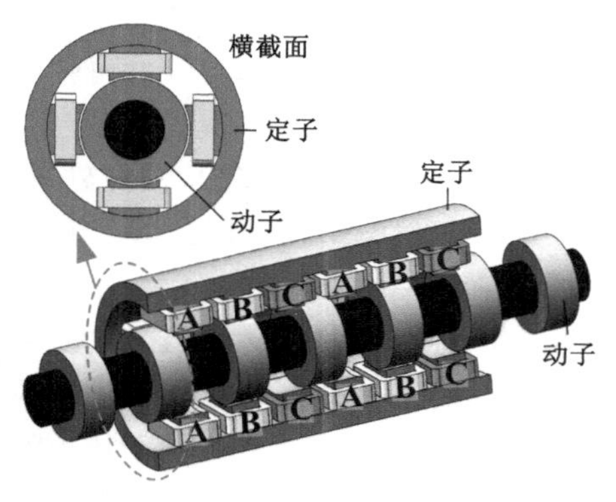

(c) 文献[99]中的双边型SRLM

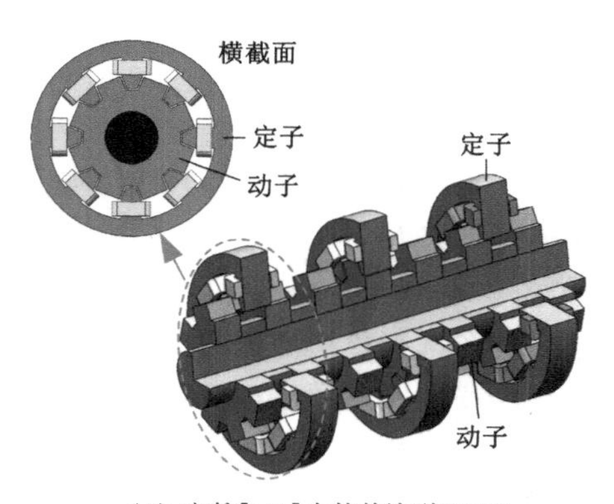

(d) 文献[101]中的单边型SRLM

图 1-5　四种圆筒型 SRLM

文献[93-95]提出了一种结构新颖的具有导磁环结构的三相 6/4 结构的纵向磁通圆筒型 SRLM，其动子由一系列的导磁环构成，但是各导磁环的磁路又被由非导磁材料制成的轴隔离开来，因此各相绕组所形成的磁通回路之间互不干扰，其结构示意图如图 1-5(b)所示。该电机致力于应用在波浪能发电系统当中，文献[93]介绍了该电机的设计方法与基本性能，文献[94]中通过仿真验证了该电机的基础性能，文献[95]总结了圆筒型 SRLM 用于海浪发电的突出优点：

① 圆筒结构直线电机的力密度高于平板结构直线电机的力密度；

② 圆筒型 SRLM 的定子槽中不需要任何的隔离装置，因此便于制造且造价低；

③ 动子上没有绕组和永磁体，电机可靠性高；

④ 绕组产生的磁通可以连接动子的两个相邻齿极，具有更大的承载磁通的能力，有利于电机力密度的提高；

⑤ 调速范围宽且启动性能良好，适用于海浪能转换系统。

与研究较多的圆筒型永磁同步直线电机相比，圆筒型 SRLM 的制造成本低，仅在定子上有绕组，其高可靠性与高容错能力使得该结构的 SRLM 能适应海水环境，适合于振荡浮子式的海浪发电模式。

文献[96]提出了一种用于海浪发电的圆筒型 SRLM，并给出了振荡浮子式海浪发电模式示意图。

文献[97]提出了一种直驱波浪能发电用互相耦合结构的横向磁通圆筒型 SRLM，该电机在能量转换方面比传统结构的圆筒型 SRLM 具有更高的电负荷与磁负荷利用率，并依据三维结构建立了其完整的非线性等效磁路，利用麦克斯韦张量法仿真了该电机的电磁力特性，最后利用三维有限元法验证了该结果。

文献[98]提出了一种三相 6/4 结构的横向磁通圆筒型 SRLM，其磁路所在平面的定子部分为六个磁极结构。

文献[99]中提出了一种与文献[98]所提结构相似的三相 6/4 结构横向磁通圆筒型 SRLM，但其磁路所在平面的定子部分是四个磁极结构，其结构示意图如图 1-5(c)所示。

为了选择横向磁通圆筒型 SRLM 的横向截面的最优结构，文献[100]在一台单相横向磁通圆筒型 SRLM 上对横截面两个磁极、四个磁极、六个磁极和八个磁极的结构进行了对比研究。研究表明，与纵向磁通圆筒型 SRLM 相比，横向磁通圆筒型 SRLM 的定子绕组放置受两个定子槽的限制，一个定子槽在横向截面上，另一个定子槽在纵向截面上，该文献综合考虑了横向磁通圆筒型 SRLM 的空间利用率，选定了横截面上六个定子磁极的结构为使电磁推力密度最大的结构，该文献还借鉴了旋转电机初始尺寸选择的经验，给出了可参考的横向磁通圆筒型 SRLM 初始尺寸的选择规则。文献[101]认为，虽然文献[99]提出的横向磁通圆筒型 SRLM 结构简单坚固，但是该电机通过定子磁极、气隙与动子磁极形成的磁通路径过长，很难大幅度提高电机的力密度。

为了充分利用磁路，文献[101]提出了一种结构新颖的横向磁通圆筒型SRLM，在电机磁路所在平面上，定子为八个磁极结构，动子磁极结构被设计为特别的齿轮形状卡扣于定子磁极之间，其结构示意图如图1-5(d)所示。该文献将这种新型结构电机的性能与文献[99]所提出的电机的性能进行了比较，结果表明，改进后电机的力密度更高且性能更加优越。

表1-2以纵向磁通电机和横向磁通电机对本节提及的与SRLM结构有关的文献进行了分类，从现有关于SRLM的本体设计与新结构的文献来看，平板型SRLM及纵向磁通SRLM居多。这是因为横向磁通电机的空间结构难以用二维结构进行描述，复杂的空间结构、磁路以及难以建立的模型是限制这种电机快速发展的主要原因。整体而言，横向磁通电机与圆筒型电机作为提高SRLM电磁推力密度的新思路，仍待进一步研究与验证。

表1-2 现有的SRLM按照磁路分类

类型	平板型SRLM	圆筒型SRLM
纵向磁通电机	文献[48-51,78-85]	文献[89-96]
横向磁通电机	文献[86,88]	文献[97-101]

1.3.2 控制方法研究现状

依托SRLM的直线驱动系统与依托旋转电机的直线系统相比，具有定位精度高、系统效率高和噪声低等优点。但是目前关于SRLM的研究仍处于实验室阶段，相关技术还没有完全成熟，SRLM系统仍存在一些问题，例如直线编码器降低系统可靠性、双边型SRLM的气隙偏心以及系统电磁力脉动大等。为了使SRLM系统性能进一步提升，已经有许多文献从电机控制角度弥补甚至解决了SRLM系统存在的这些问题。

(1) SRLM无位置传感器控制

SRLM系统与RSRM系统相似，其正常运行往往需要实时获得准确的动子位置，因此SRLM系统中有作为位置传感器的直线编码器，例如直线光栅尺或者磁栅尺等。一旦直线编码器损坏或者信号受到干扰，无法获得准确动子位置的SRLM系统便会瘫痪。由此可见，位置传感器的存在大大降低了SRLM系统的可靠性。因此，利用RSRM/SRLM电磁特性与定子/动子位置之间的函数关系获得电机实时位置的无位置传感器控制技术应运而生，无位置传感器控制可以使RSRM/SRLM的运行摆脱位置传感器的限制，能够缩小系统体积，同时提高系统整体的可靠性。

成熟的无位置传感器控制策略下的 SRLM 可以适应更加恶劣的环境，与在高温强振环境下容易出现退磁现象的永磁直线电机相比，SRLM 则更具竞争力。现有的 SRLM 无位置传感器控制方法基本上还是借鉴 RSRM 的控制方法，而 RSRM 的无位置传感器控制方法中，适用于启动和低速范围内的方法有脉冲注入法、电流斩波法和调制解调法等，适用于高速范围内的方法有电流梯度法、磁链法、互感法和观测器法等。下面对已有的 SRLM 无位置传感器控制研究进行总结。

文献[102]实现了一台双边 SRLM 的无位置传感器控制，其位置估测方法利用了 RSRM 中常用的简化磁链法，该文献在此基础上通过电流过零点时计算磁链的正负值，更正了磁链计算公式中绕组的内阻值，提高了一般简化磁链法的位置估测精度，样机实验验证了所提位置估测精度改善方法的有效性。

文献[103]提出了一种基于自举电路的 SRLM 无位置传感器初始位置检测方法，该方法对每相增加的自举电路充电并检测电压上升时间，利用电压上升至峰值的时间获得电感理论值与电机动子位置。该方法在一台单边型 SRLM 的 ANASYS-Maxwell 模型中进行了验证。仿真结果表明，其估计的初始位置与实际位置之间的误差不超过 3%，但是该文献没有进行样机实验。

文献[104]提出了一种基于电机涡流效应的 SRLM 位置估测方法，该方法基于涡流效应对绕组电流的影响，寻求到高频脉冲注入时电流上升时间与下降时间之差这个物理量和动子位置呈一一对应关系，通过分区注入脉冲实现了 SRLM 的位置估测。样机实验证明，在低速情况下该方法的位置估测精度可以满足电机运行要求。

文献[105]提出了一种考虑气隙偏心影响的 SRLM 位置估测方法，一般在以估测电感为特征量的位置估测方法中，估测电感的准确性直接影响估测位置的准确性，当双边型 SRLM 出现偏心时，估测电感的准确性就会受到影响，该方法分析了电机偏心量对估测电感的影响，通过磁路分析寻求到了一种不受电机偏心量影响的特征量，其与动子位置呈一一对应关系，样机实验证明了该方法在低速情况下的有效性。

(2) 平板型 SRLM 不平衡法向电磁力抑制

单边型 SRLM 具有单侧定子结构，巨大的法向电磁力使得电机动子与导轨摩擦严重，降低了这种电机的寿命。电机设计工作者提出了双边型 SRLM 来解决法向电磁力问题，但是由于电机制造工艺的限制，双边型 SRLM 两侧气隙很难保证完全对称。因此，无论是单边型 SRLM 还是双边型 SRLM，其性能都会受到不平衡法向电磁力的影响。

文献[106]提出了两种抑制双边型 SRLM 不平衡法向电磁力的方法，经过有限元分析与磁路分析发现，去除 SRLM 动子轭有助于减小法向力，因此提出了一种动子无轭结构的双边型 SRLM，并将其与传统结构的 SRLM 进行比较，实验结果验证了动子无轭结构的 SRLM 具有更小的法向力。除此之外，该文献通过二维瞬态有限元模型分析发现双边型 SRLM 的绕组并联连接时表现出了更小的法向力，实验结果与理论分析结果一致。

文献[107]提出了一种抑制双边型 SRLM 法向电磁力的控制方法，该文献首先定义了双边型 SRLM 偏心率的概念，然后通过磁路分析得到电机偏心率与一个绕组不饱和电感相关的物理量(电机两侧定子绕组的不饱和电感的倒数之差)呈正比例关系。通过在空闲相注入脉冲实现了双边型 SRLM 偏心率的在线检测，然后根据偏心率实时控制两侧绕组的电流斩波限值。样机实验结果验证了该文献所提出的方法可以有效地抑制法向电磁力。

(3) SRLM 电磁力脉动抑制

SRLM 继承了 RSRM 诸多优点的同时，也继承了其电磁力脉动大的缺点。当 SRLM 运用在如海浪发电系统这种速度较低的系统当中时，其电磁力脉动问题更加严重。

除了抑制 SRLM 电磁力脉动的设计优化方法外[108-110]，还有很多降低 SRLM 电磁力脉动的控制方法。现有的抑制 SRLM 电磁力脉动的方法还是借鉴了 RSRM 的转矩脉动抑制策略，主要包括直接瞬时转矩控制、转矩分配函数、参考电流优化方法、参考磁链优化方法以及转矩观测等。

文献[111]通过直接瞬时电磁力控制方法成功降低了一台三相 6/4 结构 SRLM 的电磁力脉动。

文献[112]利用 MATLAB 仿真了一种基于 PWM 波占空比调节的直接瞬时电磁力控制方法，该方法依靠磁链和电磁力两个查找表来完成。

文献[111]和[112]仅给出了所提方法的仿真结果，并没有进行将直接瞬时电磁力控制方法实际应用于样机的实验验证。

文献[113]利用电磁力分配函数法降低了一台常规结构单边 SRLM 的电磁力脉动，它选用了一种常用于 RSRM 的转矩分配函数，仿真和实验验证了该分配方程同样可以用于降低 SRLM 的电磁力脉动。

文献[114]基于非线性电感模型提出了一种用于 SRLM 的改进的电磁力分配函数，在该 SRLM 调速系统中采用这种改进的分配函数可以在降低电机电磁力脉动的同时使运行速度也变得更加平滑。

文献[115]提出了基于电磁力分配函数的 SRLM 控制系统，所提出的新的电磁力分配函数使得电机同一时间有两相绕组产生正向电磁力，该电磁力分配函数能够降低绕组电流的峰值以及电流变化率，并基于所提出的功率变换器最终在一台单边型 SRLM 上实现了无电磁力脉动控制。

文献[76]提到，现有的电磁力分配函数虽然可以降低 SRLM 的电磁力脉动，但是不能满足 SRLM 用于电梯牵引系统时对电磁力峰值的需求，这导致 SRLM 系统的位置及速度控制效果较差。因而该文献提出了一种新的电磁力分配函数，动态仿真与实验结果证明，基于新的电磁力分配函数，该 SRLM 在电梯牵引系统当中表现出了超出以往的优越性能。

（4）SRLM 速度控制与位置控制

SRLM 作为可以用于直线驱动系统的直线电机，其速度控制[116-117]和位置控制[118-125]是研究热点之一。

文献[116]针对 SRLM 应用于自动驾驶轨道交通提出了相应的控制结构和电流整形算法，以实现电机从电动运行状态到制动运行状态的平滑过渡。

文献[117]研究了电流斩波控制与 PWM 控制用于控制电机恒速运行时的性能，并给出了平衡电机效率与电磁力脉动的最佳控制参数。

文献[118]和文献[119]研究了一种基于自校正调节器的 SRLM 高精度位置控制方法，该方法结合基于极点配置算法的参数估计，对一台单边型 SRLM 进行了位置跟踪控制，仿真与实验结果证明了算法收敛速度快，且位置控制结果可以保证无超调，验证了所提方法的有效性和鲁棒性。

文献[120]同样对 SRLM 的高精度位置控制进行了研究。它利用一种两自由度的 PD 位置控制器可以实现长距离系统的高精度位置控制，但是这种控制器在短距离系统中对位置跟踪的效果较差，因此该文献在 PD 位置控制器中加入了一种 H_∞ 回路成形技术以提高控制器的鲁棒性。

文献[121]针对该电机还提出了一种无源性控制算法以改善系统的稳定性。

文献[122]提出了一种基于在线参数估计的用于 SRLM 位置跟踪控制的自适应控制器，其在应对控制信号变化及外部干扰上都表现出了比传统 PID 控制器更强的鲁棒性，所提出的控制器在一台双边型 SRLM 系统当中完成了验证。

文献[123]研究了三台同样的双边型 SRLM 同时运行时的协调跟踪控制方法。

文献[124]也提出了一种自抗扰控制策略以解决 SRLM 系统中控制信号变化及外部干扰带来的问题，所设计的控制器解决了传统 PID 控制器无法解决的扰动问题。

文献[125]提出了一种将 SRLM 应用于电梯牵引系统的新型控制策略，该控制策略兼顾了电流、电磁力、速度和位置四个控制回路，实验结果证明了所提策略的良好控制性能。

1.3.3　电磁特性建模研究现状

精确建立电机或机器的模型是对它们进行电磁设计、性能评估以及控制策略开发的重要一步。SRLM 作为直线电机驱动系统的新选择之一，其精确建模决定着自身的研究效率以及新产品的开发速度。

SRLM 延续了 RSRM 的大电流以及铁心饱和的工作状态，其电磁特性同样表现出了高度的非线性。从目前电机专家用于 SRLM 的建模方法来看，基本均是套用 RSRM 的建模方法，这使得现有的 SRLM 模型都存在精度较差的问题。这里首先对现有的 RSRM/SRLM 电磁特性建模方法进行总结，并将在本节的最后总结利用现有方法对 SRLM 进行建模的局限性以及所需要做出的改进。

完整的 RSRM/SRLM 系统建模包括电机电磁特性建模、机械特性建模、功率变换器建模以及控制器建模。如 MATLAB 等商业软件目前基本已经集成了比较完备的功率器件库和经典的控制器，RSRM/SRLM 系统的功率变换器建模和一般控制器建模并不复杂。电机的机械特性建模依据机械平衡方程来完成，RSRM 和 SRLM 的机械平衡方程分别如下：

$$T = T_{\mathrm{L}} + J\frac{\mathrm{d}\omega}{\mathrm{d}t} + D\omega \tag{1-1}$$

式中　T——总电磁转矩；

T_{L}——负载转矩；

J——转子转动惯量；

ω——转子角速度；

D——摩擦系数。

$$F = F_{\mathrm{L}} + m\frac{\mathrm{d}v}{\mathrm{d}t} + Dv \tag{1-2}$$

式中　F——总电磁力；

F_{L}——负载制动力；

m——动子质量；

v——动子线速度。

除了机械特性建模、功率变换器建模以及控制器建模外，RSRM/SRLM 的本体特性建模依赖于电压平衡方程，而电压平衡方程的建立需要完整的磁链特性曲线或电感特性曲线。目前尚无 RSRM/SRLM 电磁特性曲线（包括磁链曲线、电感曲线以及电磁力曲线）的精准数学表达式，这使得电机电磁特性建模成为整个系统建模的重点与难点。多年来，电机专家在对 RSRM/SRLM 进行研究时，提出了许多电机电磁特性的建模方法，经过归纳这些方法可以分为有限元法、磁路法、解析式法、插值迭代法及智能法。

(1) 有限元法

有限元法将复杂的方程通过有限元上的简单方程来预估，是一种求得复杂问题近似解的数值技术，现已广泛用于求解热传导、电磁场以及流体力学等问题，它也是RSRM/SRLM设计中用于性能分析与预估的常用方法之一，常见的有限元商业软件包括FLUX、ANASYS、Ansoft、Magnet以及Maxwell等。有大量文献通过有限元法计算RSRM与SRLM的电磁特性曲线。

文献[126]通过有限元法得到并比较了一台传统结构RSRM和一台双定子结构RSRM的电磁特性。

文献[127]利用二维有限元方法对一种短磁路两相RSRM进行了改进，有限元计算结果证明9/12结构、具有E形定子铁心的RSRM比改进前6/10结构的RSRM平均转矩提高了约35%。

文献[128]用二维有限元法和三维有限元法研究了RSRM的横向端部效应。

文献[129]和文献[130]均是利用二维有限元法计算了SRLM的磁链特性曲线与磁共能特性曲线，然后在MATLAB环境下完成了绕组的建模。对于轴向磁通RSRM与横向磁通SRLM，简单的二维模型不能反映这两类电机的真实空间结构。

文献[131]通过有限元法对一台轴向磁通RSRM的设计结果进行验证，二维有限元法与三维有限元法的结果对比证明了三维有限元法的结果才能真正体现轴向磁通RSRM的真实电磁特性。

文献[100]和文献[132]通过三维有限元法分别计算了一种横向磁通圆筒型SRLM的电磁特性，并利用该特性完成了电机性能仿真，进行了不同结构参数对电磁推力大小的敏感性分析，实验结果验证了三维有限元法的准确性。

文献[101]利用三维有限元法计算了一台具有齿轮结构的横向磁通圆筒型SRLM的电磁特性。有限元方法是电机设计阶段的强有力的辅助工具，但是它往往占据大量的计算时间和计算成本，尤其是在计算三维电磁场问题时。由于有限元法必须依赖准确的电机结构和尺寸，因此无法利用有限元法对尺寸或结构未知的电机的电磁特性进行建模。

(2) 磁路法

磁路法是另外一种简化和计算电磁场问题的常用方法，通过对电机磁路的简化和各部分磁阻的计算，依据基尔霍夫电压定律和基尔霍夫电流定律可以得到RSRM/SRLM的电磁特性。

文献[133]建立了一台12/8结构的RSRM的等效磁路，获得了该电机在对齐位置和不对齐位置的两条磁链特性曲线，该文献提出磁路法可以用在电机的前期设计阶段，在比较了利用磁路法与有限元法所得磁链曲线、平均静态转矩后可以发现，两者较为接近但并不是完全相同。

文献[134]用磁路法分析了一台双边型 SRLM 在对齐与不对齐位置处的磁链特性曲线，该模型考虑了电机的漏磁回路与边端效应，其计算结果与有限元法的计算结果较为接近。

文献[135]基于磁路法分析了一台单边型 SRLM 的磁链模型，并利用该模型实现了电机的动态仿真，动态仿真电流与实测电流比较吻合，但是该文献并没有给出电机铁心饱和状态下的对比结果。

文献[136]利用磁路法完成了一台双边型 SRLM 偏心状况下的电磁特性建模，利用所建立的磁路模型可以得到该电机在不同偏心率下的磁链特性曲线，它们与实测的双侧定子绕组磁链结果接近，基于该磁链模型的动态仿真电流也接近于实测电流，验证了所建模型的有效性。磁路法与有限元法相似，都依赖于已知的电机结构与尺寸，比较适合用于电机前期设计阶段，有限元法精度更高但是快速性差，磁路法能够实现 RSRM/SRLM 电磁特性的快速建模。

(3) 解析式法

解析式法是利用解析表达式来拟合 RSRM/SRLM 的磁链特性曲线或电感特性曲线。最先提出的就是 RSRM/SRLM 磁链特性曲线的线性模型和用分段函数表达的准线性模型，这两种模型可以简化电机运行特性的分析，但是它们因忽略了铁心饱和特性而精度较差。除了这两种模型以外，学者们用已知的磁链数据进行参数解析，尝试用一些非线性的解析表达式对电机磁链特性数据进行非线性映射。

文献[137]提出了一种带有修正因子的反正切函数以建立 RSRM 的电磁特性模型，该方法在得到 5 条磁链曲线后就可以映射得到完整磁链曲线簇，它还能依据磁链模型推导出电感模型与电磁转矩模型。

文献[138]提出了一种考虑铁心饱和特性的 RSRM 磁链解析模型，还分析了 RSRM 的磁共能以及电磁转矩的解析表达式，给出了详细的分析过程，利用这些解析式所得的电磁特性与实测结果比较接近。

文献[139]和文献[140]运用三阶傅里叶级数作为电机磁链-电流-位置的拟合函数，具有计算速度快、方法简单等优点，但由于阶数较低，模型映射的精度受到了影响。

文献[141]提出了一种新的绕组磁链测试方法，将该方法中的傅里叶级数提高到五阶，实验与仿真结果表明运用更高阶的傅里叶级数可以提高模型的精度。

文献[142]提出了基于傅里叶级数的 RSRM 磁链模型，该建模方法不需要知道电机的结构参数与材料，对实际 RSRM 样机电磁特性的模拟效果良好，该文献所提出的解析表达式的结构与文献[140]中的磁链表达式相似。

文献[143]基于傅里叶级数结合自然指数提出了一种 RSRM 磁链模型。

综上所述，RSRM/SRLM 的电磁特性具有高度非线性，目前还没有理论上可以精确描述 RSRM/SRLM 电磁特性曲线的解析表达式，目前所提出的解析表达式都存在难以拟合的范围与不适用的电机运行状况，因此这种方法的建模精度有限，也尚未有一种 RSRM/SRLM 的电磁特性的解析表达式得到了广泛使用。

（4）插值迭代法

插值迭代法基于有限条磁链特性曲线，选择合适的插值方法可以得到完整的磁链曲线簇。首先插值迭代法依据的有限条磁链特性曲线的获得方法包括有限元法、磁路法以及实测法。有限元法和磁路法往往需要大量的计算时间和资源，而通过实测获得完整的磁链曲线簇需要花费更多的测量时间和数据处理时间。如果通过插值迭代法补充磁链曲线，则前期所需计算或测试的磁链曲线数量较少，建模过程更加便捷快速。因此插值迭代法可以看作有限元法、磁路法以及实测法这三种电磁特性建模方法的简化。常用于 RSRM/SRLM 磁链特性建模的插值方法有线性插值方法、三次样条插值方法、双线性插值方法和双三次样条插值方法等。

文献[144]和文献[145]提出将光滑样条插值方法用于一台 12/8 结构的 RSRM 电磁特性建模当中，其建模精度与利用 Hermite 三次样条插值方法、多项式拟合方法以及线性插值方法所得模型的精度进行了比较，结果表明，利用光滑样条插值方法所得磁链进行动态仿真的电流与电机实测电流最为接近。

文献[146]将利用三次样条插值方法得到的 12/8 结构的 RSRM 电磁特性曲线与有限元计算结果进行比较，证明了这种方法可以简化电机的建模过程。

文献[147]用双三次样条插值方法、最小二乘法及双三次样条与双线性混合插值方法对 RSRM 的电磁特性进行建模，并与一种考虑了电机相间互耦合特性的模型进行了比较，如果将三种不考虑互耦合特性的模型进行比较，基于双三次样条插值方法所得电机的电磁特性模型精度最高，但是双三次样条与双线性混合插值方法的计算快速性是三者中最好的，但是如果将四种模型一起比较，考虑相间互耦合特性的模型精度明显高于其他三个模型。

文献[148]认为利用双三次样条插值方法对 RSRM 的电磁特性进行建模所需基础数据量小、精度高且快速性好。

文献[149]基于双三次样条插值方法所得电磁特性模型寻求到了一种降低 RSRM 转矩脉动的新方法。RSRM/SRLM 电磁特性建模中常常将数据存储在查找表中，而查找表会遵循一些插值方法将离散的数据点形成完整的曲面。在MATLAB/Simulink环境下的查找表中提供了水平插值、线性插值以及三次样条插值这三种插值方法，因此一般用于建立RSRM/SRLM电磁特性模型的查表法也可以认为是插值迭代法的一种。插值迭代法所需前期准备的准确数据量少，这使得基于这些方法的建模速度快，但这也造成了所得模型的精度有限。

（5）智能法

智能法是基于有限条磁链特性曲线，利用智能算法完成RSRM/SRLM完整磁链/电感曲线簇的非线性映射的方法。例如神经网络算法具有强大的学习能力，非常适用于RSRM/SRLM非线性电磁特性的建模。

文献[150]和文献[151]分别将模糊神经网络和径向基函数神经网络用于RSRM电磁特性的建模中，与传统BP神经网络建模相比，前者结合了最小二乘法提高了收敛速度，后者减小了网络节点，提高了模型精度。

文献[152]提出了一种改进的广义回归神经网络模型，并结合果蝇优化算法提升了RSRM的电磁特性模型精度。

文献[153]为了提高RSRM磁链建模的精度，采用边界值约束的神经网络对磁链数据进行逼近，实验结果表明，该模型的精度较高。

文献[154]结合人工神经网络对RSRM在定子绕组故障下的磁链特性进行建模，最后依据该模型所得仿真结果与实测结果较为接近。基于智能法所得RSRM/SRLM电磁特性的模型精度较高，但是完成建模过程需要大量的训练数据与训练时间。

综上所述，现在已有许多RSRM/SRLM的电磁特性建模方法，在电机前期设计阶段，可以通过有限元法和磁路法获得电机的电磁特性模型。而在对实际样机的电磁特性进行建模时，若已知电机具体结构与尺寸，除了有限元法和磁路法外，还可以选用插值迭代法、解析式法和智能法获得完整的电磁特性模型。但是如果样机结构或尺寸未知，有限元法与磁路法则不再适用。SRLM作为RSRM的变形，一般的RSRM的电磁特性建模对SRLM同样适用，这极大地简化了SRLM的研究工作，但是这也使得SRLM因作为直线电机而区别于旋转电机的一些特性被忽略。本书对现有的电磁特性模型用于SRLM建模的缺点进行总结：

① 忽略了SRLM作为直线电机所具有的纵向边端效应。

② 文献[147]研究表明，考虑相间互耦合特性的模型精度明显高于其他忽略相间耦合特性的模型，而大部分现有的RSRM/SRLM电磁特性模型都忽略了相间耦合特性。

由于以上两点原因，基于现有的电磁特性模型很难准确地模拟电机特性。

综上所述，提出能够反映 SRLM 真实特性的电磁特性建模方法对 SRLM 系统性能的提升研究十分重要。

1.4 直线电机纵向边端效应研究现状

对于旋转电机而言，电机定子截面是圆形，因而转子运动方向上没有末端，不会产生纵向边端效应。然而，传统直线电机的定子与动子长度都是有限的，纵向边端效应便随着磁波的衰减而产生。纵向边端效应会使得直线电机磁场分布严重畸变，这往往给直线电机的性能带来负面影响。

近年来，学者们对 LIM 的纵向边端效应研究较多，这是因为纵向边端效应对直线感应电机的性能影响较大[155]，特别是在高速运行时纵向边端效应随着速度的增加而变得更加明显，并且会造成电机效率下降。

LIM 是中高速轨道交通驱动系统的有力竞争者之一，它在高速运行时的效率与性能十分重要。现在有许多文献对考虑纵向边端效应的 LIM 的建模、纵向边端效应对 LIM 性能的影响以及针对 LIM 的纵向边端效应的设计补偿方法和控制补偿方法进行了研究。

文献[156]和文献[157]分别提出了一种两自由度感应电机的动态边端效应建模方法和一种考虑了次级漏电感影响的单边短初级 LIM 边端效应的建模方法。

文献[158]提出了一种综合考虑纵向边端效应、横向边端效应及集肤效应的解析模型，以预测 LIM 的电磁特性，该方法可以用在分析电机性能与结构参数之间的敏感性上。

文献[159]利用有限元方法对轨道交通用 LIM 的漏磁和纵向边端效应进行了研究，分析结果表明，纵向边端效应使得电机电磁推力降低了约 2%。

文献[160]分析了边端效应对圆筒型 LIM 性能的负面影响。

文献[155]利用有限元方法研究了 LIM 的纵向边端效应，它利用具有相同参数的无限长电机模型作为参考，分析了纵向边端效应与电机运行速度之间的关系。

文献[161]针对 LIM 的纵向边端效应提出了边端效应因子(k_f)的概念，k_f 建立了纵向边端效应与电机磁极数、次级电阻率和频率之间的关系。

文献[162]研究了静态纵向边端效应对弧形 LIM 性能的影响，它导致了电机相间互耦合特性不平衡，对三个磁极结构的 LIM 与六个磁极结构的 LIM 进行了对比研究，结果表明，增加磁极数可以减小纵向边端效应对电机性能的负面影响。

文献[163]依据电磁场理论分析了长初级结构 LIM 的动态纵向边端效应，解释了长初级结构与短初级结构两种 LIM 的行波磁场的差异及影响，通过三维有限元分析和样机测试证明了考虑纵向边端效应的电磁分析结果要比不考虑纵向边端效应的结果准确，且得出了在长初级 LIM 设计时选择合适的次级磁极结构以及注意滑差运行状态可以减小纵向边端效应的影响。为了补偿纵向边端效应对 LIM 性能的负面影响，学者们提出了一些有针对性的控制方法。

文献[164]研究了一种减小 LIM 纵向边端效应的磁场定向控制方案。

文献[165]提出了一种将直接推力控制与矢量控制相结合的控制方法，它可以在 LIM 上实施，新的控制比单一直线推力控制更加平滑，比单一矢量控制响应速度更快，且可以补偿纵向边端效应给 LIM 带来的速度偏离参考值和推力偏离参考值等负面影响。

文献[166]提出了一种考虑 LIM 动态边端效应的输入输出反馈线性化控制技术，它可以改善 LIM 在速度和磁链参考量同时变化时的动态性能。

文献[167]提出了一种新型的直线感应电机边端效应补偿方法，其补偿理论依据为提供与电机运行频率同步的涡流，通过对永磁转子式和交流线圈式补偿器模型的分析，验证了新的补偿直线电机边端效应理论的有效性。

除了 LIM 之外，也有学者对永磁直线电机的纵向边端效应及其补偿方法进行了研究。

文献[168]研究了一种考虑纵向边端效应的直线永磁游标电机的非线性等效磁网络模型，实验结果证明了该模型的精度较高。

文献[169]针对永磁 LSM 提出了一种考虑边端效应的分析模型，基于麦克斯韦方程组推导了预测电机磁场和电磁力的解析公式。实验结果证明，考虑了纵向边端效应的模型提高了模型的预测精度。

在长定子永磁直线电机中纵向边端效应造成了巨大的定位力，文献[170]通过建立端部磁场的数学模型分析了中间磁极与边端磁极磁场分布的不均匀性，然后基于气隙磁场计算中的修正因子利用能量法和傅里叶变换推导了一种定位力计算的解析式，从而提出了中间磁极与边端磁极的极弧系数组合以减小纵向边端效应带来的定位力。

文献[171]利用解析模型与有限元法对永磁 LSM 的纵向边端效应进行了研究，该文献用解析表达式揭示了直线电机磁通分布与旋转电机磁通分布的不同，即证明了纵向边端效应会对电机的电磁特性造成影响，主要表现在成对耦合磁通模式以及不对称的气隙磁通分布上。

文献[172]为了降低因边端效应而加剧的永磁 LSM 的定位力，提出了增加辅助磁极的设计补偿方法，它在不改变电机核心结构的基础上，通过改变动子结构减小了电机边端磁极周围磁通分布的畸变。

文献[173]用有限元法分析了具有分块定子的永磁 LSM 的出口边缘长度对电机齿槽力的影响。

传统结构的直线电机普遍会受到纵向边端效应的影响，SRLM 也不例外。文献[53]完成了不同结构参数对 SRLM 横向边端效应和纵向边端效应的敏感性分析，并提出增加辅助定子磁极可以补偿纵向边端效应，这种补偿方法会增加系统体积，对于一些对空间限制比较严格的场合不太适用。

文献[174]提出了一种基于二维有限元法考虑 SRLM 三维效应的模型，包括直线电机的纵向边端效应。

为了更好地体现 SRLM 的特性，文献[175]也提出了一种考虑纵向边端效应的 SRLM 模型。

从现有 SRLM 的研究来看，研究 SRLM 纵向边端效应的文献较少，且大部分针对两点来进行：一是分析纵向边端效应对 SRLM 性能的影响[53]；二是建立考虑纵向边端效应的 SRLM 的电磁特性模型[174-175]。

与 LIM 的纵向边端效应研究相比，关于 SRLM 纵向边端效应的研究还十分匮乏，无论是进一步深入分析及量化纵向边端效应对 SRLM 性能带来的影响，还是建立考虑纵向边端效应的 SRLM 模型以及开发一些简单实用的 SRLM 纵向边端效应补偿方法，都十分欠缺。对 SRLM 的纵向边端效应进行进一步研究，可以加深对 SRLM 的运行特性的了解，可以为从设计角度或是从控制角度提升 SRLM 系统性能提供新的思路。

1.5 本书主要研究内容

直线电机的优点及应用现状凸显了高效直线电机系统研究的重要性与必要性。通过对 SRLM 国内外研究现状进行总结，发现了这种特种直线电机在结构与特性上的独特优势，但是也意识到现有的 SRLM 的研究与其他常见直线电机的研究相比还存在较大差距。

首先，SRLM 的电磁特性建模方法一般是借鉴 RSRM 的电磁特性建模经验，SRLM 作为直线电机所具有的纵向边端效应往往被忽略，因而现有的 SRLM 电磁特性模型不能充分体现电机的真实性能，建模精度有限。

其次，目前缺少针对 SRLM 纵向边端效应的研究，纵向边端效应对 SRLM 性能的影响和 SRLM 纵向边端效应的补偿方法仍待分析和开发。因此，本书从提出一种 SRLM 的电磁特性建模方法入手，所建模型需能将 SRLM 的纵向边端效应考虑在内，从而保证较高的建模精度及充分体现 SRLM 的真实性能。

再次，利用所建立的 SRLM 模型研究了纵向边端效应对 SRLM 性能带来的影响。

最后，为了对纵向边端效应带来的负面影响进行补偿，分别提出了一种简单实用的设计补偿方法、一种不受纵向边端效应影响的 SRLM 新结构以及一种通过自适应调节开通位置以平衡电机电流峰值的控制补偿方法。

本书的具体研究内容如图 1-6 所示。

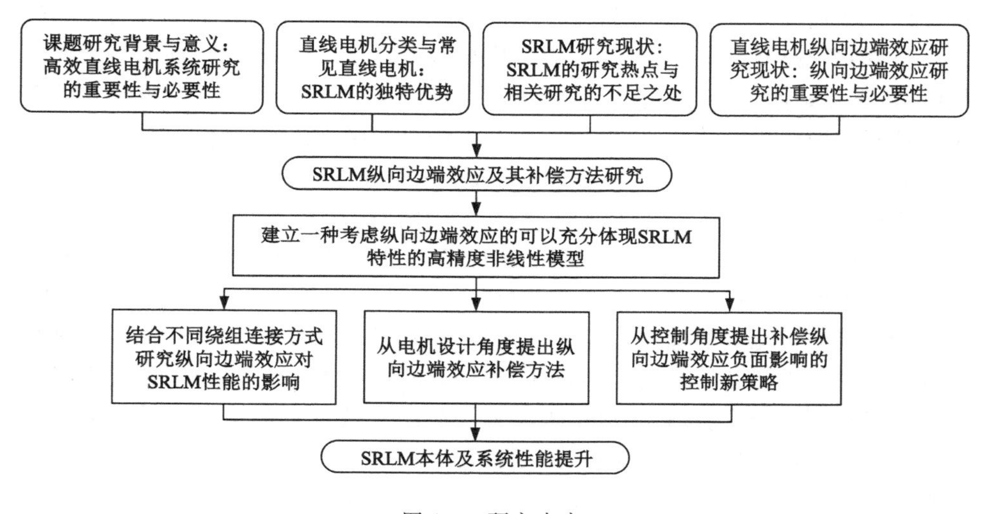

图 1-6　研究内容

本课题的主要研究内容如下：

第 1 章首先介绍了本书选题的研究背景和意义，对常见直线电机的研究现状进行了简要总结，然后从电机设计与新结构、控制方法及电磁特性建模三个方面对开关磁阻直线电机的研究现状进行总结，最后着重归纳了直线电机纵向边端效应的研究现状，并分析了开关磁阻直线电机纵向边端效应研究的不足及对其进行深入研究的必要性。

第 2 章提出了考虑纵向边端效应影响的、能够充分体现开关磁阻直线电机真实性能的高精度非线性模型。首先通过有限元法对开关磁阻直线电机磁化曲线及磁密分布曲线进行分析，提出了一种改进的磁化曲线准线性模型；随后基于该准线性模型得到了一种变形的 Sigmoid 函数，该函数可以作为获得完整磁链特性曲线过程中的插值函数；然后分析了磁链特性曲线对电流变化的影响，并基于所归纳的规律提出了一种获得完整磁链特性曲线的训练方法；为了比较所提方法的建模精度，还给出了基于六阶傅里叶级数法所得电机的电磁特性模型；最后设计了在线半实物仿真实验与离线实验，分别证明了依据所提方法得到的电磁特性的高精度以及所建模型对电机动态性能的良好模拟效果。

第 3 章基于所建立的考虑了纵向边端效应的非线性模型研究了开关磁阻直线电机纵向边端效应及绕组连接方式对电机性能的影响。首先分析了纵向边端效应和绕组连接方式为开关磁阻直线电机中间相与边端相自电磁特性以及相间的互电磁特性带来的影响;然后结合开关磁阻直线电机的两种绕组连接方式,详细分析了在纵向边端效应的影响下两种绕组连接方式为电机的动态特性、磁密特性以及铁损耗带来的变化,量化了纵向边端效应对电机动态性能造成影响的大小,总结了两种绕组连接方式各自的优缺点;随后进行了样机不同运行工况下的测试,直接证明了动态特性分析的正确性,而不同绕组连接方式对铁损耗的影响也被间接证明;最后对开关磁阻直线电机绕组连接方式的选择给出了建议。

第 4 章从电机设计角度对纵向边端效应为开关磁阻直线电机性能带来的负面影响进行补偿。首先介绍了纵向边端效应补偿的理论依据,然后对增加定子辅助磁极的这种已有的设计补偿方法进行了补偿效果分析,并基于最小化额外空间与成本的目的进行了定子辅助磁极宽度与电磁力脉动之间的敏感性分析,为定子辅助磁极宽度的选择提供了依据;然后基于磁路模型分析,提出了一种加宽定子边端磁极的新的纵向边端效应设计补偿方法,并给出了定子边端磁极的理论最优宽度,还对这两种针对平板型开关磁阻直线电机的纵向边端效应设计补偿方法的补偿效果进行了对比;最后提出了一种不受纵向边端效应影响的开关磁阻直线电机新结构,并在所造样机和建立的硬件平台上完成了实验验证。

第 5 章从控制角度对纵向边端效应给开关磁阻直线电机的性能带来的负面影响进行补偿。首先针对纵向边端效应对电机动态运行时各相电流峰值的影响进行了分析;然后评估了原有的开关磁阻直线电机电流估计模型对电流峰值的估计精度,为了改善估计精度提出了一种改进的电流估计模型;根据该模型提出了一种用于平衡电流峰值的开通位置自适应调节控制方法,给出了开通位置的调节规则;最后利用所提出的控制方法进行了不同工况下的样机测试,实验结果证明了所提控制方法可以实现电流平衡以及对纵向边端效应带来的负面影响进行补偿。

第 2 章　开关磁阻直线电机高精度非线性建模研究

2.1　概述

高精度的模型对于电机优化设计、性能评估以及新型控制策略开发都具有重要意义。开关磁阻电机所具有的双凸极结构、运行过程中的铁心饱和状态以及涡流、磁滞效应，使其表现出高度的非线性。现有的 RSRM 非线性建模方法很少将相与相之间电磁特性的差别以及相间耦合特性考虑在内，而这些恰好对反映 SRLM 的真实特性十分重要，SRLM 的模型无论是在电机前期设计阶段还是在样机消除电磁力脉动、无位置传感器控制或调速性能研究的过程当中都很关键，因此一种适用于 SRLM 的高精度非线性模型有待提出。

在 SRLM 前期设计时，获得磁链-电流-位置（Ψ-i-x）曲线簇的方法一般是有限元法或等效磁路法，这两种方法都需要已知电机的尺寸和铁心材料的磁化曲线，往往需要大量的计算时间。对于以下两种情况，有限元法对于样机性能的模拟效果差强人意，甚至无法完成样机建模：

（1）由于工艺水平的限制，样机在实际加工制造之后的性能与用有限元法计算所预估的性能有所差别。

（2）如果选择了商业公司推出的成品 SRLM，商家往往不会告知电机的具体尺寸参数以及铁心材料数据。

由此在对实际样机进行建模时，我们认为实际测量所得磁链数据最为准确，但是完整的 Ψ-i-x 曲线簇的测定需要复杂的电机制动装置且要花费大量的时间，后续还要完成相关数据处理工作，程序烦琐且工作量大。为了在提高电机建模精度的同时也不增加硬件成本与时间成本，学者们提出了运用插值法[144-147]、解析式法[137-143]、智能建模法[150-154]等数学方法映射出完整的 Ψ-i-x 曲线簇。这些方法都是通过测量有限条磁链特性曲线，然后通过数值方法来完成的。这些建模方法虽然节省了时间，但是它们在获得中间磁链曲线的过程中缺乏可靠的理论依据，其精度受到了限制，因此一种考虑互耦合特性的、能够反映 SRLM 真实性能且能兼顾精度的建模方法亟待提出。

本章的目标是探索一种无须任何电机结构先验知识的 SRLM 高精度非线性模型，依据该方法所建立的模型要能够体现 SRLM 的真实性能，包括纵向边端效应为电机特性带来的影响，从而为后续的研究奠定基础。该建模方法的有效性以及建模精度在选用的一台三相 6/4 结构的双边型 SRLM 样机上完成了验证，并与六阶傅里叶级数法和有限元法的建模效果进行了对比。

2.2 改进的磁链-电流曲线的准线性模型及其分析

2.2.1 SRLM 磁化曲线及磁密分布曲线

为了得到优秀的性能，SRLM 与 RSRM 相似，经常工作在大电流状态下，较大的电负荷会使得电机的定子磁极尖端、动子磁极尖端以及定子轭部铁心出现饱和现象，铁心饱和的影响会直接体现在电机的磁链-电流（Ψ-i）特性曲线上。本书选用一台三相 6/4 结构的双边型 SRLM 作为样机，图 2-1 为其结构示意图，其主要参数如表 2-1 所示。

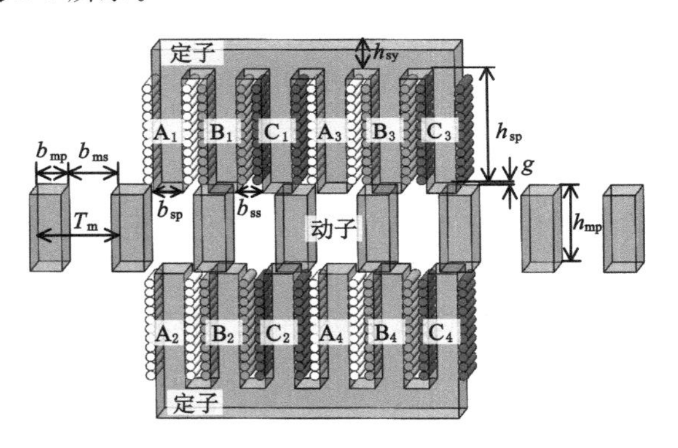

图 2-1　三相 6/4 结构 SRLM 样机结构示意图

表 2-1　三相 6/4 结构 SRLM 样机的主要参数

参数	数值	参数	数值
定子轭厚(h_{sy})	23.5 mm	动子极距(T_m)	60.0 mm
定子磁极宽(b_{sp})	21.5 mm	气隙厚度(g)	0.5 mm

表 2-1(续)

参数	数值	参数	数值
定子槽宽(b_{ss})	18.5 mm	叠厚(l_{Fe})	86.0 mm
定子磁极长(h_{sp})	95.0 mm	相数	3
动子磁极宽(b_{mp})	23.5 mm	每极匝数	160
动子槽宽(b_{ms})	36.5 mm	额定电压	24 V
动子磁极长(h_{mp})	60.0 mm	基速	0.4 m/s

该样机的动子极距为 60.0 mm,本节选取了六个能够反映电机电磁特性的关键位置,分别为定子磁极与动子磁极完全不对齐位置(以下简称为不对齐位置,本书定义为 0 mm 位置)、定子磁极与动子磁极相遇位置(大约为 6 mm 位置)、定子磁极与动子磁极 25%交叠位置(大约为 12 mm 位置)、定子磁极与动子磁极 50%交叠位置(大约为 18 mm 位置)、定子磁极与动子磁极 75%交叠位置(大约为 24 mm 位置)以及定子磁极与动子磁极完全对齐位置(以下简称为对齐位置,本书定义为 30 mm 位置),以 B 相为例,六个关键位置如图 2-2 所示。

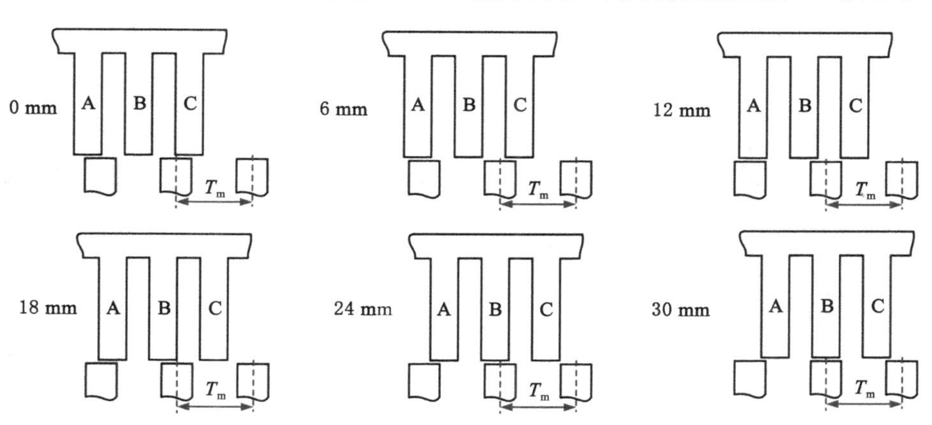

图 2-2　六个关键位置示意图

该样机的制造材料为 50DW470,所测定的该铁心材料的磁化曲线如图 2-3 所示,可见在磁密为 1.2 T 时磁化曲线出现膝点。

本节首先利用二维有限元方法计算了六个关键位置下的 Ψ-i 特性曲线,以观察电机的饱和特性。除此之外还记录了不同位置及不同电流下电机定子轭部和定子磁极的磁密数据,将磁密曲线与 Ψ-i 特性曲线共同比较,定子轭部结果与定子磁极结果分别如图 2-4(a)与图 2-4(b)所示。由图 2-4(a)与图 2-4(b)可

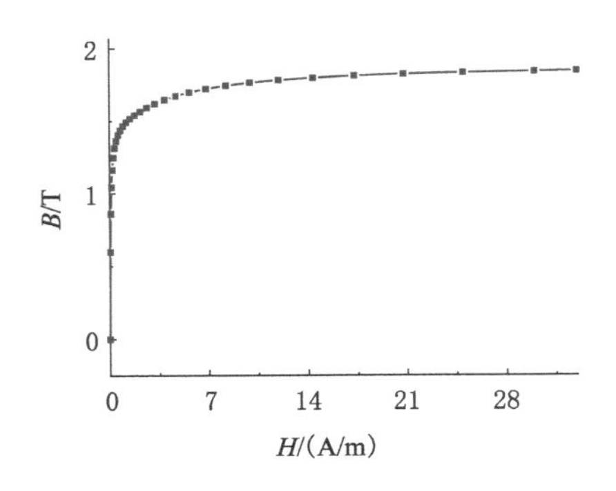

图 2-3 铁心材料 50DW470 的磁化曲线

以看出，不同位置下的 Ψ-i 特性曲线也分别在磁密为 1.2 T 时发生弯曲，代表电机出现饱和现象。但是值得注意的是，不同位置下 Ψ-i 特性曲线的膝点所对应的电流值是不同的，从不对齐位置到对齐位置，Ψ-i 特性曲线的膝点所对应的电流值逐渐减小。这是因为动子磁极越接近对齐位置，电机气隙磁阻越小，电机铁心的磁通量越大，而电机铁心各部分越易出现饱和现象。

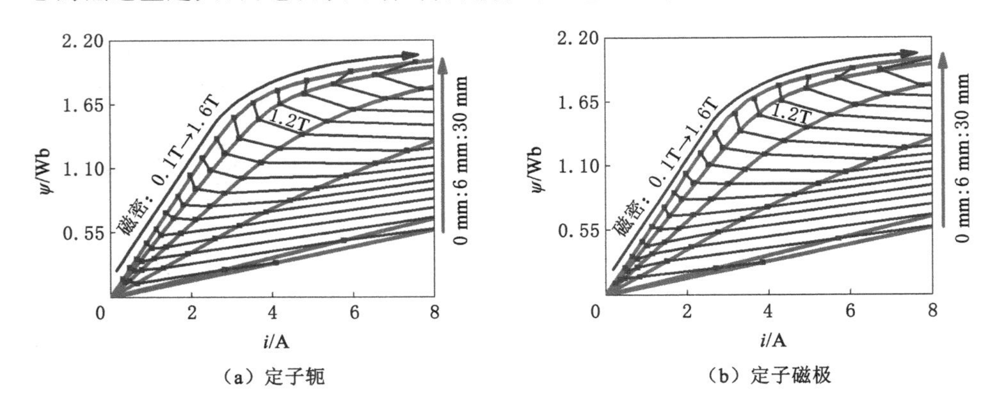

图 2-4 平均磁密梯度曲线与六个关键位置的 Ψ-i 特性曲线

2.2.2 改进的磁链-电流准线性模型

关于开关磁阻电机调速系统的研究始于 20 世纪 70 年代，自那时起相继有开关磁阻电机磁链-电流（Ψ-i）曲线的线性模型[176]与准线性模型[177]被提出，虽然利用这两种模型进行的仿真所达到的精度有限，但是利用它们可以使复杂的特性分析得到简化，分析结果也能从一定程度上反映电机的特性。原来的 Ψ-i

特性曲线的准线性模型如图 2-5(a)所示，其表达式如下：

$$\Psi(x,i)=\begin{cases}L(x)i, & 0\leqslant i\leqslant a\\ Mi+[L(x)-M]a, & i>a\end{cases}\quad x=x_1,x_2,\cdots,x_6 \tag{2-1}$$

式中　x——动子位置；

x_1——不对齐位置；

x_6——对齐位置；

$x_2\sim x_5$——6 mm、12 mm、18 mm 和 24 mm 位置；

i——一相电流；

$L(x)$——不饱和电感；

M——饱和增量电感；

a——Ψ-i 特性曲线的膝点对应的电流值。

由图 2-5(a)可见，不同动子位置下的不饱和电感是不同的，而饱和增量电感基本不随动子位置而变化，它在该模型中被假设为一个常数 M。除此之外，还值得注意的是，在原来的 Ψ-i 特性曲线准线性模型中，不同位置下 Ψ-i 特性曲线的膝点所对应的电流值都相同，即常数 a，这与前面分析结果不同。从图 2-4 对电机饱和特性的分析可以看出，不同位置下 Ψ-i 特性曲线的膝点所对应的电流值是不同的，从不对齐位置到对齐位置，Ψ-i 特性曲线的膝点所对应的电流值逐渐减小。因此，我们对原来的 Ψ-i 特性曲线的准线性模型进行改进，在改进的准线性模型中，不同 Ψ-i 曲线的膝点所对应的电流值是一个随着动子位置变化而变化的函数，即 $a(x)$。改进的准线性模型如图 2-5(b)所示，其表达式如下：

$$\Psi(x,i)=\begin{cases}L(x)i, & 0\leqslant i\leqslant a(x)\\ Mi+[L(x)-M]a(x), & i>a(x)\end{cases}\quad x=x_1,x_2,\cdots,x_6 \tag{2-2}$$

该准线性模型中的各参数关系定义如下：

$$\begin{cases}a(x_n)=a_n\\ \Psi(x_n)=\Psi_n\\ L(x_n)=L_n\end{cases} \tag{2-3}$$

式中，$n=1,2,\cdots,6$；不饱和电感之间的关系满足 $L_1<L_2<L_3<L_4<L_5<L_6$。与此同时，a_1 代表了电机一般工作条件下所能承受的最大电流，本书所用 SRLM 样机的最大电流约为 8 A。

除此之外，为了简化之后的分析，所提出的改进的准线性模型还有两条附加的假设：

(1) 假设不同位置下 Ψ-i 特性曲线的膝点都位于一条斜率为负的直线 $y(i)$

上，该假设的直线也在图 2-5(a)中给出，这里还定义 $y(a_n)=\varphi_n$。

(2) 假设饱和增量电感的值与最小的不饱和电感相等，即 $M=L_1$。

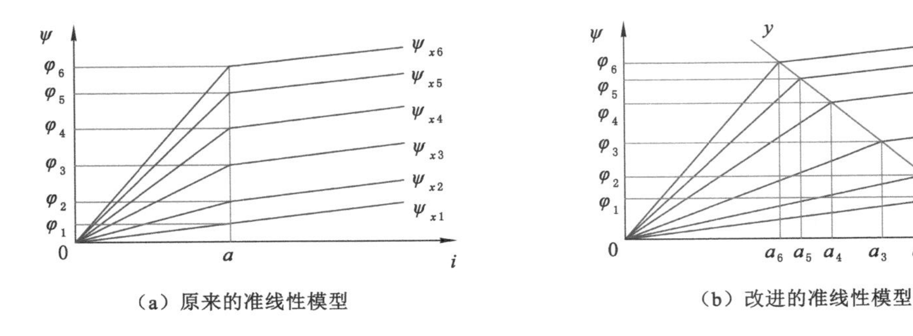

图 2-5 原来的与改进后的 Ψ-i 特性曲线准线性模型

2.2.3 改进的准线性模型分析

为了使中间磁链的插值具有可靠的依据，首先利用改进的准线性模型对不同位置下 Ψ-i 特性曲线之间的关系进行了分析。先选取比较特殊的三条 Ψ-i 曲线进行分析，分别为不对齐位置的 Ψ-i 曲线 $\Psi(x_1,i)$、对齐位置的 Ψ-i 曲线 $\Psi(x_6,i)$ 以及其他四个特殊位置中任意一条 Ψ-i 曲线 $\Psi(x_n,i)$。两线之间的差值 $\Psi(x_6,i)-\Psi(x_1,i)$ 和 $\Psi(x_n,i)-\Psi(x_1,i)$ 可以分别表达为式(2-4)和式(2-5)：

$$\Psi(x_6,i)-\Psi(x_1,i)=\begin{cases}(L_6-L_1)i, & 0\leqslant i\leqslant a_6\\ \varphi_6-Ma_6, & i>a_6\end{cases} \tag{2-4}$$

$$\Psi(x_n,i)-\Psi(x_1,i)=\begin{cases}(L_n-L_1)i, & 0\leqslant i\leqslant a_n\\ \varphi_n-Ma_n, & i>a_n\end{cases} \tag{2-5}$$

两者之间的比值为：

$$\frac{\Psi(x_n,i)-\Psi(x_1,i)}{\Psi(x_6,i)-\Psi(x_1,i)}=\begin{cases}\dfrac{L_n-L_1}{L_6-L_1}, & 0\leqslant i\leqslant a_6\\[2ex] \dfrac{(L_n-L_1)i}{\varphi_6-Ma_6}, & a_6<i\leqslant a_n\\[2ex] \dfrac{\varphi_n-Ma_n}{\varphi_6-Ma_6}, & i>a_n\end{cases} \tag{2-6}$$

式(2-6)关于电流(i)的一阶导数可以表达为：

$$\frac{\mathrm{d}\left[\dfrac{\Psi(x_n,i)-\Psi(x_1,i)}{\Psi(x_6,i)-\Psi(x_1,i)}\right]}{\mathrm{d}i}=\begin{cases}0, & 0\leqslant i\leqslant a_6\\ \dfrac{L_n-L_1}{\varphi_6-Ma_6}, & a_6<i\leqslant a_n\\ 0, & i>a_n\end{cases}\tag{2-7}$$

由式(2-7)可以看出,式(2-6)的曲线在$[0,a_6]$范围内是个常数,在$[a_6,a_n]$范围内是一个斜率恒定的递增函数,随后在大于a_n的范围内又变回常数。因此基于式(2-7)可以估测出式(2-6)的曲线大致如图 2-6(a)所示。

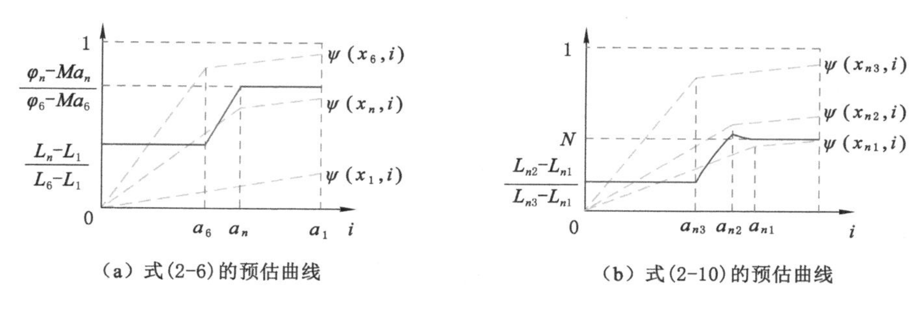

(a) 式(2-6)的预估曲线　　(b) 式(2-10)的预估曲线

图 2-6　式(2-6)和式(2-10)的预估曲线

除此之外,还利用任意三条曲线进行了相应的分析,这任意三条曲线分别为$\Psi(x_{n1},i)$、$\Psi(x_{n2},i)$和$\Psi(x_{n3},i)$,其中,n_1、n_2和n_3都是 1 到 6 之间的正整数,且关系满足$n_1<n_2<n_3$,根据图 2-5(b)可知,膝点电流关系满足$a_{n1}>a_{n2}>a_{n3}$,不饱和电感满足$L_{n1}<L_{n2}<L_{n3}$,则两线之间的差值$\Psi(x_{n3},i)-\Psi(x_{n1},i)$和$\Psi(x_{n2},i)-\Psi(x_{n1},i)$可以分别表达为式(2-8)和式(2-9):

$$\Psi(x_{n3},i)-\Psi(x_{n1},i)=\begin{cases}(L_{n3}-L_{n1})i, & 0\leqslant i\leqslant a_{n3}\\ (M-L_{n1})i+(\varphi_{n3}-Ma_{n3}), & a_{n3}<i\leqslant a_{n1}\\ \varphi_{n3}-\varphi_{n1}-M(a_{n3}-a_{n1}), & i>a_{n1}\end{cases}\tag{2-8}$$

$$\Psi(x_{n2},i)-\Psi(x_{n1},i)=\begin{cases}(L_{n2}-L_{n1})i, & 0\leqslant i\leqslant a_{n2}\\ (M-L_{n1})i+(\varphi_{n2}-Ma_{n2}), & a_{n2}<i\leqslant a_{n1}\\ \varphi_{n2}-\varphi_{n1}-M(a_{n2}-a_{n1}), & i>a_{n1}\end{cases}\tag{2-9}$$

两者之间的比值如式(2-10)所示:

$$\frac{\Psi(x_{n2},i)-\Psi(x_{n1},i)}{\Psi(x_{n3},i)-\Psi(x_{n1},i)}=\begin{cases}\dfrac{L_{n2}-L_{n1}}{L_{n3}-L_{n1}}, & 0\leqslant i\leqslant a_{n3}\\ \dfrac{(L_{n2}-L_{n1})i}{(M-L_{n1})i+(\varphi_{n3}-Ma_{n3})}, & a_{n3}<i\leqslant a_{n2}\\ \dfrac{(M-L_{n1})i+(\varphi_{n2}-Ma_{n2})}{(M-L_{n1})i+(\varphi_{n3}-Ma_{n3})}, & a_{n2}<i\leqslant a_{n1}\\ \dfrac{\varphi_{n2}-\varphi_{n1}-M(a_{n2}-a_{n1})}{\varphi_{n3}-\varphi_{n1}-M(a_{n3}-a_{n1})}=N, & i>a_{n1}\end{cases} \tag{2-10}$$

式(2-10)关于 i 的一阶导数可以表达为：

$$\frac{\mathrm{d}\left[\dfrac{\Psi(x_{n2},i)-\Psi(x_{n1},i)}{\Psi(x_{n3},i)-\Psi(x_{n1},i)}\right]}{\mathrm{d}i}=\begin{cases}0, & 0\leqslant i\leqslant a_{n3}\\ \dfrac{(L_{n2}-L_{n1})(\varphi_{n3}-Ma_{n3})}{[(M-L_{n1})i+(\varphi_{n3}-Ma_{n3})]^2}, & a_{n3}<i\leqslant a_{n2}\\ \dfrac{(M-L_{n1})[\varphi_{n3}-\varphi_{n2}-M(a_{n3}-a_{n2})]}{[(M-L_{n1})i+(\varphi_{n3}-Ma_{n3})]^2}, & a_{n2}<i\leqslant a_{n1}\\ 0, & i>a_{n1}\end{cases} \tag{2-11}$$

由式(2-11)可以看出，式(2-10)的曲线在$[0,a_{n3}]$范围内是个常数，在$[a_{n3},a_{n2}]$范围内是一个斜率逐渐减小的递增函数，在$[a_{n2},a_{n1}]$范围内是一个斜率逐渐减小的递减函数，随后在大于 a_{n1} 的范围内又变回常数。因此，基于式(2-11)可以估测出式(2-10)的曲线大致如图 2-6(b)所示。

2.2.4 分析结果验证

为了对以上分析结果进行验证，利用二维有限元法对相应的 Ψ-i 特性曲线进行了计算，并绘制相应的曲线，与上一节的预估结果进行了比较。首先，式(2-6)中的 $\Psi(x_1,i)$与 $\Psi(x_6,i)$分别选取为二维有限元法计算的 $\Psi(0\ \mathrm{mm},i)$ 与 $\Psi(30\ \mathrm{mm},i)$，而 $\Psi(x_n,i)$依次选为二维有限元法计算的 $\Psi(3\ \mathrm{mm},i)$，$\Psi(6\ \mathrm{mm},i)$，$\Psi(9\ \mathrm{mm},i)$，…，$\Psi(27\ \mathrm{mm},i)$共八个位置下的 Ψ-i 特性曲线，其相应计算后的结果如图 2-7(a)所示。其次，将式(2-10)中的 $\Psi(x_{n1},i)$和 $\Psi(x_{n3},i)$分别选取为二维有限元法计算的 $\Psi(12\ \mathrm{mm},i)$与 $\Psi(26\ \mathrm{mm},i)$，而 $\Psi(x_{n2},i)$依次选为二维有限元方法计算的 $\Psi(14\ \mathrm{mm},i)$，$\Psi(16\ \mathrm{mm},i)$，$\Psi(18\ \mathrm{mm},i)$，…，$\Psi(24\ \mathrm{mm},i)$共六个位置下的 Ψ-i 特性曲线，其相应计算后的结果如图 2-7(b)所示。

由图 2-7 可见，用非线性 Ψ-i 特性曲线进行相应计算所得的曲线，与

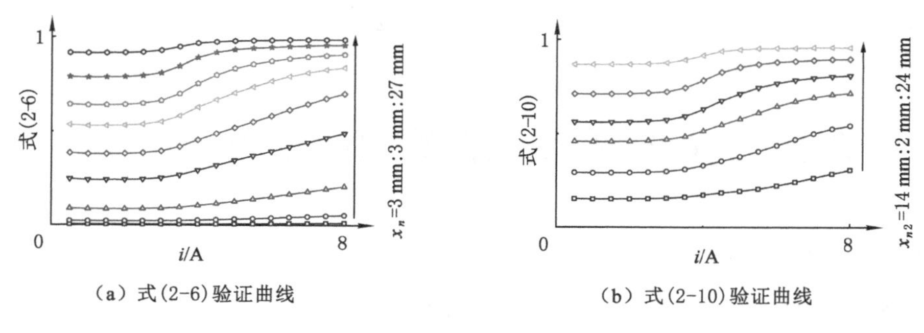

(a) 式(2-6)验证曲线　　(b) 式(2-10)验证曲线

图 2-7　式(2-6)和式(2-10)的验证曲线

式(2-6)和式(2-10)的预估曲线基本吻合,而这些曲线与 Sigmoid 函数的曲线十分相似,Sigmoid 函数的表达式如式(2-12)所示,且其曲线示于图 2-8 中。

$$y(x)=\frac{1}{1+e^{-x}} \tag{2-12}$$

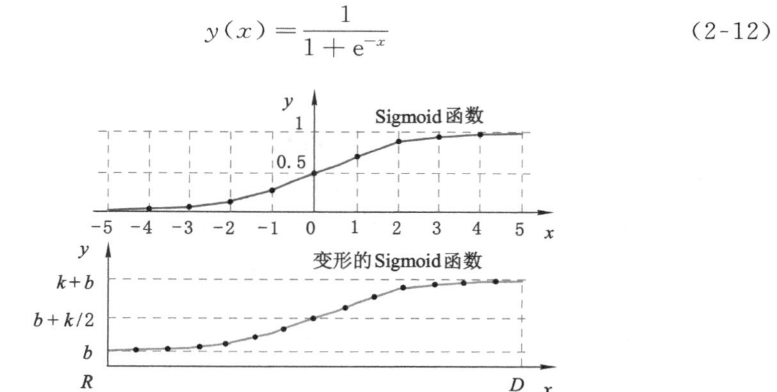

图 2-8　Sigmoid 函数与变形的 Sigmoid 函数曲线

该相似性说明了 Sigmoid 函数可以用于模拟式(2-6)与式(2-10)中的比值,而这为基于某几个关键位置的 Ψ-i 特性曲线来得到完整 Ψ-i 特性曲线的插值过程提供了可靠的插值函数。为了使该 Sigmoid 函数的幅值及范围能在插值过程中灵活变化,需要对该 Sigmoid 函数进行变形,变形的 Sigmoid 函数如式(2-13)所示,且其曲线也示于图 2-8 中与 Sigmoid 函数进行比较。

$$y(x)=\frac{k}{1+e^{-\left[\frac{-13.8}{R-D}x+\frac{6.9(R+D)}{R-D}\right]}}+b \tag{2-13}$$

其中,限定 k 的取值范围为 0 到 1 之间,b 为 $y(x)$与 x 轴之间的距离,R 和 D 为该函数的两个转折点,且 $R<D$,$y(R)=b+0.001k$,$y(D)=b+0.999k$。将该函数对应到 Ψ-i 特性曲线的插值过程中,y 代表式(2-10)中的比值,x 为动

子位置，R 是曲线 $\Psi(x_{n3},i)$ 的膝点所对应的电流值，D 是曲线 $\Psi(x_{n1},i)$ 的膝点所对应的电流值。

2.3 新型磁链-电流-位置曲线训练方法

2.3.1 磁链对电流的影响

为了提高建模精度，需要为插值的中间磁链是否准确找到可靠的判定依据，本小节中首先分析了磁链对电流的影响，SRLM 的电压平衡方程可以分解为式(2-14)的形式：

$$u - ir = \frac{\mathrm{d}\Psi(i,x)}{\mathrm{d}t} = v\frac{\partial(i,x)}{\partial t} + \frac{\partial\Psi(i,x)}{\partial i}\frac{\mathrm{d}i}{\mathrm{d}t} \tag{2-14}$$

式中 u——母线电压；

r——绕组内阻值；

v——电机运行速度。

式(2-14)等式右侧的第一部分为电机的反向电动势，第二部分为增量电感与电流变化率的乘积。由于电机绕组内阻的值比较小，因此等式左侧有关内阻的项可以忽略，式(2-14)可以简化为式(2-15)的形式：

$$u = v\frac{\partial(i,x)}{\partial x} + \frac{\partial\Psi(i,x)}{\partial i}\frac{\mathrm{d}i}{\mathrm{d}t} \tag{2-15}$$

为了简化分析，这里假设式(2-15)中增量电感$\partial\Psi(i,x)/\partial i$ 部分对式(2-15)整体值影响不大，即假设增量电感为一个常数。然后针对插值磁链比理想磁链大和比理想磁链小两种情况对式(2-15)中其他项进行分析，以推断插值磁链对电流的影响。这里将电流变化分为两个阶段，分别是电流上升阶段以及电流下降阶段。

(1) 在电流上升阶段，式(2-15)中电流对时间的变化率 $\mathrm{d}i/\mathrm{d}t$ 符号为正。一种情况是插值磁链比理想磁链大，则式(2-15)中$\partial\Psi(i,x)/\partial x$ 也会大于实际值，为了保证电压方程的平衡，电流对时间的变化率 $\mathrm{d}i/\mathrm{d}t$ 则会小于实际值，从而造成下一时刻电流上升得比实际电流慢，则下一时刻电流值会小于实际电流值；另一种情况是插值磁链比理想磁链小，则式(2-15)中$\partial\Psi(i,x)/\partial x$ 也会小于实际值，为了保证电压方程的平衡，电流对时间的变化率 $\mathrm{d}i/\mathrm{d}t$ 则会大于实际值，从而造成下一时刻电流上升得比实际电流快，则下一时刻电流值会大于实际电流值。

(2) 在电流下降阶段，式(2-15)中电流对时间的变化率 $\mathrm{d}i/\mathrm{d}t$ 符号为负。

一种情况是插值磁链比理想磁链大，则式(2-15)中$\partial\Psi(i,x)/\partial x$ 也会大于实际值，为了保证电压方程的平衡，电流对时间的变化率 $\mathrm{d}i/\mathrm{d}t$ 则会小于实际值，从而造成下一时刻电流下降得比实际电流快，则下一时刻电流值会小于实际电流值；另一种情况是插值磁链比理想磁链小，则式(2-15)中$\partial\Psi(i,x)/\partial x$ 也会小于实际值，为了保证电压方程的平衡，电流对时间的变化率 $\mathrm{d}i/\mathrm{d}t$ 则会大于实际值，从而造成下一时刻电流下降得比实际电流慢，则下一时刻电流值会大于实际电流值。

表 2-2 总结了该分析过程，包括式(2-15)中的各项随插值磁链大小的变化。表中，符号"＋"代表该项的值大于其实际值，符号"－"代表该项的值小于其实际值，符号"↑"代表为了平衡方程，该项的值应该比其实际值大，符号"↓"代表为了平衡方程，该项的值应该比其实际值小。由此插值磁链的大小对电流的影响总结如下：

(1) 如果某一位置的插值磁链大于理想磁链，则利用该插值磁链模拟的电流会小于实际电流。

(2) 如果某一位置的插值磁链小于理想磁链，则利用该插值磁链模拟的电流会大于实际电流。

表 2-2　式(2-15)的分析结果

电流阶段	插值磁链大小	$\partial\Psi(i,x)/\partial x$	$\mathrm{d}i/\mathrm{d}t$ 的符号	$\lvert\mathrm{d}i/\mathrm{d}t\rvert$	i
电流上升阶段	＋	＋	正	↓	－
	－	－	正	↑	＋
电流下降阶段	＋	＋	负	↑	－
	－	－	负	↓	＋

为了验证该分析结果，还在 MATLAB/Simulink 环境下进行了相应的仿真。在验证仿真中，将带有偏差的中间磁链插入 Ψ-i-x 完整曲线簇中。例如，在(p,q)mm 范围内以 r mm 为间隔进行插值，Ψ_p 是 p mm 位置的理想磁链，Ψ_{p+r} 是$(p+r)$mm 位置的理想磁链，Ψ'_{p+r} 是实际插入 Ψ-i-x 完整曲线簇的插值磁链，该插值磁链具有一定偏差，偏差用 b_{ias} 表示，插值磁链 Ψ'_{p+r} 的定义如下：

$$\Psi'_{p+r}=(\Psi_{p+r}-\Psi_p)\times b_{\mathrm{ias}}+\Psi_p \tag{2-16}$$

在仿真中，偏差 b_{ias} 从 70%变换至 130%，带有偏差的插值磁链分别插入(6,12)mm 和(12,18)mm 范围中，仿真电流分别如图 2-9(a)和图 2-9(b)所示。由图 2-9 可以看出，当偏差在 70%到 100%范围内时，这时的插值磁链小于理想磁链，仿真的电流均大于实际电流，当偏差在 100%到 130%范围内时，这时的插值磁链大于理想磁链，仿真的电流均小于实际电流。该仿真结果证明了表 2-2 中推断的磁链对电流影响结果的正确性。

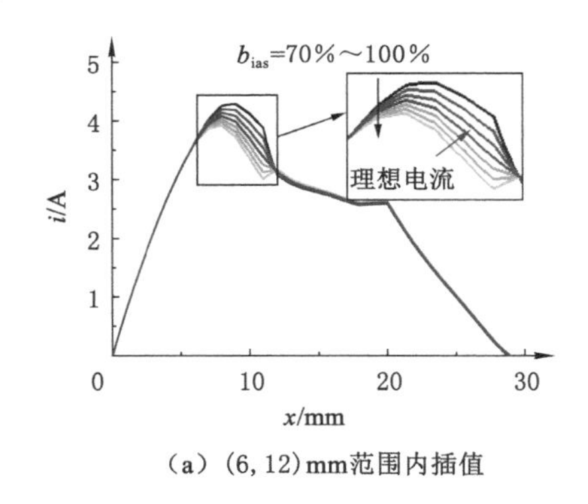

（a）(6, 12)mm范围内插值

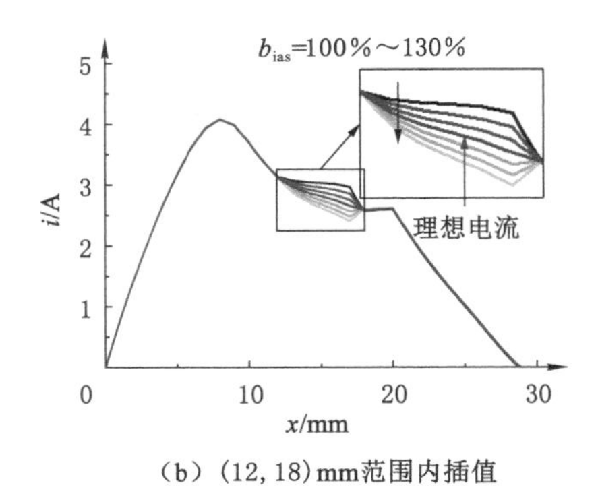

（b）(12, 18)mm范围内插值

图 2-9 具有不同偏差的插值磁链下的电流

2.3.2 磁链-电流-位置曲线训练方法

根据上一小节总结的插值磁链对电流的影响规律，提出了一种新的获取 Ψ-i-x完整曲线簇的训练方法。在训练完整 Ψ-i-x 曲线簇的过程中，利用上一小节提出的变形的 Sigmoid 函数进行插值，通过插值磁链得到的电流与实际电流进行比较，验证插值磁链的精度，并依据插值磁链对电流的影响确定在下一次训练中应该将插值磁链调大还是调小，从而改变变形的 Sigmoid 函数中的 k 参数和 b 参数。在本书的训练中，选择六条实测 Ψ-i 特性曲线（0 mm、6 mm、12 mm、18 mm、24 mm 和 30 mm 位置）为基准，以 2 mm 为间隔进行插值，以下对训练的过程进行详细的介绍。

首先，通过 SRLM 样机测试得到六条实测 Ψ-i 特性曲线，除此之外，还进行了电机电动和发电状态下各两组实验，采集了四条完整的电流曲线作为插值磁链准确性的判断依据，以下称这四个电流为实际电流。其中实际电流 1 和实际电流 2 在电动模式下采集，实际电流 3 和实际电流 4 在发电状态下采集；实际电流 1 和实际电流 3 用以训练完整的 Ψ-i-x 曲线簇，实际电流 2 和实际电流 4 用以检验训练结果的精度。

在采集了六条实测 Ψ-i 特性曲线及四个实际电流后，要对训练中所用参数和数据进行初始化设置，除了六条实测 Ψ-i 特性曲线外的 Ψ-i 特性曲线都预设为已知的上一条 Ψ-i 特性曲线。例如，在初始化设置中，待训练的 2 mm 位置与 4 mm 位置的 Ψ-i 特性曲线与已实测得到的 0 mm 位置 Ψ-i 特性曲线相同，待训练的 8 mm 位置与 10 mm 位置的 Ψ-i 特性曲线与已实测得到的 6 mm 位置 Ψ-i 特性曲线相同，其他待训练磁链的初始化可以此类推。

随后，通过 MATLAB 编程开始以 2 mm 为间隔训练完整的 Ψ-i-x 曲线簇。整个训练过程被六条已知的 Ψ-i 特性曲线分为五个阶段，分别为(0,6)mm 阶段、(6,12)mm 阶段、(12,18)mm 阶段、(18,24)mm 阶段和(24,30)mm 阶段。根据 2.2 节提出的变形的 Sigmoid 函数中拐点 R 和 D 的确定方法，这五个训练阶段中的(R,D)分别为(9,10)、(6,10)、(5,10)、(4,5)和(3,4)。变形的 Sigmoid函数中的 k 参数用以调节插值磁链的大小，在训练过程中定义了一个判别值，用以判别下一次训练过程中该如何调整参数 k，此判别值为实际电流与利用插值磁链所得仿真电流之间的差值对位置的积分，用 α_{inte}表示，以 B 相磁链训练过程为例，则 α_{inte}的定义为：

$$\alpha_{\text{inte}}=\int_{\text{range1}}^{\text{range2}}(i_{\text{B}}-i_{\text{B\_trn}})\mathrm{d}x \tag{2-17}$$

式中　i_{B}——B 相实际电流；

$i_{\text{B\_trn}}$——根据插值磁链所得仿真电流；

range2——插值磁链对应的位置；

range1——插值磁链对应位置的前一个位置。

例如，假如在对 14 mm 位置的 Ψ-i 特性曲线进行插值，为了判断下一次训练中如何调节参数 k，需要计算 α_{inte}的值，此时 range2 为 14 mm，而 range1 为 12 mm。然后根据 α_{inte}的正负值对参数 k 进行调节，调节的规则如下：

(1) 当 $\alpha_{\text{inte}}>0$ 时，说明 $i_{\text{B_trn}}$小于 i_{B}，这代表了该位置插值的 Ψ-i 特性曲线大于理想磁链值，因此需要在下一次训练时减小参数 k。

(2) 当 $\alpha_{\text{inte}}<0$ 时，说明 $i_{\text{B_trn}}$大于 i_{B}，这代表了该位置插值的 Ψ-i 特性曲线小于理想磁链值，因此需要在下一次训练时增大参数 k。

(3) 当 $\alpha_{\text{inte}}=0$ 时，说明 $i_{\text{B_trn}}$与 i_{B} 完全相同，这代表了该位置插值的 Ψ-i 特性曲线就是理想 Ψ-i 特性曲线。

本书对参数 k 的调节遵循收敛攻击定理，且还利用判别值 α_{inte}定义了一个每次训练迭代过程中的误差 e，其定义如下：

$$e=\frac{|\alpha_{\text{inte}}|}{\int_{\text{range1}}^{\text{range2}}i_{\text{B}}\mathrm{d}x}\times 100\% \tag{2-18}$$

当每个阶段的误差 e 小于 1%时，我们认为插值的 Ψ-i 特性曲线已经十分接近理想 Ψ-i 特性曲线，该阶段训练结束。该训练方法的流程图如图 2-10 所示，其中 N_1 和 N_2 为在两个迭代环中所允许的最大迭代次数。

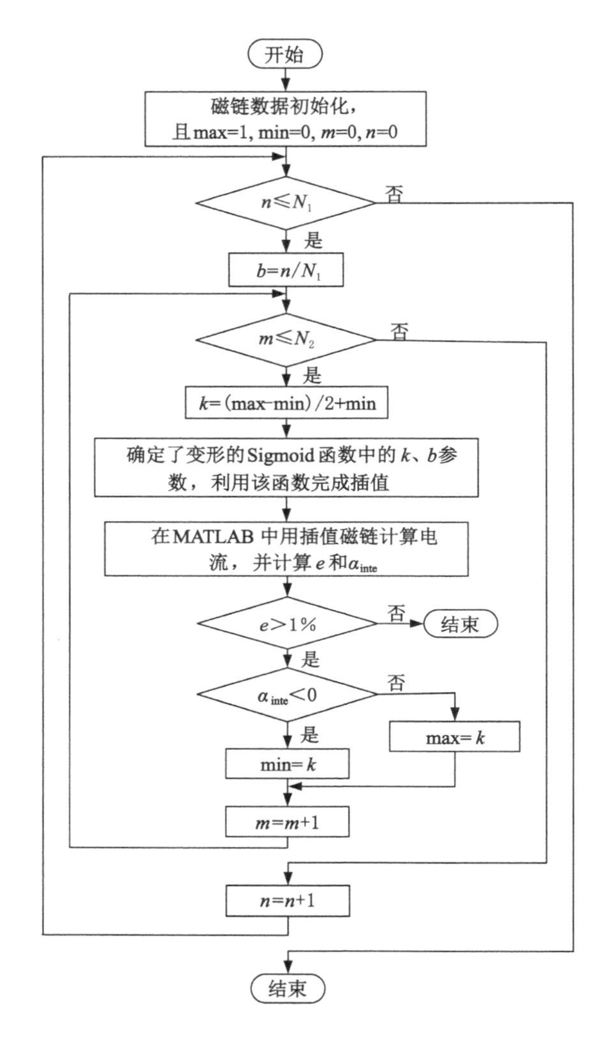

图 2-10　所提训练方法的流程图

2.3.3　考虑互耦合特性的绕组电流计算模块

上一小节提出的磁链训练方法中需要测量四个实际电流作为参考，这四个电流均在电机动态运行过程中测得，SRLM 在动态运行过程时一般有一相以上的绕组中同时存在电流，对一相绕组施加电压时，相邻相绕组会产生一个感应电压，即相邻两相之间存在互磁链/互感，从而互相影响电流特性。本书所提训练方法中的实际电流也会受到互感的影响，如果在绕组电流计算模块中忽略了互感，有可能使根据插值磁链所得仿真电流（i_{B_trn}）一直偏离实际电流（i_B），则误差 e 不会小于 1%，也不可能完成训练。因此，在这种训练方法中将相间互耦合特性考虑在内十分重要，需要对绕组的电压平衡方程做出改变。考虑了互耦合特性的绕组电压平衡方程如下：

$$u_k - i_k r_k = \left[\frac{\partial \Psi_{kk}(x, i_k)}{\partial x} + \frac{\partial \sum \Psi_{kl}(x, i_l)}{\partial x}\right]\frac{\mathrm{d}x}{\mathrm{d}t} + \frac{\partial \Psi_{kk}(x, i_k)}{\partial i_k}\frac{\mathrm{d}i_k}{\mathrm{d}t} + \sum \frac{\partial \Psi_{kl}(x, i_l)}{\partial i_l}\frac{\mathrm{d}i_l}{\mathrm{d}t} \tag{2-19}$$

式中　u_k、i_k 和 r_k——k 相绕组的电压、电流和内阻；

i_l——l 相绕组的电流；

Ψ_{kk}——k 相绕组的自磁链值；

Ψ_{kl}——k 相绕组与 l 相绕组之间的互磁链值。

以 B 相为例，依据式(2-19)建立了一个考虑互耦合特性的绕组电流计算模块，其示意图如图 2-11(a)所示。其中 $\Psi_{BB}(x, i_B)$ 是 B 相的自磁链，$\Psi_{BA}(x, i_A)$ 是 B 相与 A 相之间的互磁链，$\Psi_{BC}(x, i_C)$ 是 B 相与 C 相之间的互磁链，式(2-19)中的偏导数计算模块依据图 2-11(b)搭建。电流、速度、六条实测 Ψ-i 特性曲线、互磁链是这个绕组电流计算模块的必要输入，都在图 2-11(a)中指示出来，而该绕组电流计算模块的输出即为根据插值磁链所得仿真电流，将其与实际电流进行比较，计算得出 e 和 α_{inte}，然后决定如何调节下一次训练当中的参数 k。

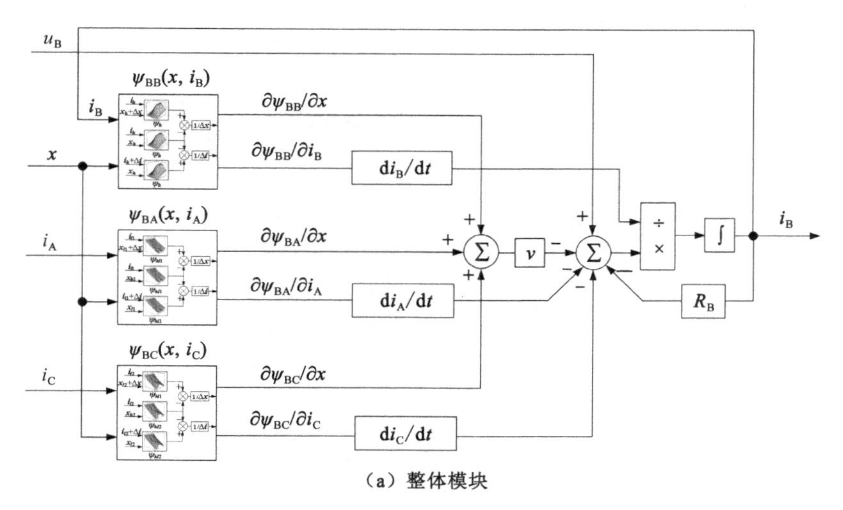

(a) 整体模块

图 2-11　考虑互耦合特性的绕组电流计算模块示意图

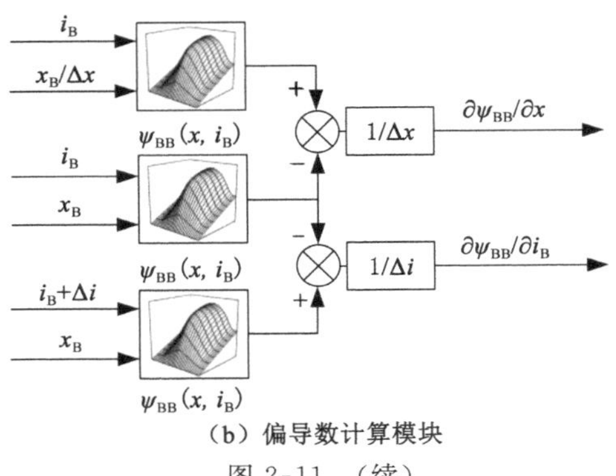

（b）偏导数计算模块

图 2-11 （续）

2.3.4 训练结果

本书所选用的样机为一台三相 6/4 结构的双边型 SRLM，该样机照片如图 2-12 所示。该机组除了 SRLM 之外，还有一个磁粉制动器、曲柄连杆装置、一台减速箱、一台直流电机及其控制器。磁粉制动器经由齿轮夹具连接直线电机的动子，可以给电机施加制动力；直流电机经减速箱带动曲柄连杆可将旋转运动转化成直线运动，带动直线电机动子进行往复运动，该装置使得该直线电机可以实现发电运行。本节设计了六个关键位置 Ψ-i 特性曲线以及实际电流测量的半实物仿真平台，包括半实物仿真器 RT-LAB、不对称半桥拓扑结构的功率变换器、驱动电路、隔离电路、电流采样电路、电压采样电路、直线编码器以及一些电池组，该半实物仿真平台的照片也在图 2-12 中给出。

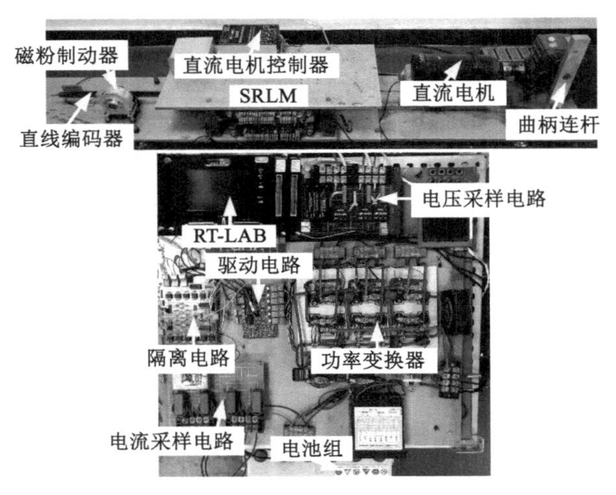

图 2-12 SRLM 样机及其实验平台

在六个关键位置的 Ψ-i 特性曲线的测定中，首先通过直线编码器找到这六个动子位置，通过磁粉制动器以及制动夹具将动子固定在某个位置，给 B 相绕组施加电压，当电流上升至 8 A 时停止励磁，通过电压电流采样电路采集这一过程中 B 相的电压和电流，六个位置下 B 相自磁链测试中的电压电流波形如图 2-13 所示；在互磁链的测量中，通过给 A 相或 C 相施加电压，电流上升至 6 A 时停止励磁，采集 A 相或 C 相电流以及 B 相感应电压，部分测量结果如图 2-14 所示，其中 2-14(a)为在 A 相 0 mm 位置给 A 相施加电压的结果，图 2-14(b)为在 C 相 30 mm 位置给 C 相施加电压的结果。然后根据文献[178]所介绍的方法可以计算出所需的自磁链曲线和互磁链曲线。

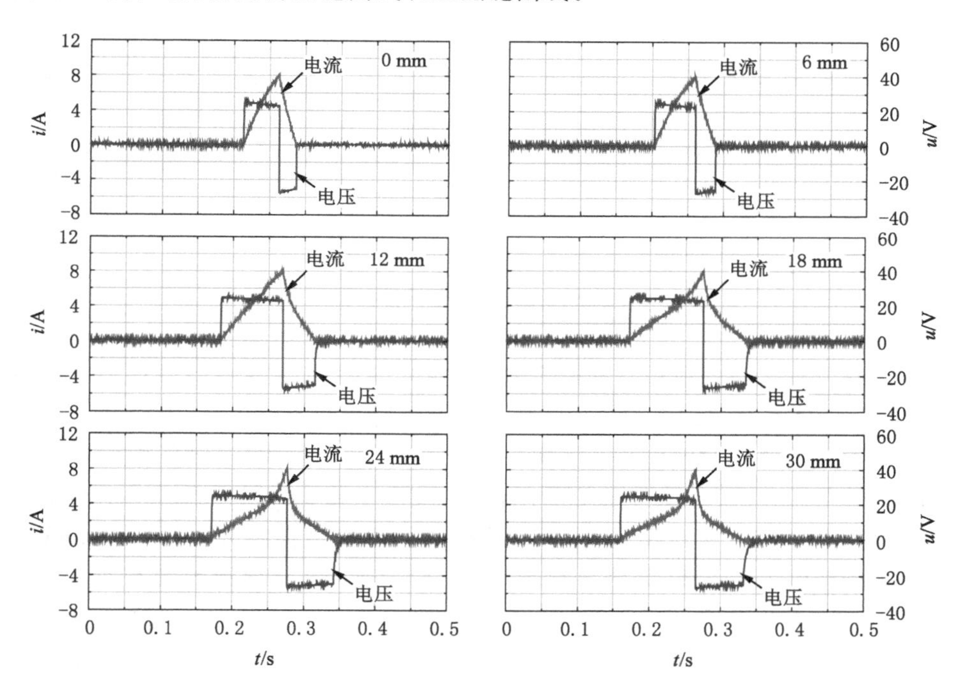

图 2-13　B 相自磁链测试中采集的电压电流波形

所测得的四个实际电流如图 2-15 中的曲线 1 所示，其中图 2-15(a)与图 2-15(b)是在电动状态下测得的，图 2-15(c)与图 2-15(d)是在发电模式下测得的。按照上一节介绍的训练方法，所得训练电流的结果也在图 2-15 中以曲线 2 给出，可以看出训练所得电流与实际电流吻合良好，这说明训练目标得以实现。除了实际电流和最终训练电流之外，图 2-15 还给出了磁链初始状态下的计算电流(曲线 4)以及不考虑互耦合特性得到的训练结果(曲线 3)。值得注意的

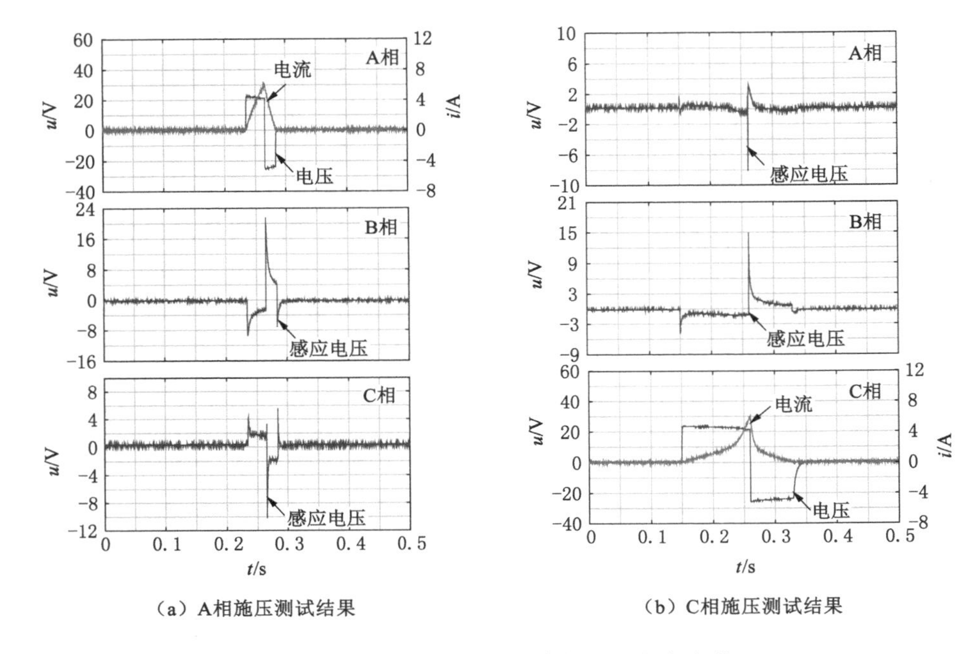

图 2-14　互磁链测试中采集的电压电流波形

是，不考虑互耦合特性所得到的电流偏离实际电流较远，这使得计算误差 e 不会小于 1%，证明了在该训练方法中考虑相间互耦合特性十分重要。

最后，通过训练实际电流 1 和实际电流 2 可以得到前半个动子周期较为准确的磁链-电流数据，通过训练实际电流 3 和实际电流 4 可以得到后半个动子周期较为准确的磁链-电流数据，将两组数据进行拼接整合便可以得到该 SRLM 完整的磁链-电流曲线簇，如图 2-16(a)所示，图中还给出了实测的六条 Ψ-i 特性曲线。图 2-16(b)将实测的六条 Ψ-i 特性曲线与二维有限元法计算结果进行了比较，可以看出两者之间有所偏差，尤其是在接近不对齐位置，二维有限元法所计算的结果要小于实测结果，这是因为二维有限元法忽略了电机的横向端部效应，一些电机横向截面上的漏磁通被忽略，这些偏差将降低运用二维有限元法所建立模型的精度。电机的静态电磁力特性曲线也可以根据训练所得的完整磁链曲线簇得到，其大小为绕组通电所建立的磁共能对位置的偏导数，而磁共能则可通过相绕组的自磁链值对电流进行积分求得，电机电磁力计算公式如下：

$$F_{\mathrm{B}}=\frac{\partial W_{\mathrm{c}}(x,i_{\mathrm{B}})}{\partial x}=\frac{\partial\left[\int\Psi_{\mathrm{BB}}(x,i_{\mathrm{B}})\mathrm{d}i_{\mathrm{B}}\right]}{\partial x}\tag{2-20}$$

式中，W_{c}、Ψ_{BB} 和 i_{B} 分别为 B 相绕组的磁共能、自磁链和电流。

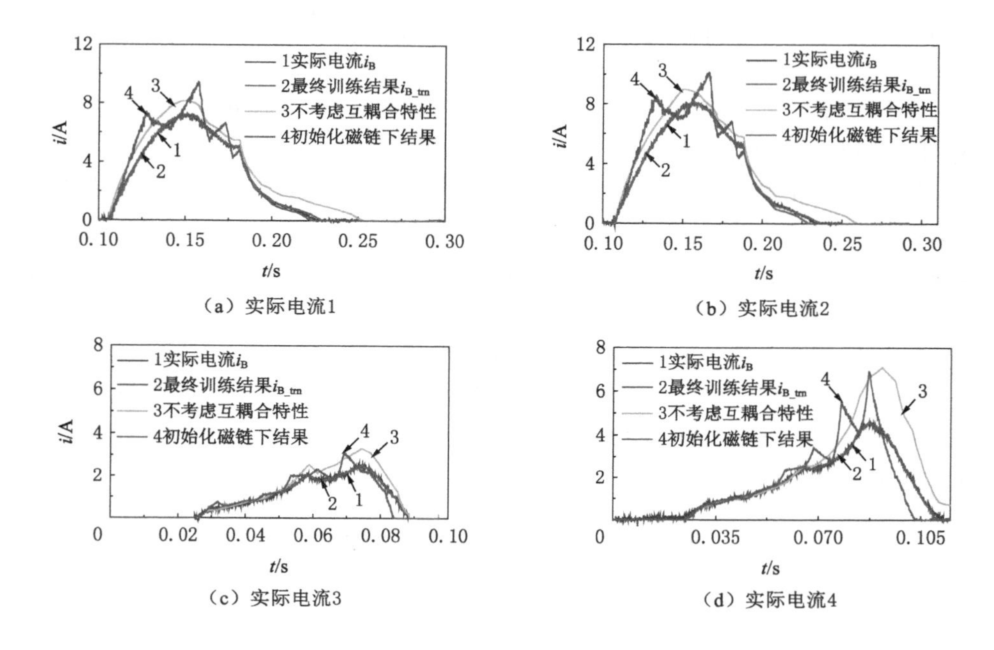

（a）实际电流1　（b）实际电流2

（c）实际电流3　（d）实际电流4

图 2-15　用于训练的实际电流及最终训练结果

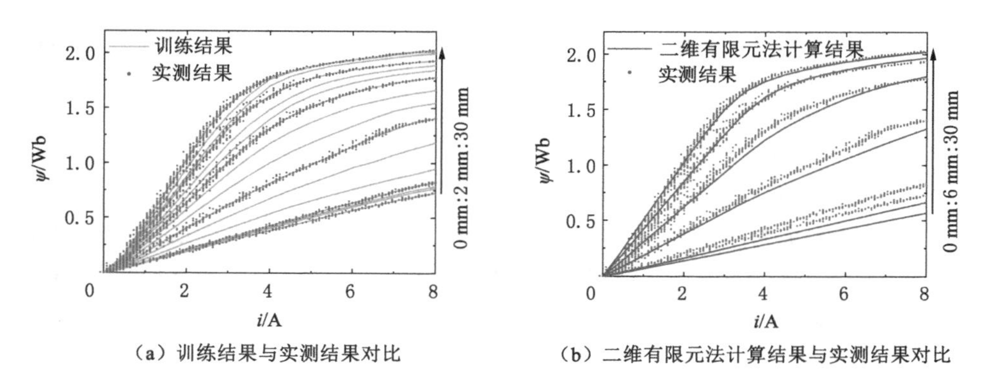

（a）训练结果与实测结果对比　（b）二维有限元法计算结果与实测结果对比

图 2-16　磁链-电流曲线簇对比

所提方法以及二维有限元法所得的磁链-电流曲线簇以及静态电磁力曲线将用以完成电机的非线性建模，它们模型的精度将在本章实验验证中与傅里叶级数法所得模型的精度进行进一步比较。

2.4 基于六阶傅里叶级数法的磁链非线性建模

利用傅里叶级数得到具有周期性的开关磁阻电机磁链-电流-位置特性曲线，也是基于函数拟合对开关磁阻电机电磁特性进行非线性建模的一种方法，这种磁链的非线性建模方法比有限元法或等效磁路法所需建模时间短，且其基于几条实测磁链完成，因此建模精度也优于有限元法及等效磁路法。文献[139]和文献[140]中利用三阶傅里叶级数完成了 RSRM 的磁链和电感建模，在文献[141]中将阶数提高到了五阶，实验结果表明，增加阶数使得建模精度得到了提高。利用傅里叶级数法对 SRLM 的磁链进行建模的过程与 RSRM 相似，但略有不同。本节利用实测的六条 Ψ-i 特性特性曲线，实现了基于六阶傅里叶级数对所用 6/4 结构 SRLM 样机磁链的非线性建模。基于 N 阶傅里叶级数的磁链模型如下：

$$\Psi(i,\theta)=\sum_{k=0}^{N}\lambda_k(i)\cos(kp\theta) \tag{2-21}$$

式中 p——动子(转子)的磁极个数；

θ——动子(转子)的电角度。

对于直线电机运用傅里叶级数作为磁链-电流-位置曲线簇的拟合函数，首先需要将动子位置转换为相应的电角度，依据式(2-22)完成转换：

$$\theta=T_{\mathrm{r}}\times\frac{x}{T_{\mathrm{m}}}\times\frac{\pi}{180^\circ} \tag{2-22}$$

式中 x——动子位置；

T_{m}——直线电机动子极距；

T_{r}——对应旋转电机的转子极距角。

对于本书采用的三相 6/4 结构的 SRLM，其动子极距为 60.0 mm，对应三相 6/4 结构 RSRM 的转子极距角为 90°，因此其电角度与动子位置之间的转换关系为 $\theta=(25\pi/3)x$。本书利用六阶傅里叶级数实现磁链特性曲线完整映射的表达式为：

$$\Psi(\theta,i)=\boldsymbol{\Theta}\boldsymbol{I} \tag{2-23}$$

$$\boldsymbol{\Theta}=[1\quad\cos(4\theta)\quad\cos(8\theta)\quad\cos(12\theta)\quad\cos(16\theta)\quad\cos(20\theta)] \tag{2-24}$$

$$\boldsymbol{I}=[\lambda_1(i)\quad\lambda_2(i)\quad\lambda_3(i)\quad\lambda_4(i)\quad\lambda_5(i)\quad\lambda_6(i)]^{\mathrm{T}} \tag{2-25}$$

$$\left[\Psi_1(0,i)\quad\Psi_2(\frac{\pi}{20},i)\quad\Psi_3(\frac{\pi}{10},i)\quad\Psi_4(\frac{3\pi}{20},i)\quad\Psi_5(\frac{\pi}{5},i)\quad\Psi_6(\frac{\pi}{4},i)\right]^{\mathrm{T}}$$
$$=\boldsymbol{A}_{6\times10}\times[i\quad i^2\quad i^3\quad i^4\quad i^5\quad i^6\quad i^7\quad i^8\quad i^9\quad i^{10}]^{\mathrm{T}} \tag{2-26}$$

式(2-25)中的 $\lambda_1(i) \sim \lambda_6(i)$ 即为上一小节实测电机六个位置下的磁链特性曲线的常数项为 0 的高阶多项式，为了提高拟合精度，本书利用最小二乘法进行了常数项为 0 的十阶多项式的拟合，系数矩阵 $\boldsymbol{A}_{6\times10}$ 示于表 2-3 中。

表 2-3　六条磁链特性曲线多项式拟合系数

	$\Psi_1(0,i)$	$\Psi_2(\pi/20,i)$	$\Psi_3(\pi/10,i)$	$\Psi_4(3\pi/20,i)$	$\Psi_5(\pi/5,i)$	$\Psi_6(\pi/4,i)$
a_1	4.20×10^{-2}	3.79×10^{-2}	9.73×10^{-2}	7.79×10^{-2}	-1.73×10^{-1}	-1.16×10^{-1}
a_2	1.10×10^{-1}	1.42×10^{-1}	5.48×10^{-2}	4.91×10^{-1}	1.46	1.54
a_3	-9.06×10^{-2}	-1.35×10^{-1}	1.42×10^{-1}	-5.12×10^{-1}	−1.67	−1.82
a_4	3.66×10^{-2}	7.70×10^{-2}	-1.98×10^{-1}	3.17×10^{-1}	1.09	1.26
a_5	-6.84×10^{-3}	-2.92×10^{-2}	1.13×10^{-1}	-1.18×10^{-1}	-4.29×10^{-1}	-5.27×10^{-1}
a_6	7.08×10^{-5}	7.47×10^{-3}	-3.56×10^{-2}	2.73×10^{-2}	1.05×10^{-1}	1.37×10^{-1}
a_7	2.11×10^{-4}	-1.26×10^{-3}	6.64×10^{-3}	-3.98×10^{-3}	-1.63×10^{-2}	-2.21×10^{-2}
a_8	-3.93×10^{-5}	1.32×10^{-4}	-7.32×10^{-4}	3.58×10^{-4}	1.54×10^{-3}	2.17×10^{-3}
a_9	3.05×10^{-6}	-7.82×10^{-6}	4.41×10^{-5}	-1.82×10^{-5}	-8.17×10^{-5}	-1.19×10^{-4}
a_{10}	-9.04×10^{-8}	1.97×10^{-7}	-1.12×10^{-6}	4.05×10^{-7}	1.86×10^{-6}	2.78×10^{-6}

将实测的六条磁链特性曲线代入式(2-23)中可得：

$$\left[\Psi_1(0,i) \quad \Psi_2(\frac{\pi}{20},i) \quad \Psi_3(\frac{\pi}{10},i) \quad \Psi_4(\frac{3\pi}{20},i) \quad \Psi_5(\frac{\pi}{5},i) \quad \Psi_6(\frac{\pi}{4},i)\right]^{\mathrm{T}} = \boldsymbol{B}_{6\times6} \times \boldsymbol{I} \tag{2-27}$$

$$\boldsymbol{B}_{6\times6} = \begin{bmatrix} 1 & 1 & 1 & 1 & 1 & 1 \\ 1 & \cos(\frac{\pi}{5}) & \cos(\frac{2\pi}{5}) & \cos(\frac{3\pi}{5}) & \cos(\frac{4\pi}{5}) & \cos(\pi) \\ 1 & \cos(\frac{2\pi}{5}) & \cos(\frac{4\pi}{5}) & \cos(\frac{6\pi}{5}) & \cos(\frac{8\pi}{5}) & \cos(2\pi) \\ 1 & \cos(\frac{3\pi}{5}) & \cos(\frac{6\pi}{5}) & \cos(\frac{9\pi}{5}) & \cos(\frac{12\pi}{5}) & \cos(3\pi) \\ 1 & \cos(\frac{4\pi}{5}) & \cos(\frac{8\pi}{5}) & \cos(\frac{12\pi}{5}) & \cos(\frac{16\pi}{5}) & \cos(4\pi) \\ 1 & \cos(\pi) & \cos(2\pi) & \cos(3\pi) & \cos(4\pi) & \cos(5\pi) \end{bmatrix} \tag{2-28}$$

由方程(2-27)、(2-28)可得：

$$\int \boldsymbol{I} = \overbrace{\boldsymbol{B}_{6\times6}^{-1} \times \boldsymbol{A}_{6\times10}}^{M} \times [i \quad i^2 \quad i^3 \quad i^4 \quad i^5 \quad i^6 \quad i^7 \quad i^8 \quad i^9 \quad i^{10}]^{\mathrm{T}} \tag{2-29}$$

依据式(2-23)～式(2-29)中的方程推算，可以完成该 SRLM 磁链特性曲线的完整映射，如图 2-17 所示。由六阶傅里叶级数方法得到的磁链-电流曲线簇也将用在本章实验验证的在半实物仿真系统中与有限元法及所提出的方法进行比较。

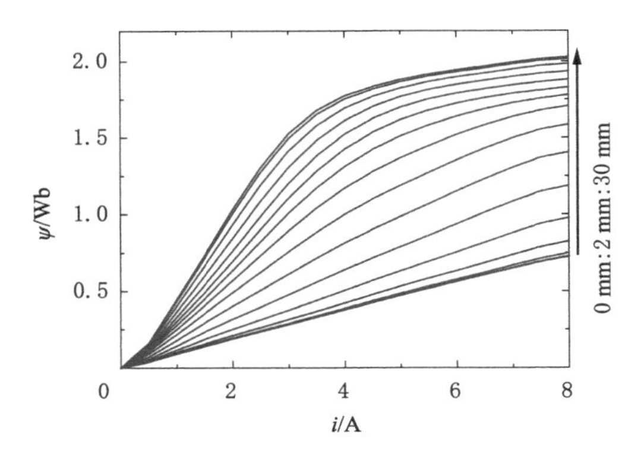

图 2-17　六阶傅里叶级数法所得完整磁链-电流曲线簇

利用式(2-22)还可以推导出该 SRLM 每相电磁推力的计算方程，如式(2-30)所示。据此可以计算出电机的静态电磁力，所计算的静态电磁力将在本章实验验证部分与实测电磁力进行比较。

$$\begin{aligned} F &= \frac{\partial W_{\mathrm{c}}(x,i)}{\partial x} = \frac{\partial\left[\int \Psi(x,i)\mathrm{d}i\right]}{\partial x} = \frac{T_{\mathrm{r}}}{T_{\mathrm{m}}} \times \frac{\pi}{180^\circ} \times \frac{\partial\left[\int \Psi(\theta,i)\mathrm{d}i\right]}{\partial \theta} \\ &= \frac{T_{\mathrm{r}}}{T_{\mathrm{m}}} \times \frac{\pi}{180^\circ} \times \frac{\mathrm{d}Q}{\mathrm{d}\theta} \times \int I\,\mathrm{d}i = \frac{T_{\mathrm{r}}}{T_{\mathrm{m}}} \times \frac{\pi}{180^\circ} \times \boldsymbol{O} \times \boldsymbol{P} \end{aligned} \tag{2-30}$$

$$\boldsymbol{O} = [0 \quad -4\sin(4\theta) \quad -8\sin(8\theta) \quad -12\sin(12\theta) \quad -16\sin(16\theta) \quad -20\sin(20\theta)] \tag{2-31}$$

$$\boldsymbol{P} = \overbrace{\boldsymbol{B}_{6\times6}^{-1} \times \boldsymbol{A}_{6\times10}}^{M} \times \left[\frac{1}{2}i^2 \quad \frac{1}{3}i^3 \quad \frac{1}{4}i^4 \quad \frac{1}{5}i^5 \quad \frac{1}{6}i^6 \quad \frac{1}{7}i^7 \quad \frac{1}{8}i^8 \quad \frac{1}{9}i^9 \quad \frac{1}{10}i^{10} \quad \frac{1}{11}i^{11}\right]^{\mathrm{T}} \tag{2-32}$$

2.5　实验验证

2.5.1　在线实验验证

为了验证依据提出的方法训练而得到的 Ψ-i 特性曲线的精度，本小节基于 RT-LAB 实时仿真器设计了电机在线快速控制原型实验：共三个依据图 2-11 所介绍的考虑互耦合特性的绕组电流计算模块在 RT-LAB 环境下建立，它们存储的磁链-电流-位置数据分别为由所提方法训练而来的结果、六阶傅里叶级数法所得结果以及二维有限元法计算结果。其中，相电压(u_k)、速度(v)为 RT-LAB 的模拟板卡以及数字板卡采集或实时计算的结果，这保证了绕组电流计算模块中影响最终电流结果的只有数据表中存储的磁链-电流-位置数据，则由绕组电流计算模块所计算的电流与电机实际电流之间的相似程度，可以间接反映出各方法所得磁链数据的准确性以及所建模型的精度。实验中三个模块计算得出的电流通过 RT-LAB 的模拟板卡输出并由示波器采集。本小节的在线实验验证中进行了电机在电动和发电两个状态下以及不同控制策略下的测试。

在电机电动状态下的测试中，首先利用传统的角度位置控制(angular position control，APC)策略控制样机。测试中母线电压和每相励磁范围分别为 24 V 和(0，22)mm，分别测试了制动力分别为 18 N 和 51 N 的电流结果。制动力为 18 N 的结果如图 2-18 所示，图 2-18(a)所示为电机动态运行过程中 B 相的电流，还采集了由三个绕组电流计算模块得到的电流进行比较，图 2-18(b)所示为图 2-18(a)中第一个电流波形的磁滞回环曲线。制动力为 51 N 的结果如图 2-19所示，图 2-19(a)所示为电机动态运行过程中的电流测试结果，图 2-19(b)所示为图 2-19(a)中第一个电流波形的磁滞回环曲线。由实施 APC 策略的实验结果可以看出，利用所提方法计算得到的电流与实际电流十分接近，而由傅里叶级数法和二维有限元法所得电流均与实际电流存在比较明显的差别。

然后，施加了电流斩波控制(current chopping control，CCC)策略控制样机，测试中母线电压、每相励磁范围以及电机制动力分别为 24 V、(0，22)mm 以及 95 N，而电流斩波的限值设置为 5 A。图 2-20(a)所示为电机动态运行过程中的电流测试结果，图 2-20(b)所示为图 2-20(a)中第一个电流波形的磁滞回环曲线。

随后还在电动状态下对电机进行了速度闭环测试，测试中母线电压、每相励磁范围以及电机制动力分别为 24 V、(0，22)mm 以及 18 N，设定的参考速度为

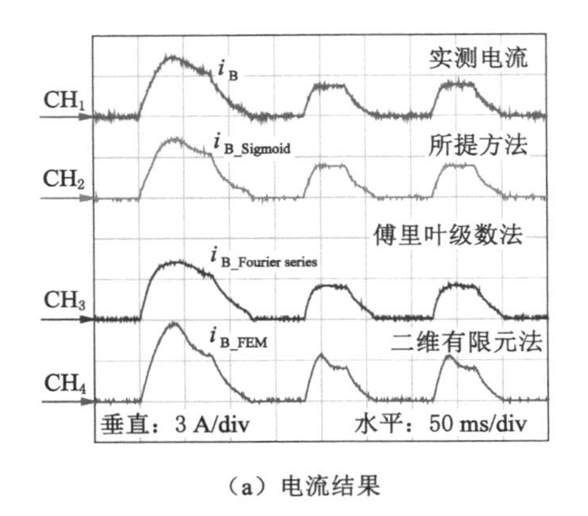

（a）电流结果

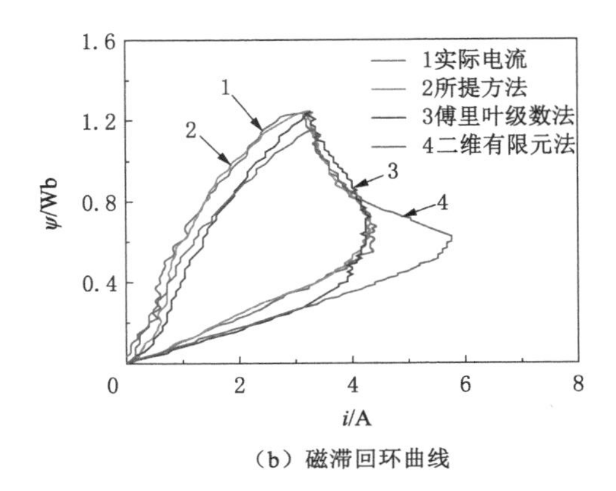

（b）磁滞回环曲线

图 2-18　APC 策略、18 N 制动力下的测试结果

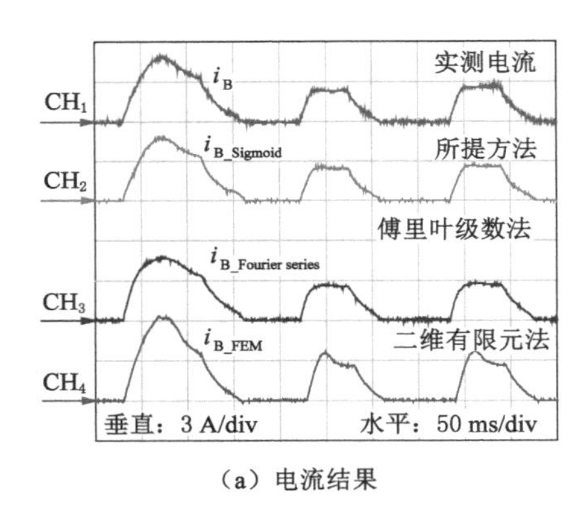

（a）电流结果

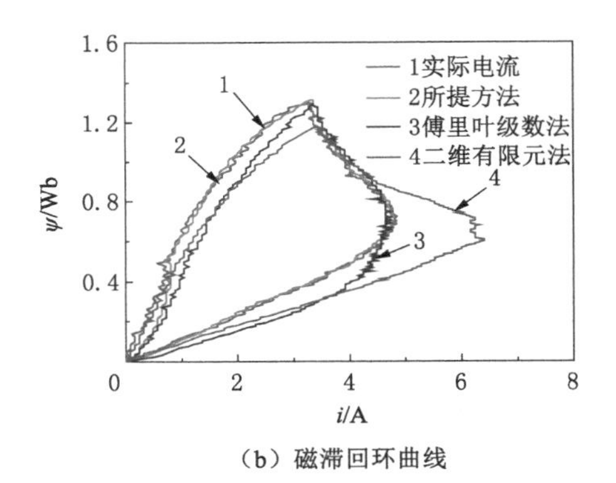

（b）磁滞回环曲线

图 2-19　APC 策略、51 N 制动力下的测试结果

0.3 m/s，相应的电流测试结果以及第一个电流波形的磁滞回环曲线如图 2-21 所示。

最后，还对样机进行了电压脉宽调制控制（pulse width modulation，PWM）测试，测试中母线电压、每相励磁范围以及电机制动力分别为 24 V、(0，22)mm 以及 18 N，给定恒定频率为 1 Hz、占空比为 80%的电压脉冲，相应的电流测试结果以及第一个电流波形的磁滞回环曲线如图 2-22 所示。

所有电动状态下的实验结果均证明了由傅里叶级数法和二维有限元法所得电流均与实际电流有比较明显的差别，而所提方法计算得到的电流与实际电流更为接近，这验证了所提出的磁链-电流-位置曲线训练方法的有效性。

在电机发电状态下的测试中也利用了 APC 策略控制样机，测试中母线电压和

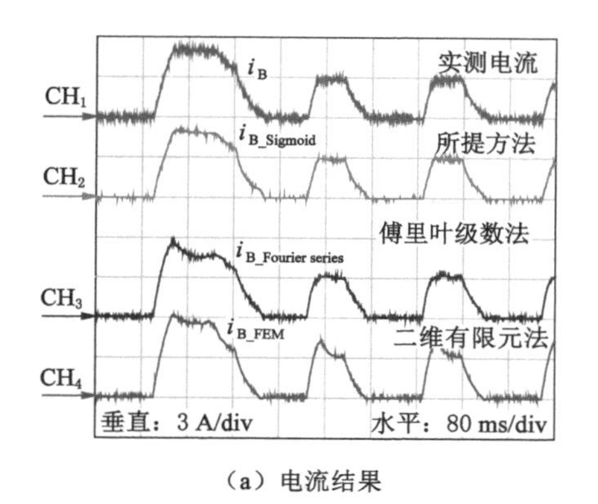

（a）电流结果

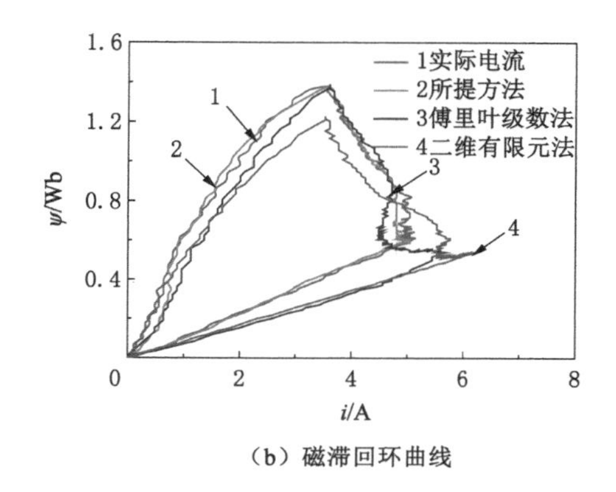

（b）磁滞回环曲线

图 2-20　CCC 策略下的测试结果

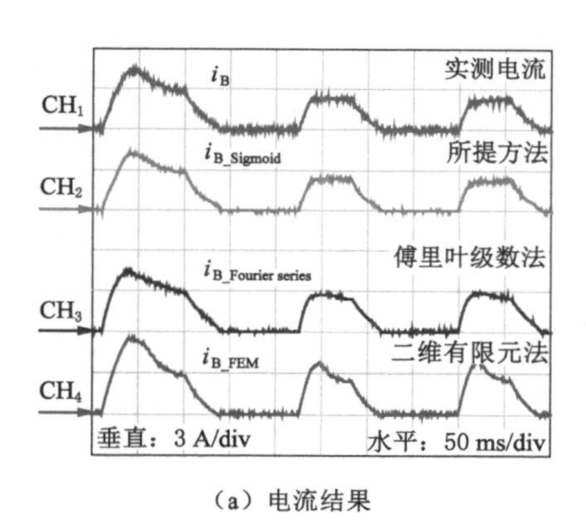

（a）电流结果

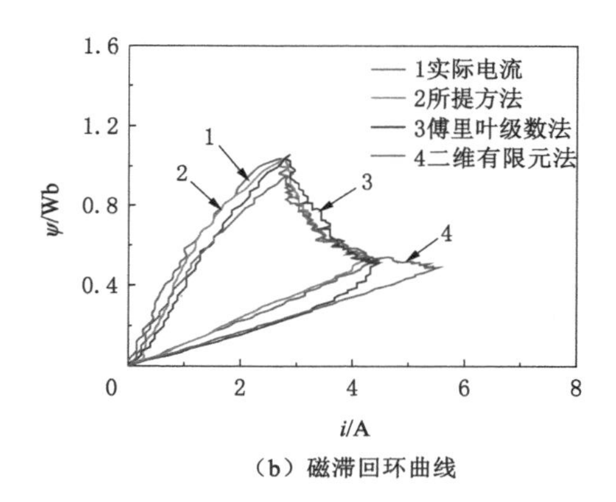

（b）磁滞回环曲线

图 2-21　速度闭环控制下的测试结果

电机的运行速度分别为 24 V 和 0.7 m/s，图 2-23(a)所示为励磁范围为(20,40)mm 的测试结果，图 2-23(b)所示为励磁范围为(18,42)mm 的测试结果。

同样的，在发电状态下所提方法计算得到的电流与实际电流仍更为接近，再次证明了所提训练方法的有效性。

为了比较三种方法的精度，我们利用式(2-18)计算了三种方法所得电流与实际电流之间的误差，结果如表 2-4 所示。所提方法的平均相对误差约为 5.389%，傅里叶级数法的平均相对误差为 14.266%，二维有限元法的平均相对误差为 18.186%。误差分析证明了所提方法的建模精度要优于傅里叶级数法和二维有限元法。整体而言，所提方法与傅里叶级数法的精度都比二维有限元法高，这是因为这两种方法都是基于几条实测磁链来完成的，而二维有限元法由于

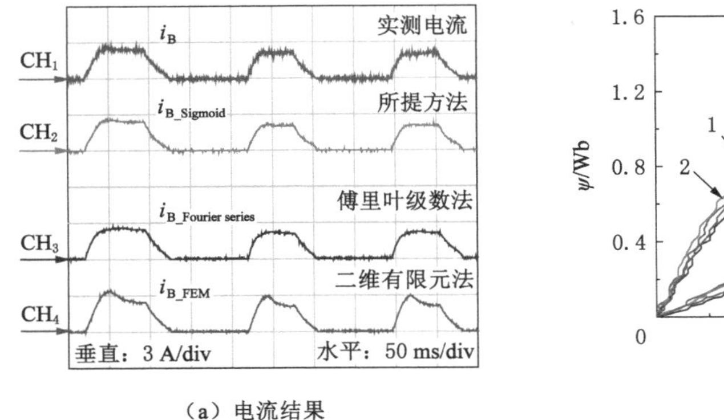

（a）电流结果

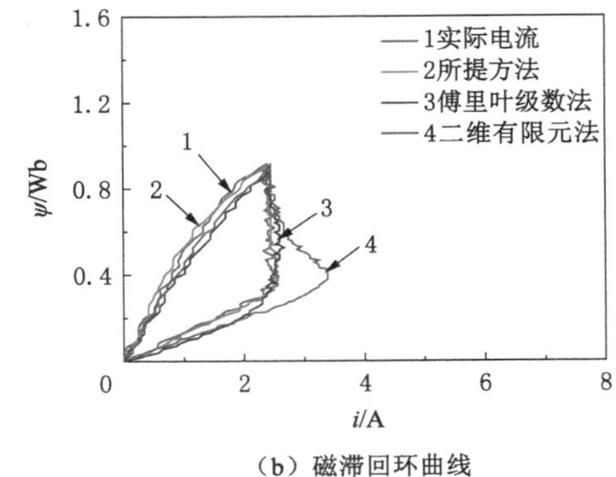

（b）磁滞回环曲线

图 2-22　PWM 策略下的测试结果

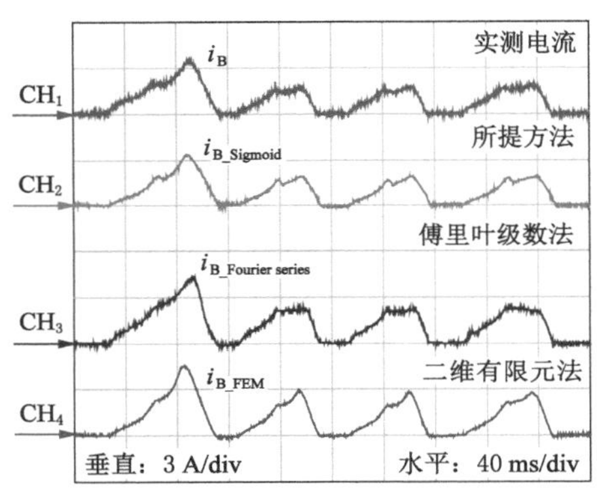

（a）励磁范围(20,40)mm

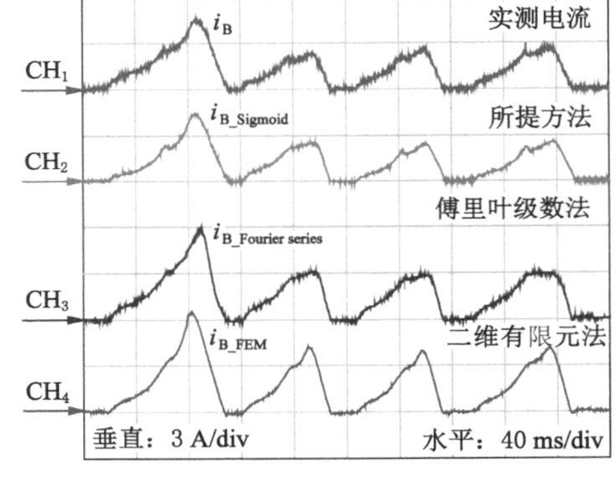

（b）励磁范围(18,42)mm

图 2-23　发电状态下的测试结果

未考虑横向边端效应的影响，其结果偏离实际结果较远。除此之外，加工工艺的限制也是造成有限元法计算结果误差大的另外一个原因。

表 2-4　误差分析

位置范围/mm	所提方法	傅里叶级数法	二维有限元法
0～2	8.568%	42.132%	26.536%
2～4	5.683%	27.800%	28.118%
4～6	2.444%	11.164%	27.246%
6～8	2.272%	2.638%	26.068%

表 2-4(续)

位置范围/mm	所提方法	傅里叶级数法	二维有限元法
8～10	2.454%	3.730%	26.950%
10～12	2.159%	4.530%	24.244%
12～14	1.872%	5.405%	17.850%
14～16	1.711%	4.862%	10.147%
16～18	2.034%	4.086%	6.079%
18～20	2.590%	3.135%	4.051%
20～22	4.394%	13.828%	8.730%
22～24	4.200%	20.562%	5.239%
24～26	6.475%	18.068%	9.662%
26～28	8.786%	16.808%	20.818%
28～30	25.196%	35.236%	31.052%
平均	5.389%	14.266%	18.186%

2.5.2　离线实验验证

除了在线实验验证之外，还将利用所提方法得到的磁链-电流-位置数据以及电磁力数据用于离线建模当中。在本小节中将三种方法的离线仿真结果与实测结果进行比较，以验证所提方法的建模精度。

首先图 2-24 将三种方法所得静态电磁力与实测静态电磁力进行了比较，可以看出，相较于其他两种方法，所提方法的静态电磁力数据无论是从幅值还是曲线上都更接近于实测电磁力数据，验证了所提方法的优越性。为了进一步验证该方法在建模上的精度，还利用所提方法完成了另外两相(A 相和 C 相)的磁链-电流-位置数据训练，其过程与 B 相训练过程相似，这里不再赘述。

然后利用三相的磁链-电流-位置数据以及电磁力-电流-位置数据对该 SRLM 进行离线仿真，仿真模型除了绕组电流计算模块之外的部分均依照文献[130]建立，绕组电流计算模块按照图 2-11 所给示意图搭建。在电动模式下进行了 CCC 策略下的仿真，仿真设置中母线电压和电机励磁范围分别为 24 V 和(0,20)mm，电流斩波限值为 5 A，仿真结果如图 2-25(a)所示，并进行了相同工况下的电机测试，测试结果如图 2-25(b)所示。

除了电动模式下的离线仿真外，还进行了发电模式下的仿真，仿真中母线电压、电机运行速度和电机励磁范围分别为 24 V、0.7 m/s 和(20,40)mm，电机的负载电阻为 4 Ω。仿真结果如图 2-26(a)所示，然后进行了相同工况下的电机测

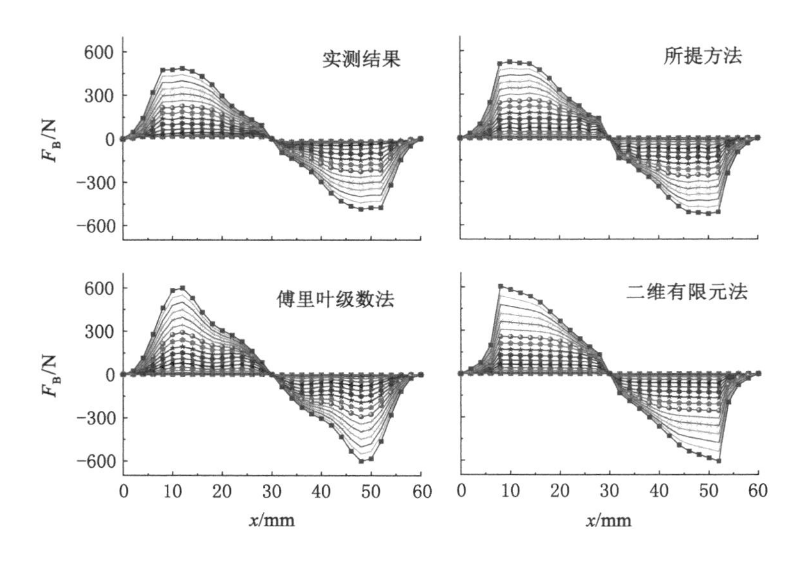

图 2-24 静态电磁力对比

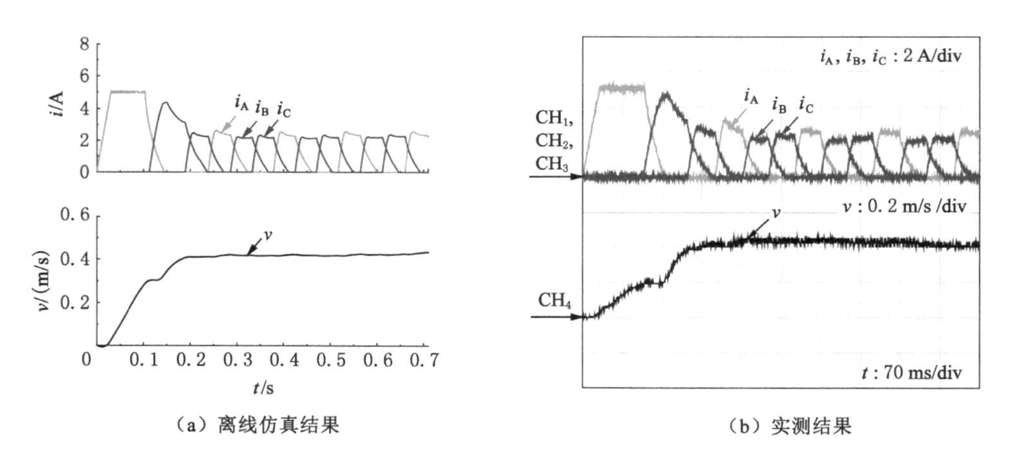

(a) 离线仿真结果　　(b) 实测结果

图 2-25 电动状态下的离线实验验证

试,测试结果如图 2-26(b)所示,其中 u_g为发电电压。

由对比发现,无论是电动状态下的仿真还是发电状态下的仿真,所建立模型的离线仿真结果均与实测结果吻合较好,包括电流波形(i_A、i_B 和 i_C)、速度波形(v)以及发电电压波形(u_g)。这说明利用所提出方法建立的 SRLM 非线性模型可以很好地模拟该 SRLM 样机的实际性能,所建立的模型不仅考虑了不同相绕组的电磁特性差别,还考虑了相间互耦合特性对电机性能的影响,因此该模型可

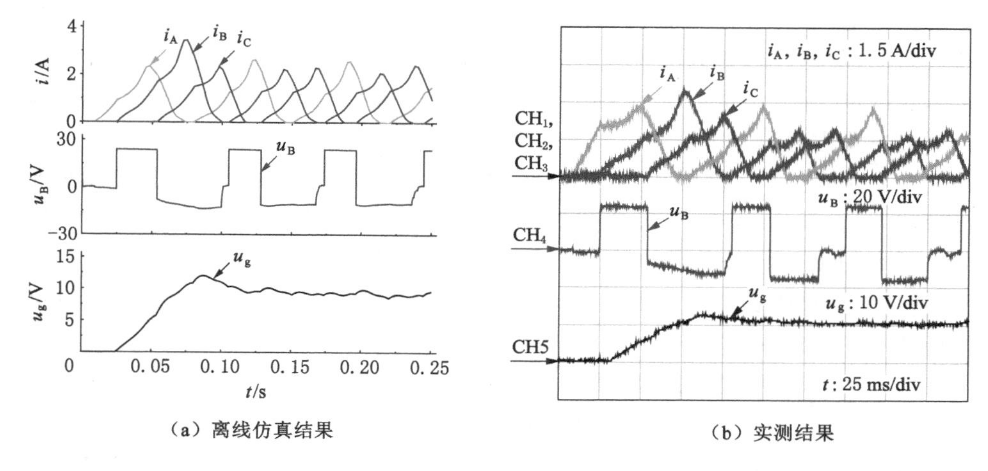

（a）离线仿真结果　　（b）实测结果

图 2-26　发电状态下的离线实验验证

以用于分析纵向边端效应对电机性能的影响以及研究纵向边端效应的相关补偿方法。该建模方法为针对该电机进行深入研究提供了坚实的基础。

本书所提建模方法利用六条实测曲线完成了训练工作，也可以尝试利用更少的实测曲线数完成建模，本节对实测曲线数量分别为三条、四条、五条和六条的训练时间和精度进行了对比，其结果如表 2-5 所示。可以看出，实测曲线的数量基本不会影响最终仿真的精度，因为训练过程一旦完成就意味着训练磁链十分近于实测磁链，但是较少的实测磁链曲线会延长训练时间，如何选择实测曲线的数量要综合考虑电机制动夹具的成本以及建模的时间成本。

表 2-5　不同实测曲线数量下的训练结果对比

实测磁链数量	需要训练的磁链数量	训练时间	实际电流数量	平均误差
6	10	1.78 h	4	5.389%
5	11	2.17 h	4	5.821%
4	12	超过 3.5 h	4	—
3	13	超过 5.0 h	4	—

2.6　本章小结

开关磁阻直线电机的高精度非线性建模对于电机的性能优化以及控制策略开发十分重要，其建模过程中最核心的部分是得到准确的磁链-电流-位置特性曲线以及电磁力-电流-位置特性曲线。本章提出了一种新型的磁链-电流-位置特性曲线训练方法，此方法无须有关电机结构的先验知识，并将相间互耦合特性考虑在内，所提方法也可以用于旋转开关磁阻电机的建模，具有良好的普适性。本章的主要内容总结如下：

（1）分析了开关磁阻直线电机六个关键位置的磁密曲线及相应的磁通密度分布曲线，发现了不同位置下电机铁心出现饱和现象时对应的电流大小不同，据此对原来的磁链-电流准线性模型进行了改进并对改进后的准线性模型加以分析，根据分析结果提出了一种变形的 Sigmoid 函数，将其用作开关磁阻直线电机磁链建模的插值函数。

（2）分析了电机磁链对电流的影响，总结了带有偏差的磁链对于电流的影响规律，据此提出一种新型的开关磁阻直线电机磁链-电流-位置曲线簇训练方法，在此方法中考虑了电机的相间互耦合特性，并利用所提出的变形的 Sigmoid 函数完成了磁链训练插值，训练结果和仿真结果验证了所提方法的有效性。

（3）为了与所提方法进行对比，还利用傅里叶级数法对同一样机进行了建模，傅里叶级数法的快速性良好，本章提出了将开关磁阻直线电机映射到相同定子、转子磁极数的旋转开关磁阻电机的方法，首次实现了利用六阶傅里叶级数法对开关磁阻直线电机进行建模，得到了完整的磁链-电流-位置曲线簇。

（4）设计了样机的半实物仿真平台，进行了电机的在线实验验证以对比由所提出方法、傅里叶级数法和二维有限元法所得磁链-电流-位置曲线簇的精度；当利用所提方法得到的磁链进行电流计算时，其模拟电流与实际电流之间的误差仅为 5.389%，证明了与另外两种方法相比，用所提方法获取的磁链更接近样机的实际磁链，一系列在线实验结果证明了所提方法在建模精度上的优越性。

（5）利用所提方法得到的磁链完成了样机的离线仿真，仿真结果与相同工况下的实验结果吻合良好，证明了所建立的非线性模型可以模拟开关磁阻直线电机的实际特性，该模型考虑了不同相绕组的电磁特性差别，还考虑了相间互耦合特性对电机性能的影响，这为后续章节中开关磁阻直线电机纵向边端效应的研究提供了坚实的基础。

第3章　开关磁阻直线电机绕组连接方式及纵向边端效应研究

3.1　概述

一般的平板型直线电机可以看作是将旋转电机沿径向切开然后拉伸得到的，而在电机的电磁设计中，直线电机也经常从旋转电机的设计中汲取经验。然而直线电机除了与旋转电机有许多共性之外，其区别于旋转电机的特性也很明显：由于平板型直线电机在电机运动方向上的定子和动子铁心的长度都是有限的，它们不可避免地受到了纵向边端效应的影响[53,172,179-180]。从对直线电机研究现状的总结来看，目前针对 LIM 的纵向边端效应的研究较多，而对 SRLM 的纵向边端效应的研究还比较少。

文献[53]的研究表明，SRLM 的纵向边端效应会导致其中间相与边端相的电磁特性不同，且不同相之间的互耦合特性也不相同。SRLM 的电磁特性直接影响着电机的动态性能，但是目前还缺少针对纵向边端效应对 SRLM 动态性能的影响进行深入研究的文献。除了纵向边端效应会影响 SRLM 各相的电磁特性之外，包括电机的相数在内[181]，还有电机的几何结构、尺寸、制造材料与绕组连接方式等都是影响因素。

不同的绕组连接方式会影响电机的定子磁极磁性、自感/互感特性曲线、转矩特性曲线等。电机定子磁极磁性决定着电机运行时的磁通路径，因此不同的绕组连接方式使得电机运行时的铁心磁密波形也不相同，磁密波形关系着电机的铁损耗特性与效率。选择合适的绕组连接方式能使电机表现出更好的电机性能，因此近年来关于寻求 RSRM 最优绕组连接方式的研究成果也相继发表[182-185]。而与 RSRM 相比，关于 SRLM 绕组连接方式对电机性能影响的研究还比较少。

综上所述，关于纵向边端效应与绕组连接方式对 SRLM 性能带来影响的研究亟待进行，这可能为 SRLM 性能提升的研究提供新的思路。

本章基于上一章所建立的能反映纵向边端效应的非线性模型，研究了 SRLM 的纵向边端效应和绕组连接方式对电机性能的影响。针对 SRLM 的不同运行状态，对比分析了电机在两种绕组连接方式下的静态电磁特性、动态性能、磁密特性以及铁损耗大小。通过与理想模型进行对比量化了纵向边端效应对 SRLM 性能造成的影响，实验结果验证了由仿真得到的预测结论。本章最后根据不同的性能需求为如何选择 SRLM 的绕组连接方式给出了建议。

3.2 静态电磁特性分析

3.2.1 绕组连接方式对静态电磁特性的影响

该三相 6/4 结构的双边型 SRLM 有两个定子，分置动子的两侧，一侧定子上有六个定子磁极，每相各分配两个，两侧定子上所属 A 相的四个定子磁极被定义为 $A_1 \sim A_4$，所属 B 相的四个定子磁极被定义为 $B_1 \sim B_4$，所属 C 相的四个定子磁极被定义为 $C_1 \sim C_4$。该 SRLM 可能的绕组连接方式有两种，分别如图 3-1(a)和图 3-1(b)所示。每相所有线圈全部串联，图 3-1(a)中 B 相线圈的缠绕方向与 A 相和 C 相相反，这使得一侧定子上的六个定子磁极的磁性呈 NSNSNS 模式分布（以下称为模式 1）。图 3-1(b)中 A 相、B 相和 C 相的线圈缠绕方向保持一致，此时该 SRLM 一侧定子上六个定子磁极的磁性呈 NNNSSS 模式分布（以下称为模式 2）。

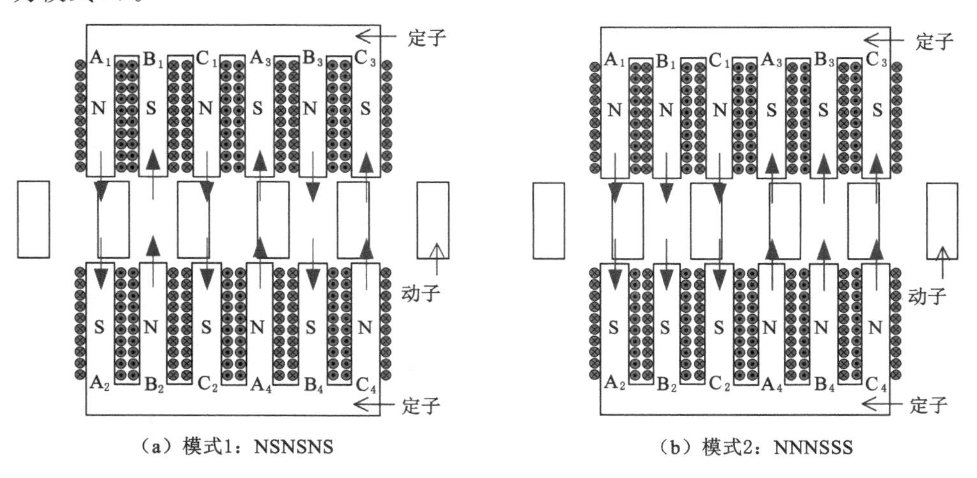

（a）模式1：NSNSNS（b）模式2：NNNSSS

图 3-1 SRLM 的绕组连接方式

为了比较该 SRLM 在不同绕组连接方式下的静态电磁特性，本节分别建立了该电机的二维有限元模型与三维有限元模型。以 B 相通电的情况为例，经二维有限元分析得到的不同绕组连接方式下电机的磁通分布如图 3-2 所示。其中，图 3-2(a)中 SRLM 处于模式 1 下，此时电机的主磁通路径沿顺时针方向闭合。图 3-2(b)中 SRLM 处于模式 2 下，此时电机的主磁通路径沿逆时针方向闭合。由有限元法计算得到的两种绕组连接方式下的 B 相自感特性曲线如图 3-3 所示，可见两种连接方式下的自感特性曲线基本完全重合，这说明两种相反的绕组连接方式虽然会使得电机的定子磁极分布不同，以及使得 B 相自身主磁通路径的方向反转，但是对自身磁链/电感的大小基本没有影响。除了主磁通路径方向相反之外，图 3-2 所示的磁通分布图中，经由相邻定子磁极与气隙闭合形成的漏磁通路径方向也是相反的。漏磁通的存在会使得相邻相绕组中产生感应磁链，在此利用有限元法计算了 B 相与 A 相之间的互感特性曲线(L_{BA})，以及 B 相与 C 相之间的互感特性曲线(L_{BC})，分别如图 3-4(a)和图 3-4(b)所示。可见，在模式 1 下 L_{BA}与 L_{BC}的特性曲线均为正值，而在模式 2 下 L_{BA}与 L_{BC}的特性曲线均为负值，但是不同绕组连接方式下的互感绝对值基本相同。由此可知，SRLM 的绕组连接方式虽不会影响相邻相感应磁通量的大小，但是改变了互磁链/互感特性值的正负。考虑互磁链/互感特性的 SRLM 的电压平衡方程已经在式(2-19)中给出，可知互感的正负值会直接影响电机的电流特性，从而也会影响电机的电磁力特性。

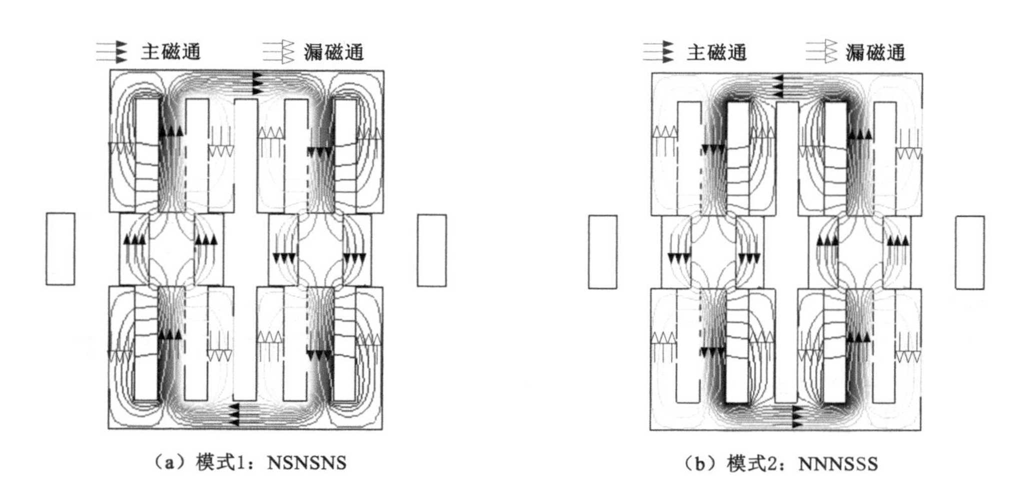

(a) 模式1：NSNSNS　　(b) 模式2：NNNSSS

图 3-2　不同绕组连接方式下的磁通分布示意图

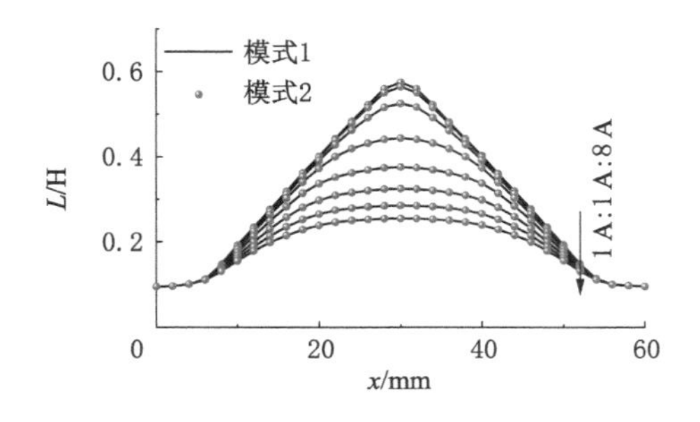

图 3-3　不同绕组连接方式下的 B 相自感特性曲线

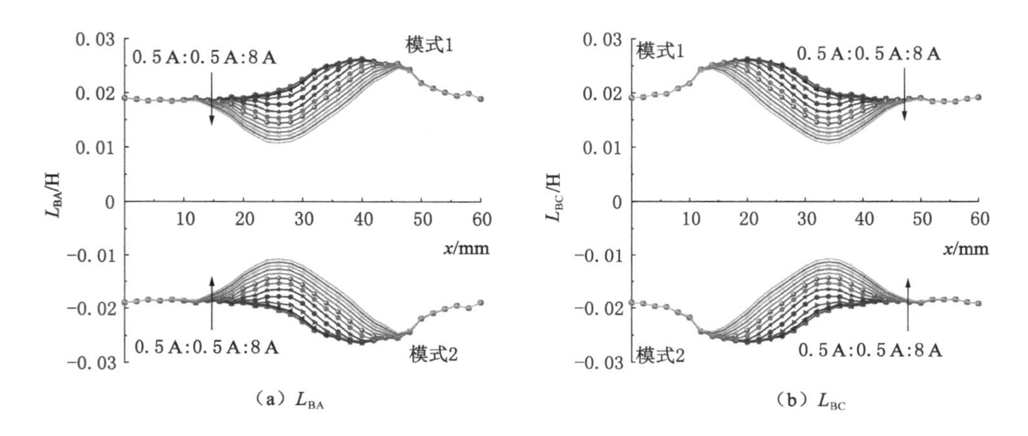

(a) L_{BA}　　(b) L_{BC}

图 3-4　不同绕组连接方式下的互感特性曲线

3.2.2　纵向边端效应对静态电磁特性的影响

平板型 SRLM 定子与动子在运动方向上的长度是有限的，这造成了电机中间相与边端相的电磁特性会有所差别，这一结构对电机特性的影响称为纵向边端效应。对于本书所选用的三相 6/4 结构的双边型 SRLM 来说，B 相为中间相，A 相与 C 相为边端相。图 3-5 比较了 B 相与 A 相分别在各自的不对齐位置励磁时的电机磁通分布曲线。

由图 3-5 可以看出，B 相的磁通分布曲线是对称的，而 A 相的磁通分布曲线是不对称的。这是因为 A 相作为边端相，其所属的四个磁极按照分布位置可以分为两个边端磁极（A_1 和 A_2）和两个中间磁极（A_3 和 A_4），其边端磁极（A_1 和 A_2）的一侧没有相邻磁极，这使得这一侧的漏磁通仅能通过空气形成闭合磁路，而空气磁阻很大，通过空气形成的这部分漏磁所占总磁通比例极小，而中间磁极

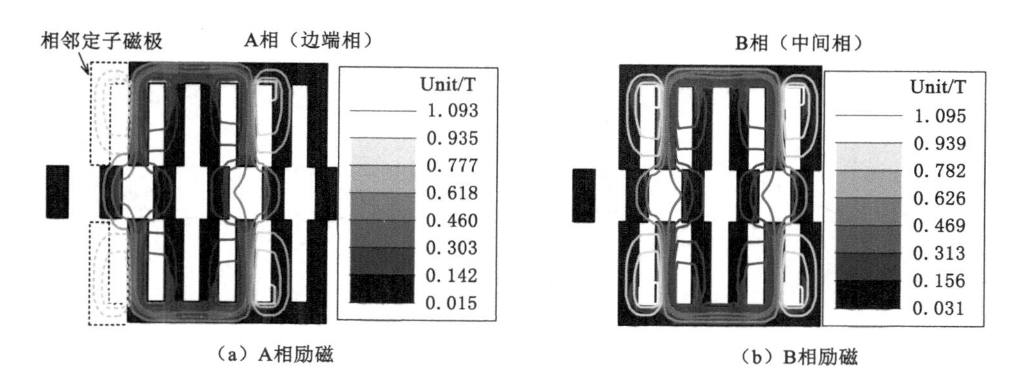

（a）A相励磁　　（b）B相励磁

图 3-5　不同相励磁时磁通分布曲线对比

（A_3 和 A_4）的漏磁经由空气通过其相邻磁极形成闭合磁路，由此可以预估 A 相边端磁极上的绕组所感应的磁链要小于中间磁极上的绕组所感应的磁链。而 B 相作为中间相，其所属的四个定子磁极两侧均有相邻磁极，即全部为中间磁极，它们除了形成主磁通之外，每个磁极还通过空气经过相邻磁极形成闭合回路，经过比较还可以预估，A 相整体的感应磁链也要小于 B 相的感应磁链。图 3-5(a)中用虚线补充了 A 相相比于 B 相磁通分布所缺少的漏磁路径。图 3-6 中给出了利用三维有限元法计算的 A 相边端磁极（A_1 和 A_2）上绕组感应的磁链与中间磁极（A_3 和 A_4）上绕组感应的磁链，可见边端磁极上绕组的感应磁链较小。

为了比较边端相与中间相自磁链/自感特性的差别，本节还利用三维有限元法计算了 A 相与 B 相的磁链特性曲线与自感特性曲线，并在图 3-7 中进行了比较。从图 3-7 中可以看出，A 相在不同励磁电流下的磁链数据与电感数据均小于 B 相的结果，为了衡量它们之间的偏差，在这里给出了偏差率（DR）的定义如式(3-1)所示，偏差率为变量 1(q_1)与变量 2(q_2)之间差值的绝对值与两个变量中较小者之间的比值。图 3-7(c)所示为 A 相与 B 相磁链数据的偏差率，可以看出在不同励磁电流下，两者之间一直存在偏差，尤其是在不对齐位置时偏差最大，B 相磁链在不对齐位置处比 A 相磁链大了约 5%。图 3-7 所示的三维有限元计算结果证明了纵向边端效应确实造成了 SRLM 中间相与边端相的自磁链/自感特性的偏差。

$$DR = \frac{|q_1 - q_2|}{\min(q_1, q_2)} \times 100\% \tag{3-1}$$

图 2-1 介绍了一台三相 6/4 结构的双边型 SRLM，其为最常见的平板型直线电机，该电机在设计过程中没有对纵向边端效应进行过任何补偿设计，因此本节利用该电机进行实验，验证纵向边端效应对电机电磁特性的影响。

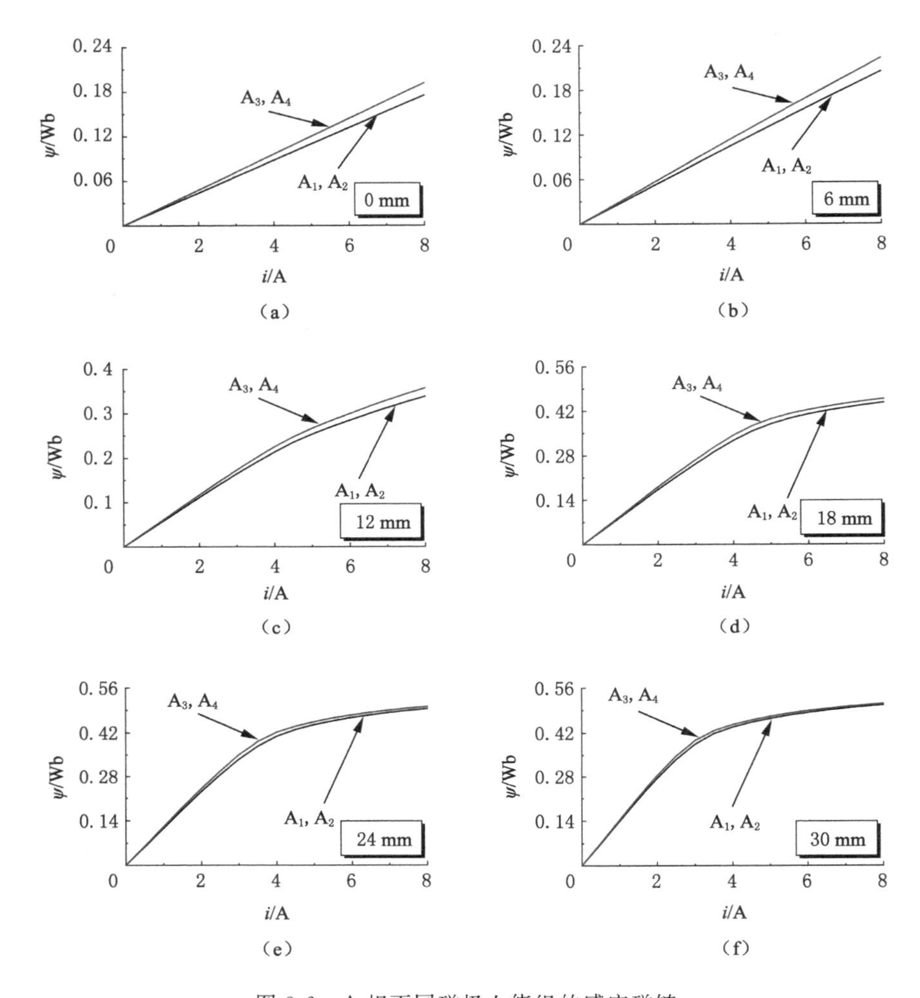

图 3-6　A 相不同磁极上绕组的感应磁链

首先,利用所搭建的硬件平台测试了 A 相所属的两个磁极(A_1 和 A_3)上的绕组在六个关键位置的静态磁链特性,测试与数据处理方法已在第 2 章进行介绍,这里不再赘述。测试结果如图 3-8(a)所示,可见 A_1 磁极绕组的磁链值在六个位置下均小于 A_3 磁极绕组的磁链值。除此之外,还分别测试了六个关键位置下 A 相的总磁链值与 B 相的总磁链值,如图 3-8(b)所示。可以看出 B 相的总磁链值总是略大于 A 相的总磁链值,尤其是在不对齐位置附近,这与三维有限元分析结果一致,证明纵向边端效应使得电机不同相之间的电磁特性出现了差别,但是 A 相与 B 相的磁链曲线在对齐位置饱和区域处出现了偏差,这可能由

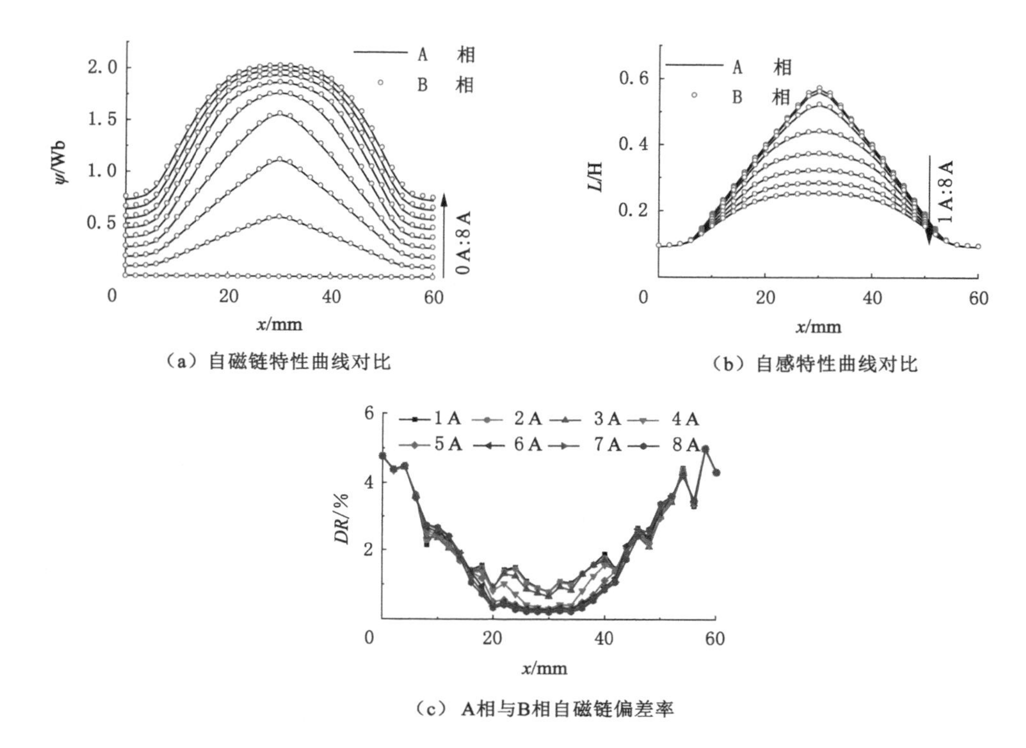

（a）自磁链特性曲线对比

（b）自感特性曲线对比

（c）A相与B相自磁链偏差率

图 3-7　不同相自磁链/自感数据对比

电机加工工艺的限制所导致。除此之外，实测磁链大小与图 3-6 中三维有限元法的计算结果也很接近，这也证明了三维有限元法的可靠性与准确性。

除了自磁链/自感特性之外，纵向边端效应还使得 SRLM 的互磁链特性受到了影响。从电机单侧定子来看，B 相作为中间相，与 A 相的两个定子磁极（A_1 和 A_3）及 C 相的两个定子磁极（C_1 和 C_3）均为相邻磁极，而 A 相和 C 相作为两个边端相，它们各自只有一个磁极彼此为相邻磁极（A_3 和 C_1），而 A_1 和 C_3 两个磁极在定子最外的两侧，互不相邻，这使得这三相之间的互耦合特性也有差别。在这里同样利用三维有限元法计算了两种绕组连接方式下三相之间的互感特性曲线（L_{BA}、L_{BC} 和 L_{AC}），如图 3-9(a)和图 3-9(b)所示。两种绕组连接方式下 L_{BA} 与 L_{BC} 的正负值已经在上一节进行了讨论，这里不再赘述。

除此之外可以发现，A 相和 B 相之间的互耦合磁链与 B 相和 C 相之间的互耦合磁链基本对称，它们在相同的电流下幅值基本相同，这说明 B 相作为中间相，对 A 相与 C 相的影响其大小基本是一致的。但是 A 相与 C 相之间的互感（L_{CA}）与 L_{BA} 和 L_{BC} 有较大差别，A 相与 C 相之间仅有 C_1 磁极与 A_3 磁极互为

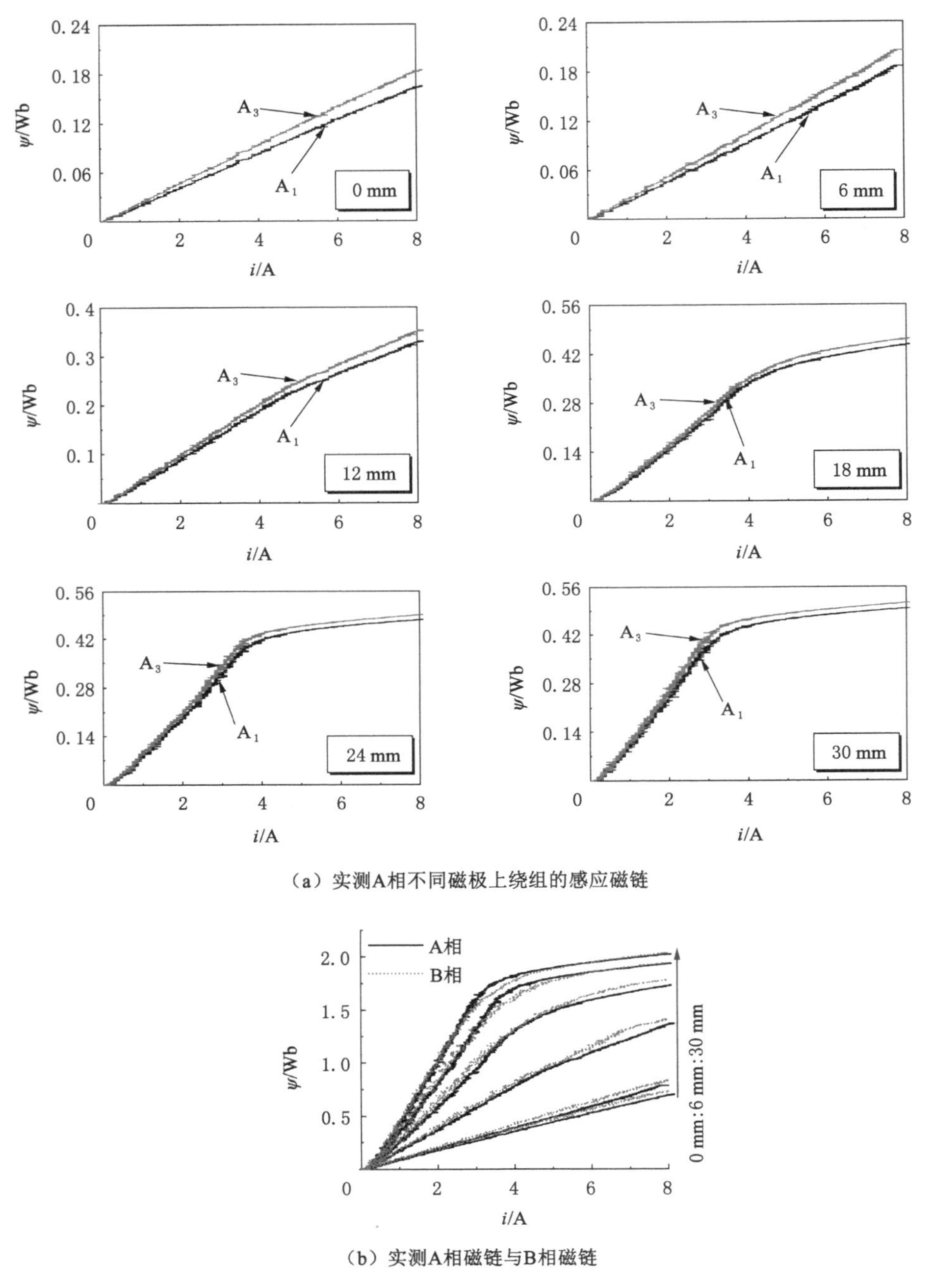

（a）实测A相不同磁极上绕组的感应磁链

（b）实测A相磁链与B相磁链

图 3-8　样机静态电磁特性测试

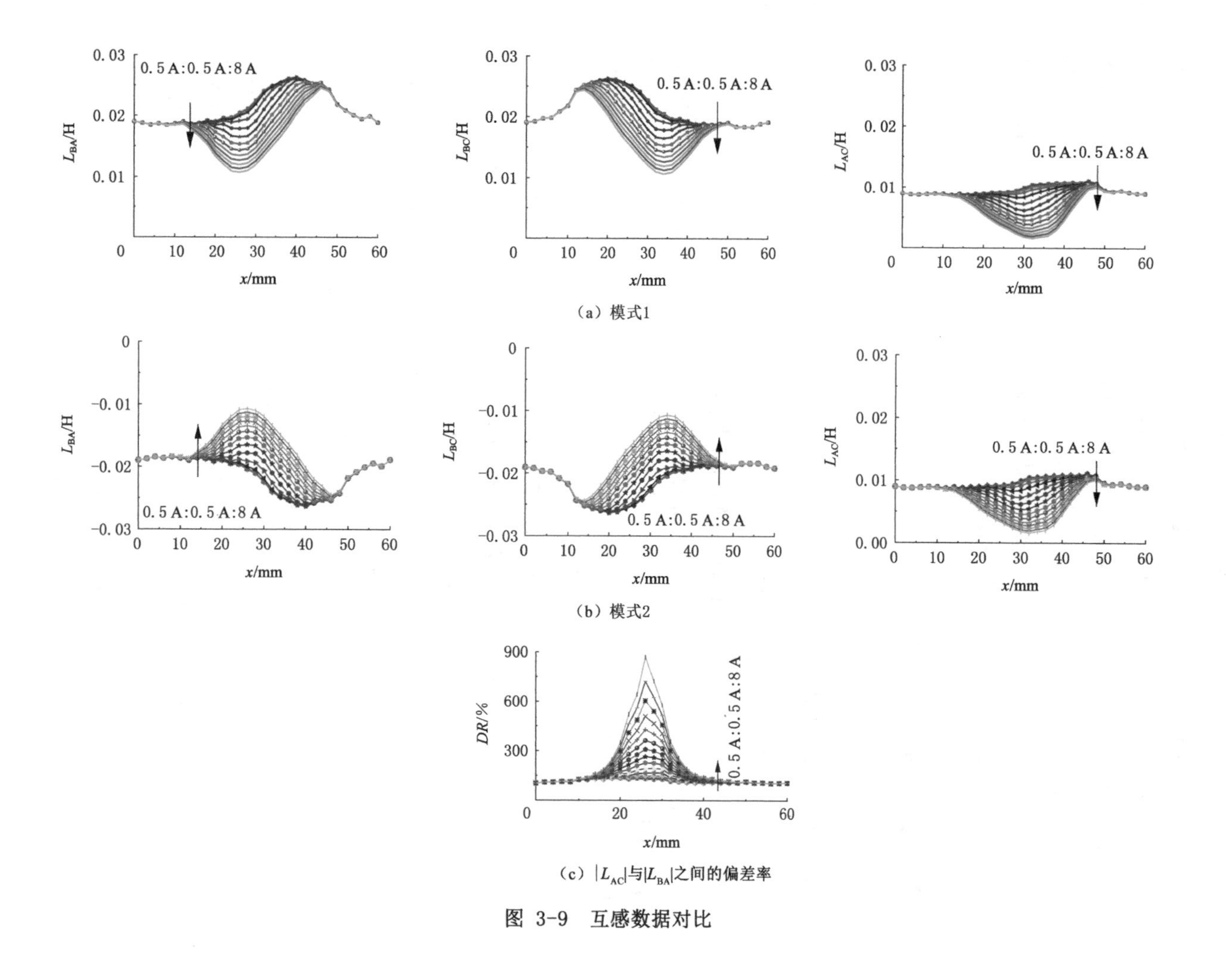

（a）模式1

（b）模式2

（c）$|L_{AC}|$与$|L_{BA}|$之间的偏差率

图 3-9　互感数据对比

相邻磁极，不考虑绕组连接方式对互感正负值造成的影响，很明显 L_{CA} 的绝对值小于 L_{BA} 和 L_{BC} 的绝对值，这是因为电机定子的有限长度造成 A 相与 C 相之间缺失了一组相邻磁极。为了衡量它们之间的差别，计算了 L_{CA} 的绝对值（$|L_{CA}|$）与 L_{BA} 的绝对值（$|L_{BA}|$）之间的偏差率，如图 3-9(c)所示。当电机动子位置为 26 mm 时，$|L_{BA}|$ 比 $|L_{CA}|$ 大了约 870%。综合以上静态电磁特性分析可以看出，绕组连接方式和纵向边端效影响着电机的自磁链特性以及互磁链特性，而它们对电机动态性能的影响需要进一步分析。

3.3 动态特性分析

3.3.1 SRLM 作为电动机

当该双边 SRLM 用作电动机时，在 MATLAB/Simulink 环境下建立了三个动态模型，一个模型中存储的自感/互感数据是绕组连接方式为模式 1 时由有限元法计算所得结果，另一个模型中存储的相关电磁数据是绕组连接方式为模式 2 时由有限元法计算所得结果，还有一个模型中存储不考虑纵向边端效应的电机理想模型。理想模型中不同相的电磁特性是一样的，并忽略相间互感，通过三维有限元法计算了样机 B 相的磁链数据与电磁力数据，并认为另外两相的数据与之相同。本书中所用 Simulink 仿真模型除了绕组计算模块外，其他模块均依照文献[130]中所介绍的法建立，第一个模型与第二个模型中的绕组计算模块为第 2 章提出的计及互感的绕组计算模块，理想模型的绕组计算模块仍参照文献[130]建立。为了比较不同绕组连接方式下电机电磁力特性的差别，分别在模型中利用传统 APC 策略和 CCC 策略对电机进行控制，进行了一系列仿真。图 3-10 所示为仿真中 APC 策略控制电机时所得电流（i_A、i_B、i_C）和电磁力曲线（F）。在图 3-10(a)中，母线电压（u_S）、开通位置（x_{on}）、关断位置（x_{off}）以及施加制动力（F_L）分别为 24 V、−3 mm、20 mm 以及 40 N；图 3-10 (b)中，x_{on} 为 0 mm，其他条件保持不变。图 3-11 所示为仿真中 CCC 策略控制电机时所得电流和电磁力曲线，图 3-11(a)为开环控制结果，此时设定参考电流（i_{ref}）为恒定值 2 A，u_S、x_{on}、x_{off} 以及 F_L 分别为 36 V、−3 mm、20 mm 以及 40 N；图 3-11(b)为闭环控制结果，此时 i_{ref} 的值经由 PI 调节器根据给定速度（v_{ref}）与实际速度（v）的差值计算所得，此仿真中 u_S、x_{on}、x_{off}、F_L 以及 v_{ref} 分别为 36 V、0 mm、20 mm、40 N 以及 0.5 m/s。本节为了衡量电磁力脉动大小引入了电磁力脉动系数的概念，其计算公式为：

$$FR = \frac{F_{\max} - F_{\min}}{F_{\text{avg}}} \tag{3-2}$$

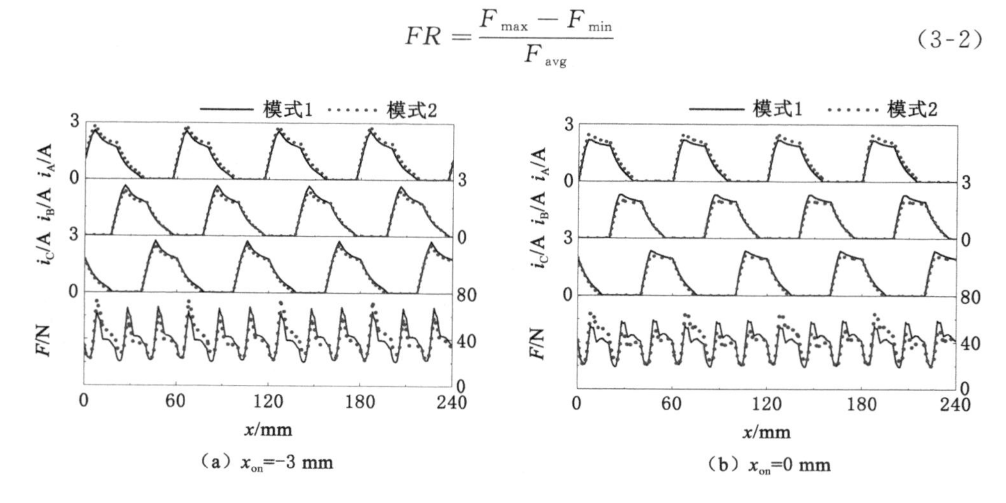

(a) x_{on}=-3 mm　　(b) x_{on}=0 mm

图 3-10　电动模型中 APC 策略下的动态仿真结果

其中，$F_{\max}$、$F_{\min}$和 F_{avg}分别代表最大电磁力、最小电磁力和平均电磁力。由式(3-2)计算可得，图 3-10(a)中模式 1 下电机的动态电磁力脉动(FR)约为 1.181，而模式 2 下电机的 FR 约为 1.282，相较之下模式 2 下的 FR 比模式 1 下的 FR 增大了约 8.6%；图 3-10(b)中模式 1 下电机的 FR 约为 1.001，而模式 2 下电机的 FR 约为 1.130，相较之下模式 2 下的 FR 比模式 1 下的 FR 增大了约 12.9%；图 3-11(a)中模式 1 下电机的 FR 约为 0.871，而模式 2 下电机的 FR 约为 0.882；图 3-11(b)中模式 1 下电机的 FR 约为 1.144，而模式 2 下电机的 FR 约为 1.170。由图 3-11 所示的电磁力脉动计算结果可以看出，当 CCC 策略用来控制电机时，电机在两种模式下的电磁力脉动大小基本一致，这是因为 CCC 策略使得电机电流的大小被控制在相同的水平，不同绕组连接方式下的合成电磁力也可以基本保持相同。图 3-10 所示的电磁力脉动计算结果表明，在利用 APC 策略控制电机时，由于不同绕组连接方式下的静态电磁特性有所差别，则电机在不同绕组连接方式下的动态电流和电磁力特性也不相同，且可以看出模式 1 下电机的电磁力脉动要小于模式 2 下电机的电磁力脉动，电机在模式 1 下表现出了更好的电磁力特性。

为了验证以上结论的普遍性及量化纵向边端效应对电机电磁力脉动带来的影响，利用所建立的动态电动模型还进行了一系列仿真，结果如图 3-12 所示。

图 3-12(a)所示为电机在 APC 方式下的电磁力脉动结果，在仿真中 u_S、x_{off}以及 F_L 分别为 24 V、20 mm 以及 40 N，且设置 x_{on}从－3 mm 变化至 3 mm，记录了不同开通位置时两种绕组连接方式下的电磁力脉动；图 3-12(b)所示为电

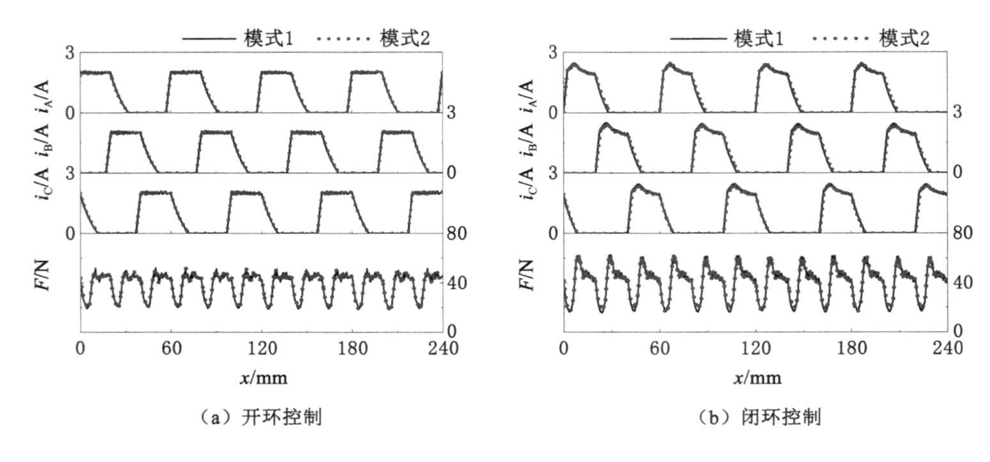

（a）开环控制　（b）闭环控制

图 3-11　电动模型中 CCC 策略下的动态仿真结果

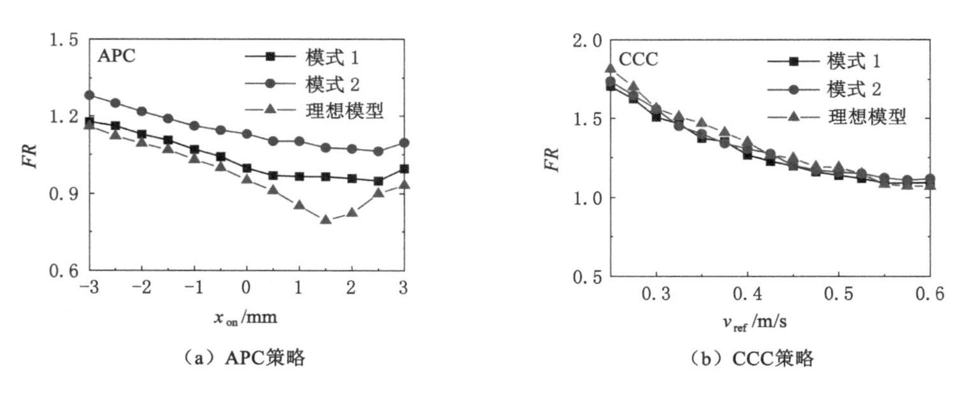

（a）APC策略　（b）CCC策略

图 3-12　电动模型的动态仿真结果

机在 CCC 方式下闭环控制电机时的电磁力脉动结果，在这一列仿真中 u_S、x_{on}、x_{off}以及 F_L 分别为 36 V、0 mm、20 mm 以及 40 N，且设置 v_{ref}从 0.25 m/s 变化至 0.6 m/s，记录了给定不同目标速度时两种绕组连接方式下电机的电磁力脉动。经计算，图 3-12(a)中模式 2 下的电磁力脉动比模式 1 下的电磁力脉动平均加剧了约 10.5%。这表明当 APC 策略用于控制电机时，电机在模式 1 绕组连接方式下的电磁力特性优于电机在模式 2 绕组连接方式下的电磁力特性。

当 CCC 策略用于控制电机时，图 3-12(b)中所示结果表明模式 1 下的电磁力脉动曲线和模式 2 下的电磁力脉动曲线基本重合，且与理想模型的电磁力脉动曲线也比较接近。但是整体而言，电机在模式 1 绕组连接方式下展现出了更好的电磁力特性。而当 APC 策略用于控制电机时，两种绕组连接方式下的电磁力脉动结果都要比不考虑纵向边端效应的理想模型的电磁力脉动结果要大，模式 1 下电机的电磁力脉动比理想模型大了约 7.3%，模式 2 下电机的电磁力脉动比理想模型大了约 18.6%，由此可见，纵向边端效应加剧了 SRLM 的电磁力脉动。

3.3.2　SRLM 作为发电机

当该 SRLM 用作发电机时，同样依据有限元法计算的静态电磁特性数据建立了两个绕组连接方式下 SRLM 的发电模型及不考虑纵向边端效应的理想模型。与用作电动机时相似，为了比较不同绕组连接方式下发电机性能的差别，分别在模型中利用传统 APC 策略和 CCC 策略对发电机进行控制。

图 3-13 所示为 APC 策略控制电机时的仿真所得电流（i_A、i_B、i_C）和输出电压（u_g）。在图 3-13(a)中，u_S、x_{on}、x_{off}、v 以及负载电阻（R_L）分别为 24 V、18 mm、40 mm、0.65 m/s 以及 8 Ω；图 3-13(b)中开通位置为 20 mm。图 3-14 所示为 CCC 策略控制电机时的仿真所得电流和输出电压，仿真中 u_S、x_{on}、x_{off}、v 以及 R_L 分别为 36 V、18 mm、40 mm、0.65 m/s 以及 8 Ω。图 3-14(a)与图 3-14(b)中的参考电流（i_{ref}）分别为 1 A 和 2 A。为了衡量输出电压纹波的大小引入了电压纹波系数的概念，其计算公式如下：

$$VR = \frac{u_{g\max} - u_{g\min}}{u_{gavg}} \tag{3-3}$$

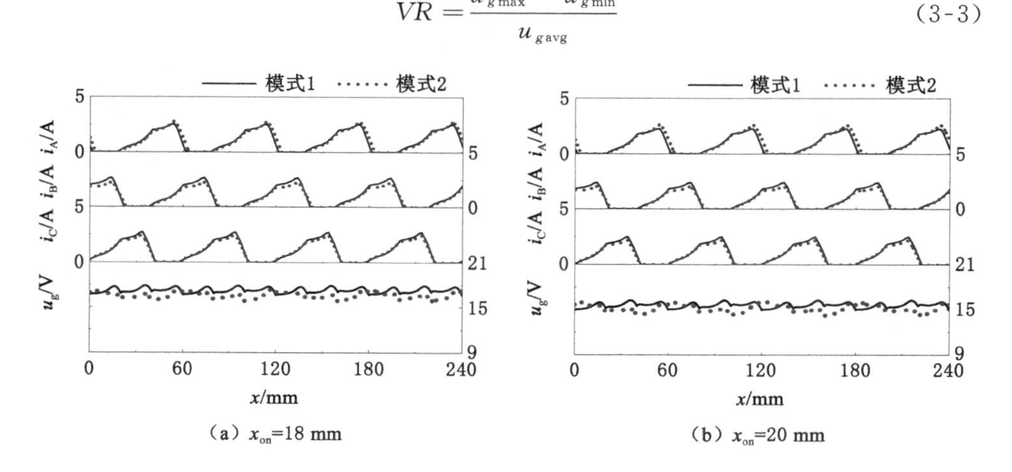

(a) x_{on}=18 mm　(b) x_{on}=20 mm

图 3-13　发电模型中 APC 策略下的动态仿真结果

其中，$u_{g\max}$、$u_{g\min}$ 和 u_{gavg} 分别代表最大输出电压、最小输出电压和平均输出电压。由式(3-3)计算可得，在施加 APC 策略的结果中，图 3-13(a)中的发电机

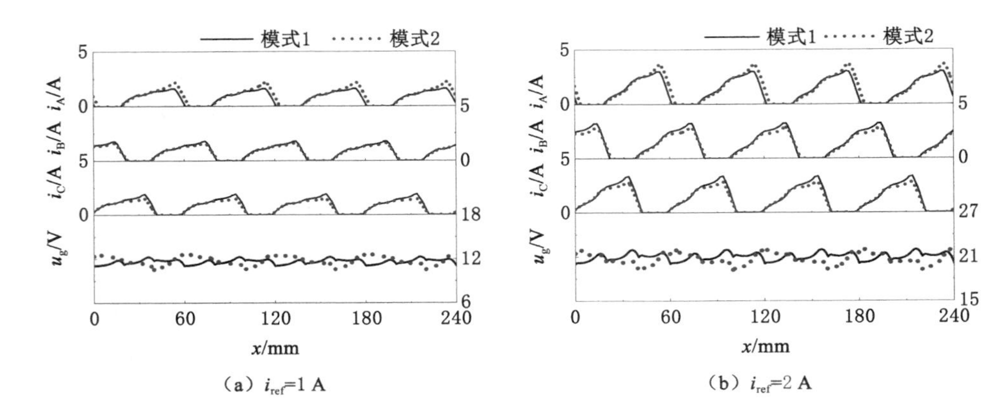

图 3-14　发电模型中 CCC 策略下的动态仿真结果

在模式 1 下的输出电压纹波系数(*VR*)约为 0.074,而发电机在模式 2 下的 *VR* 约为 0.095,相较之下模式 2 下的 *VR* 加剧了约 28.4%;图 3-13(b)中的 *VR* 在模式 1 和模式 2 下分别为 0.084 和 0.125,相较之下模式 2 下的 *VR* 加剧了约 48.8%。在施加 CCC 策略的结果中,图 3-14(a)中的 *VR* 在模式 1 和模式 2 下分别为 0.107 和 0.183,相较之下模式 2 下的 *VR* 加剧了约 71.0%;图 3-14(b)中的 *VR* 在模式 1 和模式 2 下分别为 0.091 和 0.137,相较之下模式 2 下的 *VR* 加剧了约 50.5%。由图 3-13 和图 3-14 中的仿真结果可以看出,无论是施加 APC 策略还是 CCC 策略来控制发电机,发电机均在模式 1 下具有更稳定的输出电压。

同样地,为了验证以上结论的普遍性及量化纵向边端效应对电机输出电压纹波带来的影响,利用所建立的动态发电模型还进行了一系列仿真,结果如图 3-15所示。图 3-15(a)所示为发电机在 APC 策略下的输出电压纹波结果,在仿真中 u_S、x_{off}、v 以及 R_L分别为 24 V、40 mm、0.65 m/s 以及 8 Ω,且设置 x_{on}从 18 mm 变化至 22 mm,该图记录了不同开通位置时两种绕组连接方式下电机的输出电压纹波系数;图 3-15(b)所示为电机在 CCC 方式下闭环控制发电机时的输出电压纹波结果,仿真中 u_S、x_{on}、x_{off}、v 以及 R_L 分别为 36 V、20 mm、40 mm、0.65 m/s 以及 8 Ω,且设置 i_{ref}从 1 A 变化至 2 A,该图记录了不同参考电流时两种绕组连接方式下的输出电压纹波。

经计算,图 3-15(a)中模式 2 下的输出电压纹波比模式 1 下的输出电压纹波平均加剧了约 45.2%,图 3-15(b)中模式 2 下的输出电压纹波比模式 1 下的输出电压纹波平均加剧了约 50.5%。由此可见,发电机在模式 1 的绕组连接方式下具有更好的输出电压特性。但是无论在哪种绕组连接方式下,电机的输出电压纹波均要比不考虑纵向边端效应的理想模型的电压纹波大。

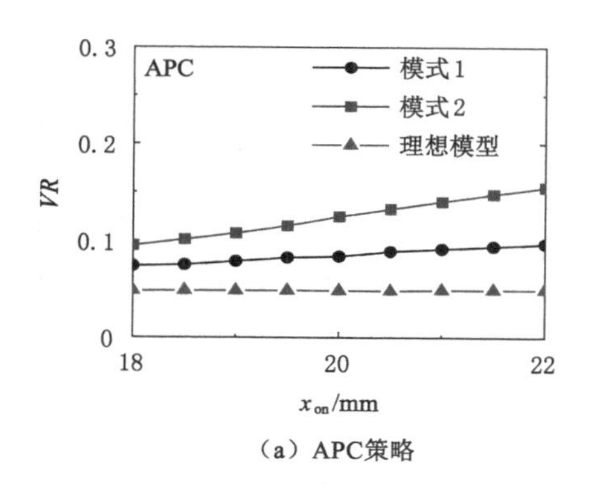

(a) APC策略

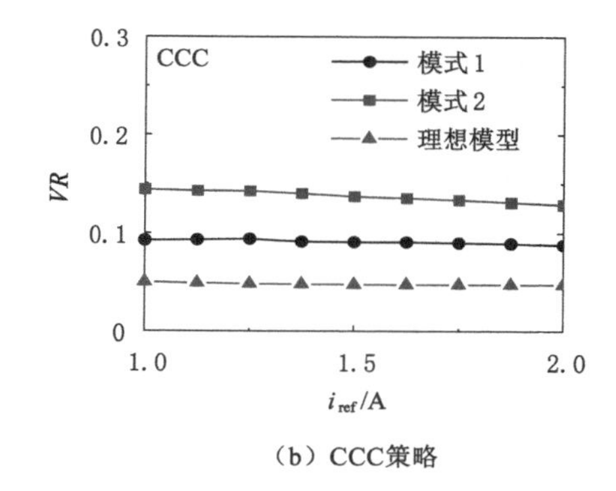

(b) CCC策略

图 3-15　发电模型的动态仿真结果

当 APC 策略用于控制电机时，模式 1 下的电压纹波比不考虑纵向边端效应的理想模型的输出电压纹波相比增大了约 75.0%，而模式 2 下的电压纹波比理想模型结果增大了约 155.6%，当 CCC 策略用于控制电机时，模式 1 下的电压纹波比理想模型结果增大了约 89.6%，而模式 2 下的电压纹波比理想模型结果增大了约 185.2%，这证明了纵向边端效应还给 SRLM 作为发电机运行时的输出电压带来了负面影响。

SRLM 动态特性的仿真分析表明，纵向边端效应会加剧 SRLM 在电动运行时的电磁力脉动，以及发电运行时的输出电压纹波，表 3-1 总结了纵向边端效应对 SRLM 在不同运行状态下的动态特性的影响。

表 3-1　纵向边端效应对 SRLM 动态特性的影响

绕组连接方式	模式 1		模式 2	
控制策略	APC 策略	CCC 策略	APC 策略	CCC 策略
电动运行时加剧电磁力脉动	7.3%	—	18.6%	—
发电运行时加剧输出电压纹波	75.0%	89.6%	155.6%	185.2%

3.4　磁密特性分析

3.4.1　SRLM 特征区域与特征点的定义

为了研究 SRLM 各部分铁心在不同绕组连接方式下的磁密特性差别，首先对该双边型 SRLM 各部分铁心的特征区域和特征点进行了定义，如图 3-16 所示。特征区域按照定子轭、定子磁极以及动子磁极三块分别划分。定子轭部被分为五个特征区域($S_1 \sim S_5$),并将它们相对应的特征点定义为 $sy_1 \sim sy_5$;每一个定子磁极被分为五个特征区域,以所属 B 相的 B_1 磁极为例,其五个特征区域被定义为 $S_6 \sim S_{10}$,它们所对应的特征点为 $sp_1 \sim sp_5$;每一个动子磁极被分为三个特征区域,以其中一个动子磁极为例,其特征区域被定义为 $S_{11} \sim S_{13}$,它们所对应的特征点为 $mp_1 \sim mp_3$。为了计算电机各部分铁心的磁密波形,建立了该 SRLM 的二维瞬态有限元模型,其中添加了所定义的所有特征点。

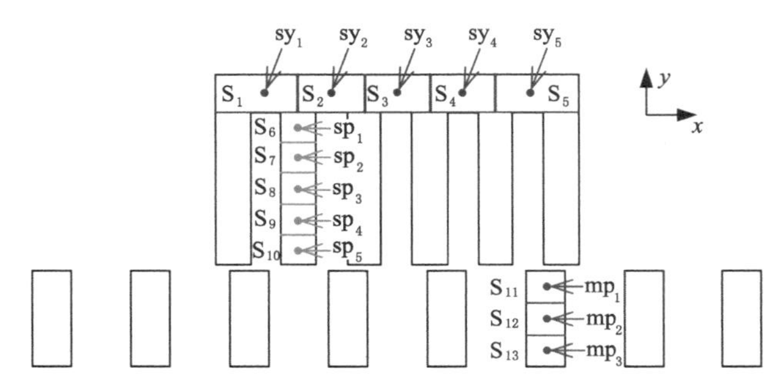

图 3-16　SRLM 特征区域与特征点示意图

3.4.2　SRLM 作为电动机时各部分铁心磁密波形

当该 SRLM 作为电动机时,所建立二维瞬态有限元模型中的 u_S、x_{on}、x_{off} 以及 v 分别为 24 V、0 mm、20 mm 以及 0.5 m/s,经过有限元分析可得各个特征点的磁密波形,它们均可以分解出一个 x 分量和一个 y 分量,其中特征点 sy_2、sy_4、sp_3 及 mp_2 的磁密波形(B_{sy2}、B_{sy4}、B_{sp3} 及 B_{mp2})示于图 3-17 中。从图 3-17(a)和图 3-17(b)可以看出,定子轭部的磁密波形中几乎没有 y 分量,并且不同绕组连接方式下的定子轭部磁密的 x 分量波形不同。当绕组连接方式为模式 1 时,由于 A 相、B 相及 C 相三相绕组的交替通电,使得定子轭部磁密波形的 x 分量出现了正负变化,这代表定子轭部的磁通路径方向在电机运行过程中发生了反转,即定子轭部出现了旋转磁化现象。而相较之下,当绕组连接方式为模式 2 时,定子轭部磁密波形始终处于负半轴,不存在旋转磁化现象。图 3-17(c)所示为定子磁极特征点 sp_3 的磁密波形,可见定子磁极的磁密波形中几乎没有 x 分量,而特征点 sp_3 磁密波形的 y 分量在两种绕组连接方式下符号相反,这表明两种绕组连接方式下 B_1 定子磁极上的磁通方向相反,这也验证了图 3-2 所示磁通分布的正确性。图 3-17(d)所示为动子磁极特征点 mp_2 的磁密波形,可以看出特征点 mp_2 的磁密波形在两种模式下均出现了旋转磁化现象,但在模式 1 下旋转磁化现象出现得比模式 2 下频繁。

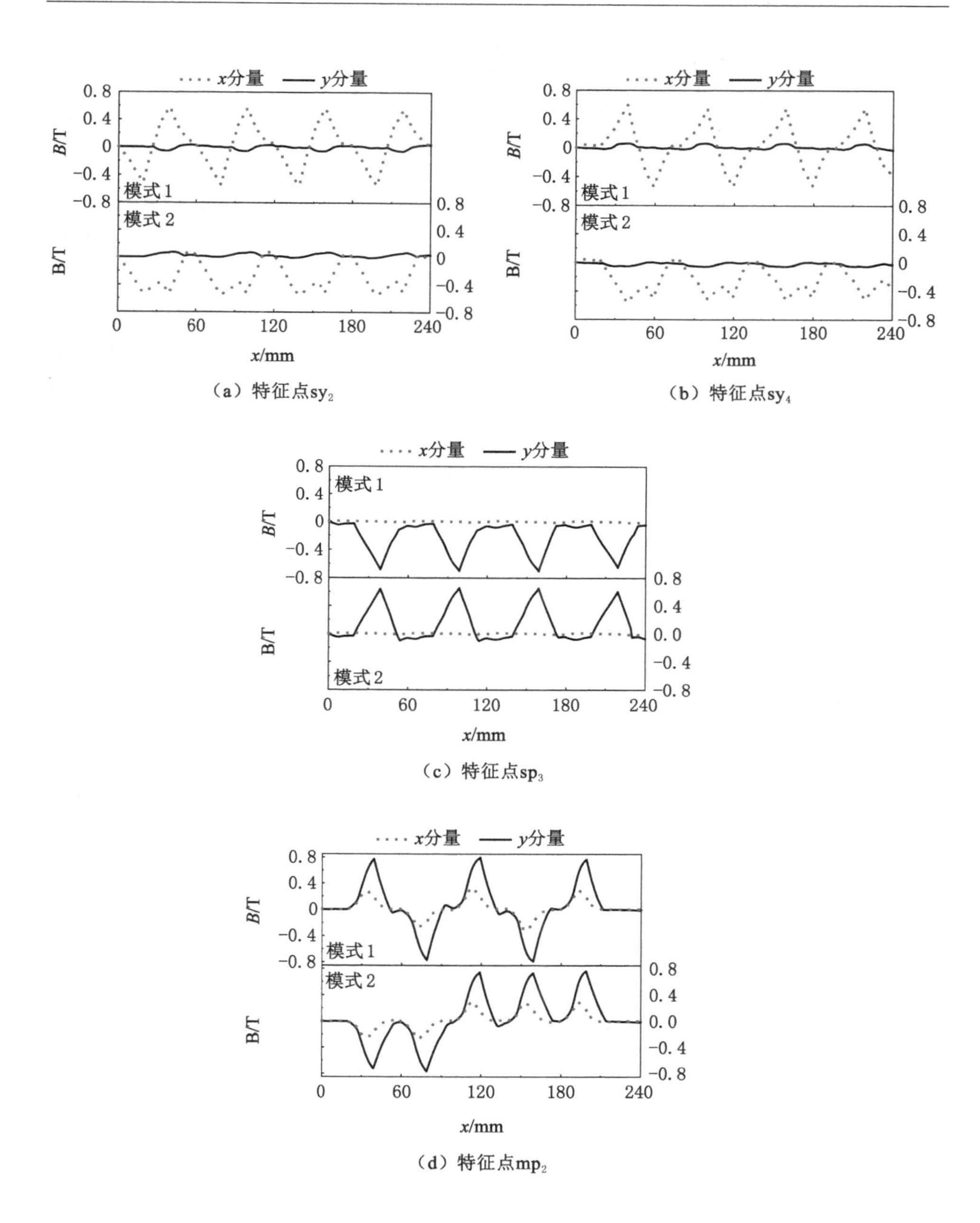

(a) 特征点sy_2

(b) 特征点sy_4

(c) 特征点sp_3

(d) 特征点mp_2

图 3-17　SRLM 作为电动机时各特征点的磁密波形

3.4.3 SRLM 作为发电机时各部分铁心磁密波形

相应地也在所建立的二维瞬态有限元模型中对 SRLM 作为发电机时的磁密波形进行了计算，此有限元分析中 u_S、x_{on}、x_{off}、v 以及 R_L 分别为 24 V、20 mm、40 mm、0.65 m/s 以及 8 Ω。特征点 sy_2、sy_4、sp_3 及 mp_2 的磁密波形示于图 3-18 中。与上一小节的计算结果相似，图 3-18(a)和图 3-18(b)所示的定子轭部磁密波形的 x 分量在模式 1 下出现了旋转磁化现象，而在模式 2 下没有出现；如图 3-18(c)所示，在两种绕组连接方式下定子磁极磁密波形的 y 分量处于不同的半轴；在图 3-18(d)所示的动子磁极特征点 mp_2 的磁密波形中，模式 1 下旋转磁化现象出现得比模式 2 频繁。文献[44]表明铁心中的旋转磁化现象会造成电机性能的下降，例如加剧噪声和铁损耗等，据此可以猜想 SRLM 无论是用作电动机还是发电机，其在模式 1 下的铁损耗都要大于在模式 2 下的铁损耗，而这一结论需要通过建立精确的铁损耗计算模型进行验证。

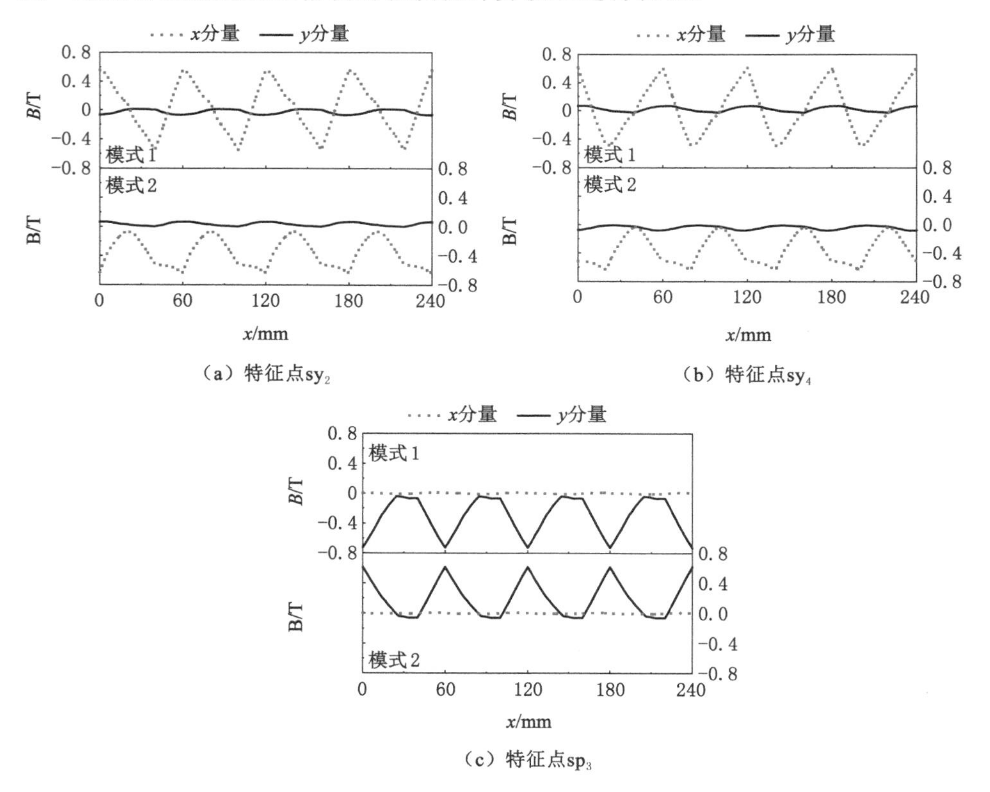

(a) 特征点sy_2

(b) 特征点sy_4

(c) 特征点sp_3

图 3-18 SRLM 作为发电机时各特征点的磁密波形

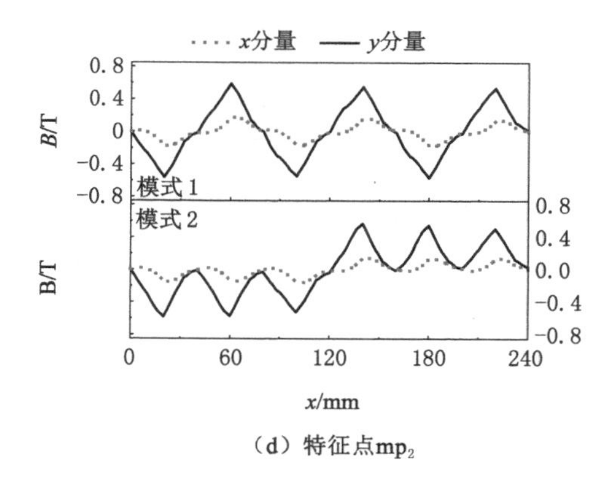

（d）特征点mp_2

图 3-18　（续）

3.5　铁损耗分析

3.5.1　SRLM 损耗计算

由图 3-17 和图 3-18 可知，SRLM 的铁心磁密波形是非正弦的，这使得 SRLM 的铁损耗不能用传统的损耗计算方法进行计算[186]。近年来已经有学者对 RSRM 的铁损耗计算进行了研究[186-189]，文献[187]提出了一种适用于任何磁密波形的电机铁损耗计算方法，该方法也适用于 SRLM 的铁损耗计算。此适用于任何磁密波形的铁损耗计算公式为：

$$\begin{aligned} P_{\mathrm{Fe}} &= P_{\mathrm{h}} + P_{\mathrm{e}} + P_{\mathrm{c}} \\ &= k_{\mathrm{h}}(B_{\mathrm{m}})\frac{1}{T}B_{\mathrm{m}}^{\alpha}K(B_{\mathrm{m}}) + k_{\mathrm{e}}\frac{1}{T}\int_{T}\left(\frac{\mathrm{d}B}{\mathrm{d}t}\right)^{2}\mathrm{d}t + k_{\mathrm{c}}(B_{\mathrm{m}})\frac{1}{T}\int_{T}\left|\frac{\mathrm{d}B}{\mathrm{d}t}\right|^{1.5}\mathrm{d}t \end{aligned} \tag{3-4}$$

式中　P_{Fe}、P_{h}、P_{e} 和 P_{c}——整体铁损耗、磁滞损耗、涡流损耗和附加损耗；

B_{m}——磁密峰值；

k_{h}、k_{e}、k_{c} 和 α——磁滞损耗系数、涡流损耗系数、附加损耗系数和斯坦梅兹系数；

T——磁密波形的周期。

SRLM 中定子铁心磁密波形的周期（T_{s}）与动子铁心磁密波形的周期（T_{m}）是不同的，它们分别可以按下式计算：

$$\begin{cases} T_s = \dfrac{T_s}{v} \\ T_m = \dfrac{T_m}{v} \end{cases} \tag{3-5}$$

式中　T_s、T_m 和 v——定子极距、动子极距和电机运行速度。

除此之外，文献[187]给出了式(3-4)中的修正系数 $K(B_m)$ 的表达式，如式(3-6)所示：

$$K(B_m) = \frac{0.65}{B_m}\sum_{i=1}^{n}(B_{m,i} - B_{l,i}) \tag{3-6}$$

式中　$B_{m,i}$ 和 $B_{l,i}$——小磁滞环的第 i 个峰值和第 i 个谷值；

n——磁密波形在一个周期内发生旋转磁化的次数。

然而，在式(3-4)所示的非正弦磁密波形的铁损耗计算公式中，除了 T 和 $K(B_m)$ 外，还有很多系数未知也不易求得。相较之下，获取正弦磁密波形的铁损耗计算公式中的相关系数较为容易，仅对测定的不同频率下的铁损耗曲线进行拟合就可以实现。经典的正弦磁密波形的铁损耗计算方法如下：

$$\begin{aligned} P_{Fe} &= P_h + P_e + P_c \\ &= K_h(B_m) f B_m^{N(B_m)} + K_e f^2 B_m^2 + K_c(B_m, f) f^{1.5} B_m^{1.5} \end{aligned} \tag{3-7}$$

其中，K_h、K_e、K_c 和 N 分别为正弦磁密波形铁损耗计算公式中的磁滞损耗系数、涡流损耗系数、附加损耗系数以及斯坦梅兹系数。k_h、k_e、k_c、α、K_h、K_e、K_c、N 各系数之间的关系可由理论推导得到，如式(3-8)所示。正弦磁密波形铁损耗计算公式中的涡流损耗系数 K_e 为一个常数[190]，其值与硅钢片的材料与厚度有关，其表达式也示于式(3-8)中：

$$\begin{cases} k_h = K_h \\ k_e = \dfrac{1}{2\pi^2}K_e = \dfrac{1}{2\pi^2} \times \dfrac{\gamma\,(\pi d)^2}{6\rho} \\ k_c = \dfrac{1}{8.763}K_c \\ \alpha = N \end{cases} \tag{3-8}$$

其中，γ、d 和 ρ 分别为铁心材料的电导率、叠片厚度以及密度。本书所用样机 SRLM 的铁心材料为 50DW470，其 γ、d 和 ρ 分别为 2.273×10^6 S/m、5×10^{-4} m 和 7.65×10^3 kg/m^3。由此可得涡流损耗系数(K_e)约为 1.222×10^{-4}。50DW470 硅钢片材料在 50 Hz/60 Hz 正弦磁密波形下的损耗曲线如图 3-19(a)所示。

为了得到磁滞损耗系数(K_h)以及附加损耗系数(K_c)，将式(3-4)变形为：

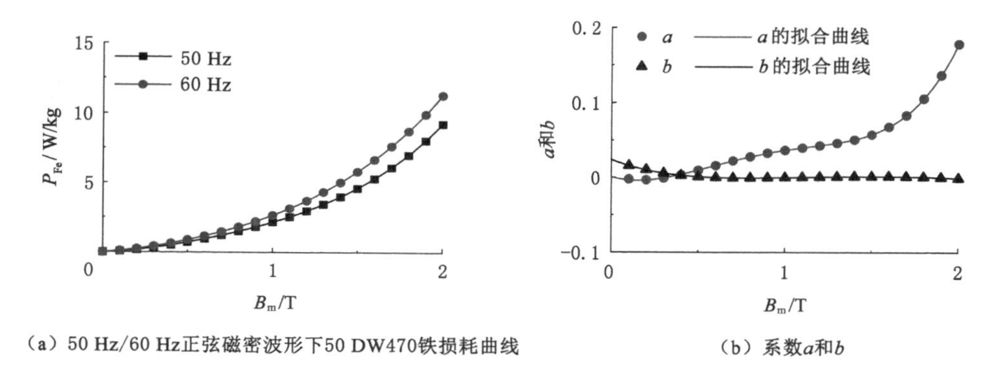

(a) 50 Hz/60 Hz正弦磁密波形下50 DW470铁损耗曲线　　(b) 系数a和b

图 3-19　铁损耗曲线及损耗计算系数

$$\frac{P_{Fe}}{f}-K_e f B_m^2=K_h B_m^N+K_c f^{0.5} B_m^{1.5}=a+b f^{0.5} B_m^{1.5} \tag{3-9}$$

随后将 50 Hz/60 Hz 正弦磁密波形下的损耗曲线代入式(3-9)中，则系数 a 和 b 可以通过拟合获得，如图 3-19(b)所示。不同磁密峰值(B_m)下的系数 a 和 b 也经多项式拟合，表达式如下：

$$\begin{cases} a(B_m)=0.006\ 68x^5+0.050\ 99x^4-0.224\ 3x^3+0.268\ 9x^2-0.066\ 38x+ \\ \qquad 0.000\ 6725 \\ b(B_m)=-0.003\ 145x^5+0.023\ 95x^4-0.077\ 54x^3+0.123\ 7x^2- \\ \qquad 0.090\ 81x+0.023\ 87 \end{cases} \tag{3-10}$$

本小节在 MATLAB/Simulink 环境下依据式(3-4)～式(3-10)搭建了 SRLM 铁损耗计算模块如图 3-20 所示，随后仿真中的铁损耗计算结果均基于此模块完成。

3.5.2 SRLM 作为电动机时的铁损耗

当该 SRLM 作为电动机时，利用所搭建的铁损耗计算模型可以计算电机各部分铁心的损耗。图 3-21 比较了不同绕组连接方式时电机在 APC 策略和 CCC 策略下的铁损耗。在运用 APC 策略控制电机的仿真中，x_{on}从－3 mm 变化到 3 mm，且 u_S、x_{off}及 F_L分别为 24 V、20 mm 和 40 N。图 3-21(a)比较了两种模式下电机的整体铁损耗，可以看出，模式 1 时 SRLM 的整体铁损耗比模式 2 时的平均高出了 17.1%。而 x_{on}分别为－3 mm、0 mm 和 3 mm 时各部分铁心的铁损耗大小在图 3-21(c)中进行了详细的比较。其中 P_{mp}、P_{sp}和 P_{sy}分别代表了

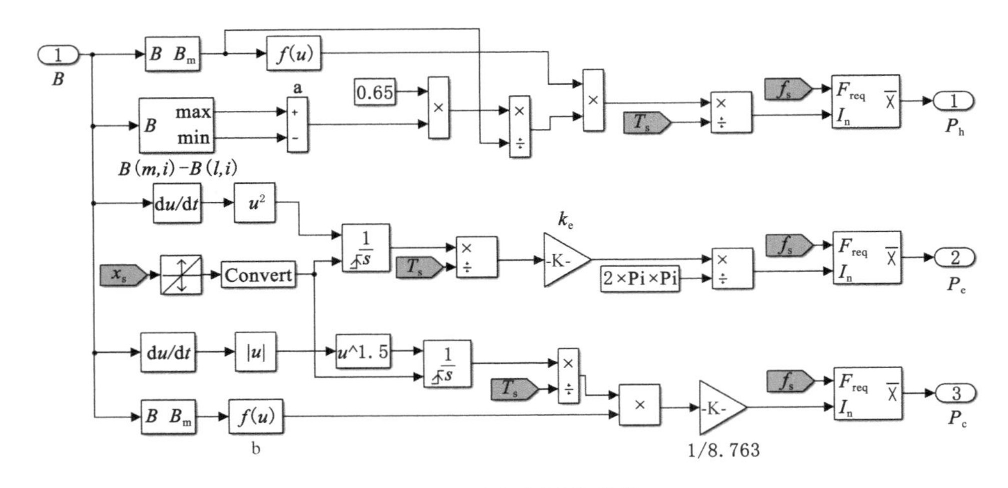

图 3-20　铁损耗计算模块

动子磁极部分铁损耗、定子磁极部分铁损耗以及定子轭部铁损耗。由图 3-21(c)的比较结果可见,模式 1 时 SRLM 各部分铁心的损耗都略高于模式 2 时各部分铁心的损耗,尤其是 P_{mp}和 P_{sy}。这是由模式 1 时电机动子磁极和定子轭部的铁心出现了旋转磁化现象造成的,这也验证了上一小节中得到的磁密波形的正确性。

除了计算运用 APC 策略时电机的铁损耗外,还计算了运用 CCC 策略时电机的铁损耗,结果如图 3-21(b)及图 3-21(d)所示。在这些仿真中,u_S、x_{on}、x_{off}及 F_L分别为 24 V、−3 mm、20 mm 和 40 N,i_{ref}从 2 A 变化至 3 A。所得结果与 APC 方式下相似,当运用 CCC 策略控制电机时,模式 1 时 SRLM 的整体铁损耗比模式 2 时平均高出了约 20.8%;且模式 1 时 SRLM 各部分铁心的损耗都略高于模式 2 时各部分铁心的损耗。

3.5.3 SRLM 作为发电机时的铁损耗

相应地,通过仿真也对 SRLM 作为发电机运行时的不同绕组连接方式下的铁损耗进行了研究。

首先,当应用 APC 策略对该发电机进行控制时,比较了两种绕组连接方式下的整体铁损耗,如图 3-22(a)所示,仿真中 u_S、x_{off}及 R_L分别为 24 V、20 mm 和 8 Ω,而 x_{on}从 18 mm 变化至 22 mm。除了整体铁损耗之外,在图 3-22(c)中对 x_{on}分别为 18 mm、20 mm 及 22 mm 时各部分铁心的损耗进行了详细比较。

其次,还计算了应用 CCC 策略对该发电机进行控制时两种绕组连接方式下

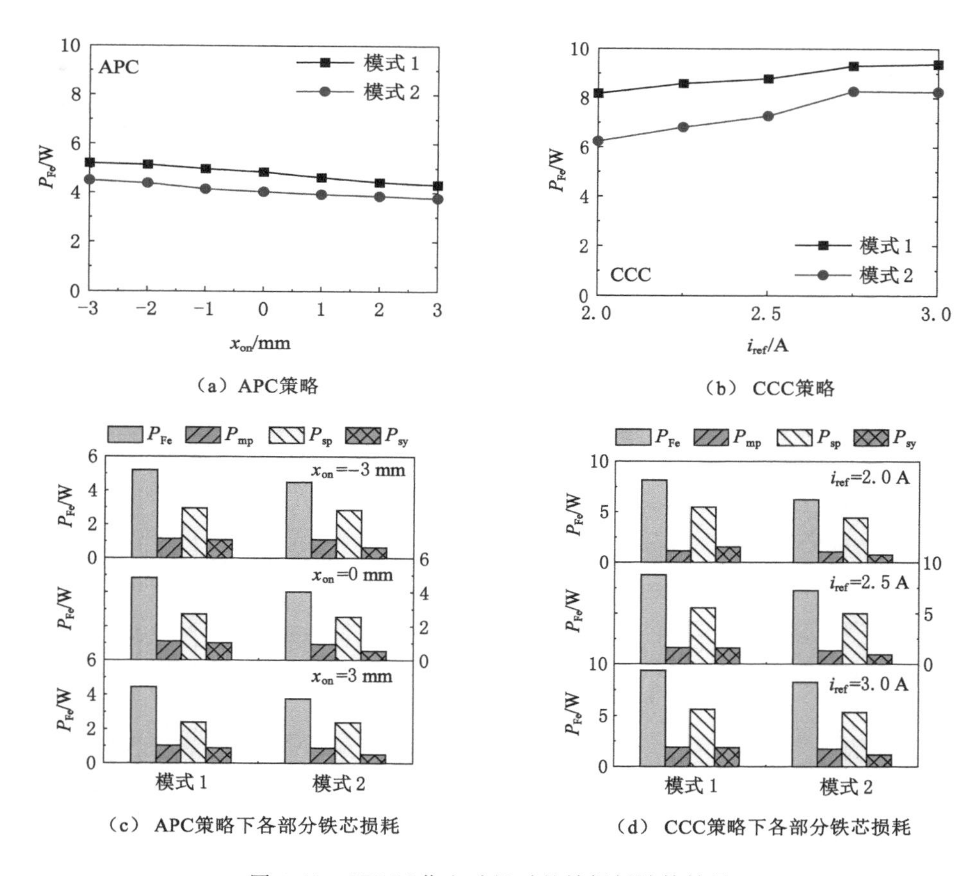

（a）APC策略

（b）CCC策略

（c）APC策略下各部分铁芯损耗

（d）CCC策略下各部分铁芯损耗

图 3-21　SRLM 作电动机时的铁损耗计算结果

的整体铁损耗，如图 3-22(b)所示，仿真中 u_S、x_{on}、x_{off}及 R_L分别为 36 V、20 mm、40 mm 和 8 Ω，i_{ref}从 1 A 变化至 2 A。图 3-22(d)中对 i_{ref}分别为 1 A、1.5 A 及 2 A 时各部分铁心的损耗进行了详细比较。图 3-22(a)表明当应用 APC 策略控制发电机时，发电机在模式 1 的铁损耗比模式 2 平均大了约 26.8%；而图 3-22(c)证明当应用 CCC 策略控制发电机时，发电机在模式 1 的铁损耗比模式 2 平均大了约 17.3%。由图 3-22(b)和图 3-22(d)观察可得，发电机在模式 1 时各部分铁心的损耗均略大于在模式 2 时各部分铁心的损耗。

综上所述，SRLM 的绕组连接方式为模式 1 时，电机铁心中出现的旋转磁化现象使得电机的铁损耗变大。相较之下，SRLM 无论是用作电动机还是发电机，其绕组连接方式为模式 2 时整体铁损耗更小，所以预计此绕组连接方式下电机的效率更高。

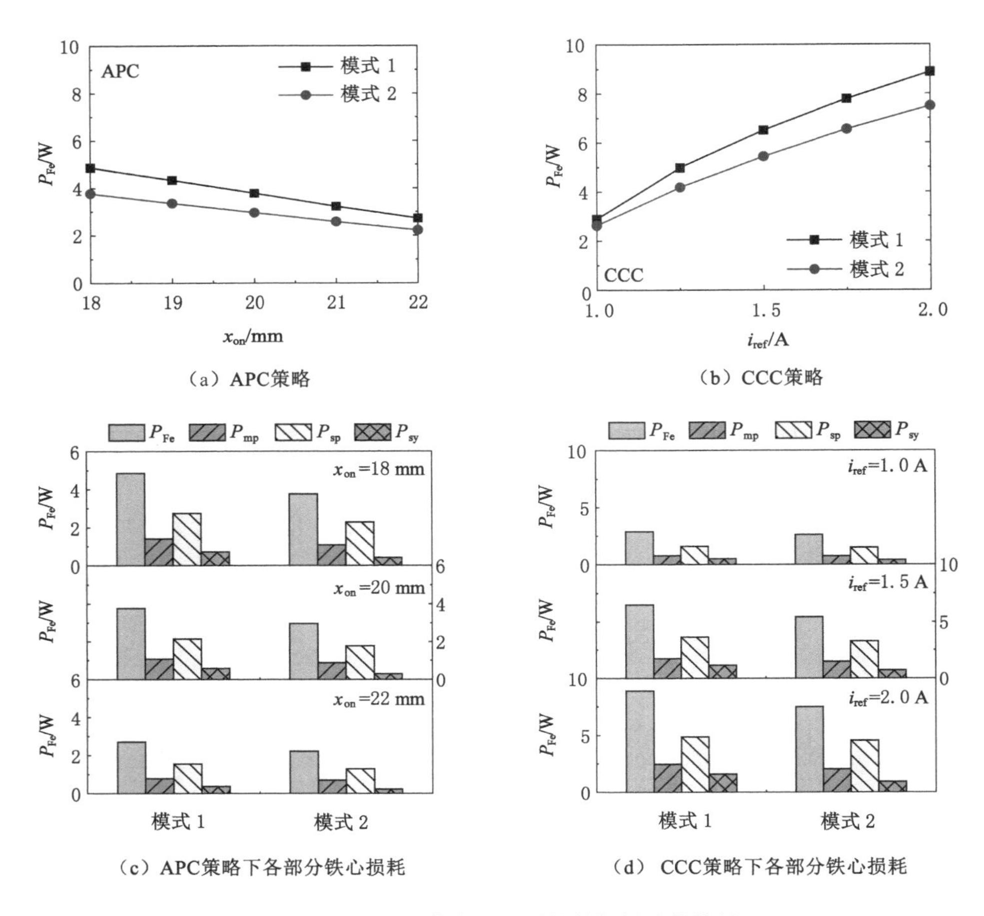

（a）APC策略

（b）CCC策略

（c）APC策略下各部分铁心损耗

（d） CCC策略下各部分铁心损耗

图 3-22　SRLM 作发电机时的铁损耗计算结果

3.6　实验验证

3.6.1　SRLM 用作电动机

为了验证本章所得对比分析结果的正确性，基于第 2 章介绍的硬件平台进行了相关的实验验证。当该电机作为电动机运行时，分别施加 APC 策略和 CCC 策略控制电机。

首先，在 APC 控制策略下的实验验证中，母线电压（u_S）、关断位置（x_{off}）以及制动电磁力（F_L）分别为 24 V、20 mm 以及 40 N，开通位置（x_{on}）以 1 mm 为间隔从−3 mm 变化至 3 mm。通过示波器采集了电机运行过程中的三相绕组电流(i_A、i_B 和 i_C)、母线电流(i_S)、动子速度(v)以及动态电磁力(F)。图 3-23(a)所示为电机在模式 1 且 x_{on}为−3 mm 的实验结果,图 3-23(b)所示为电机在模式 2 且 x_{on}为−3 mm 的实验结果;图 3-23(c)和图 3-23(d)所示分别为电机在模式 1 和模式 2,且 x_{on}为 0 mm 的实验结果;图 3-23(e)和图 3-23(f)分别为电机在模式 1 和模式 2,且 x_{on}为 3 mm 的实验结果。

实验结果中动态电磁力的脉动系数仍按照式(3-2)计算,而电机运行过程中各部分铁心的磁密波形难以测量,因此电机的铁损耗不再能直接计算得出。但是电机运行过程中除了铁损耗的其他损耗(包括铜损耗、机械损耗以及杂散损耗)都可以比较容易地通过测量或计算得到。因此,SRLM 作为电动机时,其运行过程中的实际铁损耗可以经由式(3-11)间接获得:

$$\begin{cases} P_{Fe} = P_{in} - P_{out} - P_{Cu} - P_{fw} - P_s \\ P_{in} = u_S i_S \\ P_{out} = Fv \\ P_{Cu} = [I^2_{RMS(A)} + I^2_{RMS(B)} + I^2_{RMS(C)}]R \\ P_{fw} = \mu F_{normal} v \\ P_s = (P_{in} - P_{out}) \times 6\% \end{cases} \tag{3-11}$$

式中　P_{in}、P_{out}、P_{cu}、P_{fw}及 P_s——输入功率、输出功率、铜损耗、摩擦、风阻损耗及杂散损耗;

u_S和 i_S——母线电压和母线电流;

$I_{RMS(A)}$、$I_{RMS(B)}$和 $I_{RMS(C)}$——三相电流的均方根值;

μ——动摩擦系数,经测量该 SRLM 的动摩擦系数约为 0.18;

F_{normal}——电机运行过程中动子所受的平均法向电磁力。

利用式(3-2)和式(3-11)对实验结果进行了处理,计算了两种绕组连接方式下的电磁力脉动系数与铁损耗,图 3-24(a)所示为两种绕组连接方式下的电磁力脉动系数对比结果,图 3-24(b)所示为两种绕组连接方式下的铁损耗及效率对比结果。由图 3-24 可以看出,在 APC 策略下,电机在模式 1 时的电磁力脉动明显小于模式 2 时的电磁力脉动,但是模式 2 时的 SRLM 具有较小的铁损耗和较高的效率。该实验结果验证了 3.3 节与 3.5 节中 SRLM 用作电动机时仿真预测结果的正确性。

其次,进行了 CCC 策略下电机电动运行的实验测定,实验中 u_S、x_{on}以及 x_{off}分别为 36 V、−3 mm 以及 20 mm。i_{ref}以 0.25 A 为间隔从 2 A 变化至 3 A。五个参考电流对应的给定制动电磁力分别为 40 N、40 N、40 N、50 N 和 80 N。图 3-25(a)所示为电机在模式 1 且 i_{ref}为 2 A 的实验结果,图 3-25(b)所示为电机

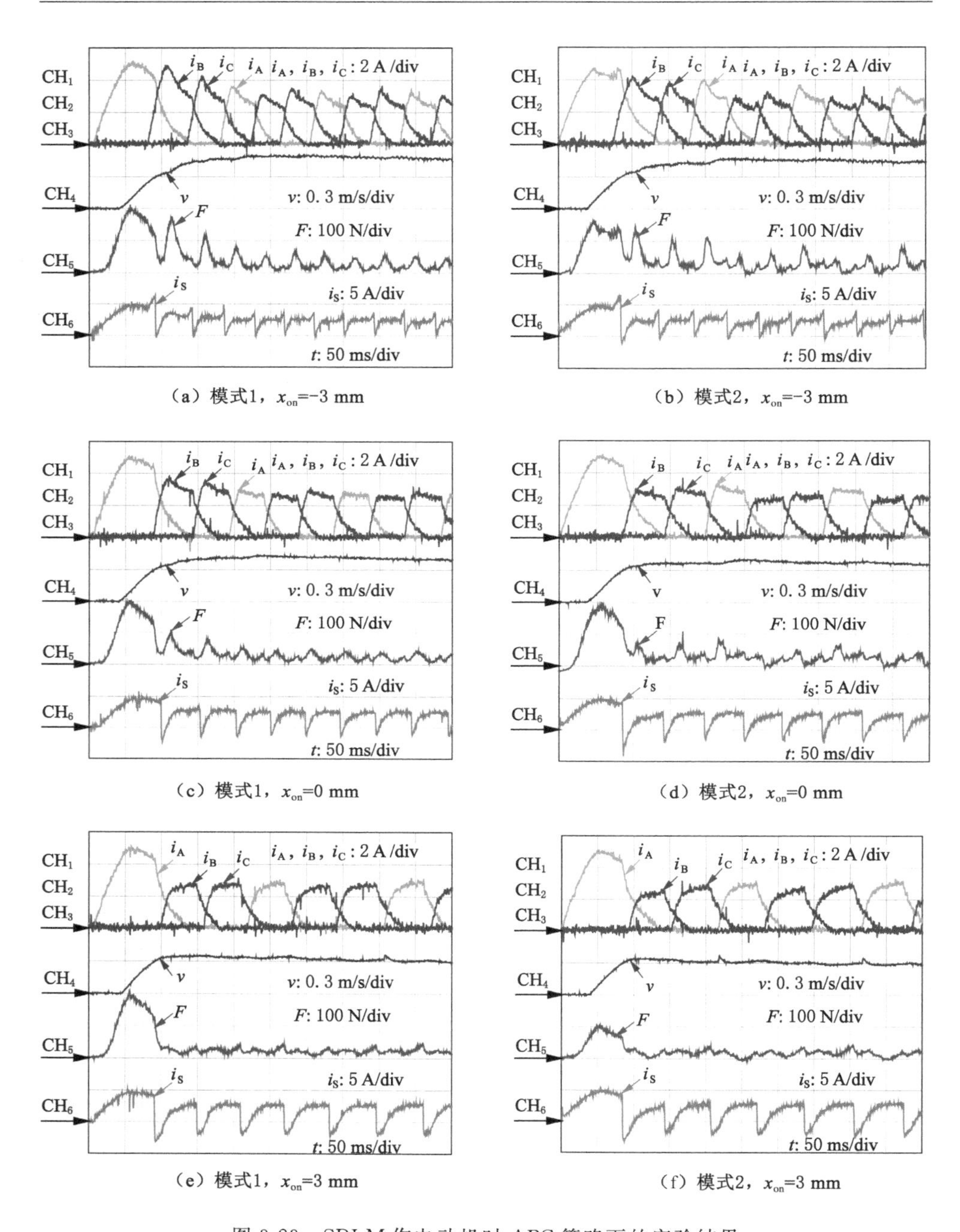

（a）模式1，x_{on}=−3 mm

（b）模式2，x_{on}=−3 mm

（c）模式1，x_{on}=0 mm

（d）模式2，x_{on}=0 mm

（e）模式1，x_{on}=3 mm

（f）模式2，x_{on}=3 mm

图 3-23　SRLM 作电动机时 APC 策略下的实验结果

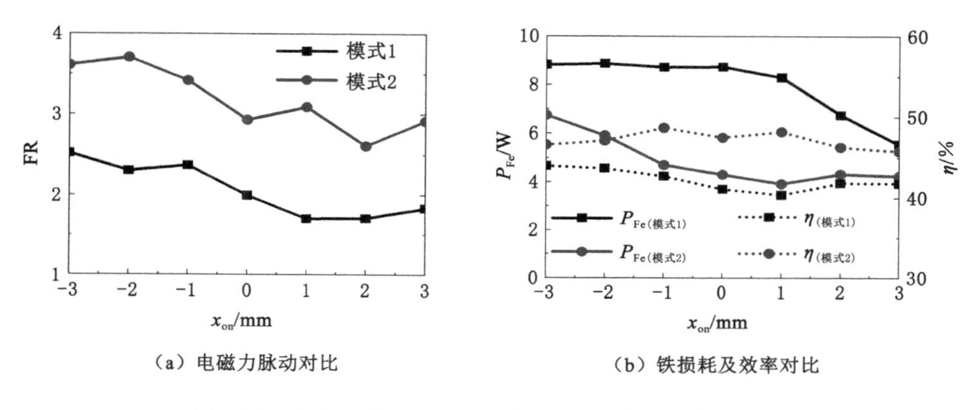

（a）电磁力脉动对比　　（b）铁损耗及效率对比

图 3-24　SRLM 作电动机时 APC 策略下的电机性能对比

在模式 2 且 i_{ref}为 2 A 的实验结果；图 3-25(c)和图 3-25(d)所示分别为电机在模式 1 和模式 2 且 i_{ref}为 2.5 A 的实验结果；图 3-25(e)和图 3-25(f)所示分别为电机在模式 1 和模式 2 且 i_{ref}为 3 A 的实验结果。同样，利用式(3-2)和式(3-11)对实验结果进行了处理，图 3-26(a)所示为两种绕组连接方式下的电磁力脉动系数对比结果，图 3-26(b)所示为两种绕组连接方式下的铁损耗及效率对比结果。由图 3-26可以看出，在 CCC 策略下，电机仍是在模式 1 时表现出了更好的电磁力特性，而在模式 2 时损耗更小、效率更高，所得结论与 APC 策略下的实验结果一致。

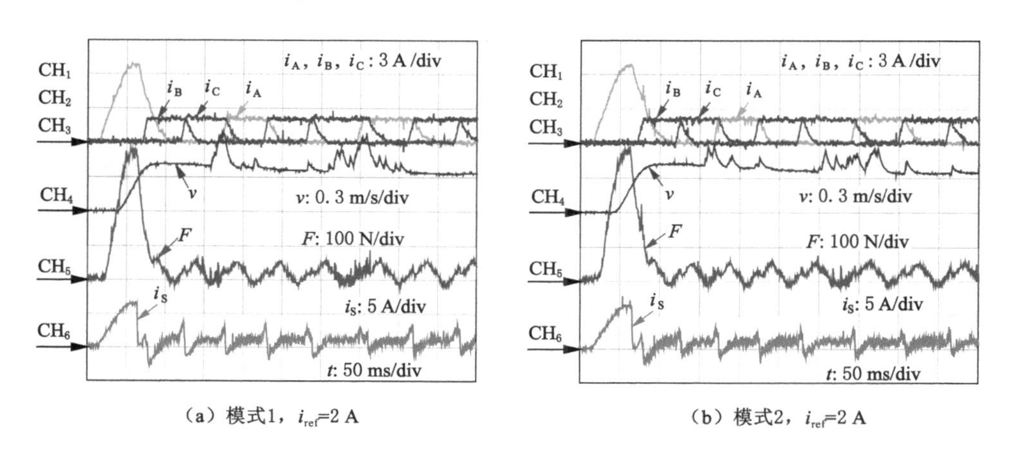

（a）模式1，i_{ref}=2 A　　（b）模式2，i_{ref}=2 A

图 3-25　SRLM 作电动机时 CCC 策略下的实验结果

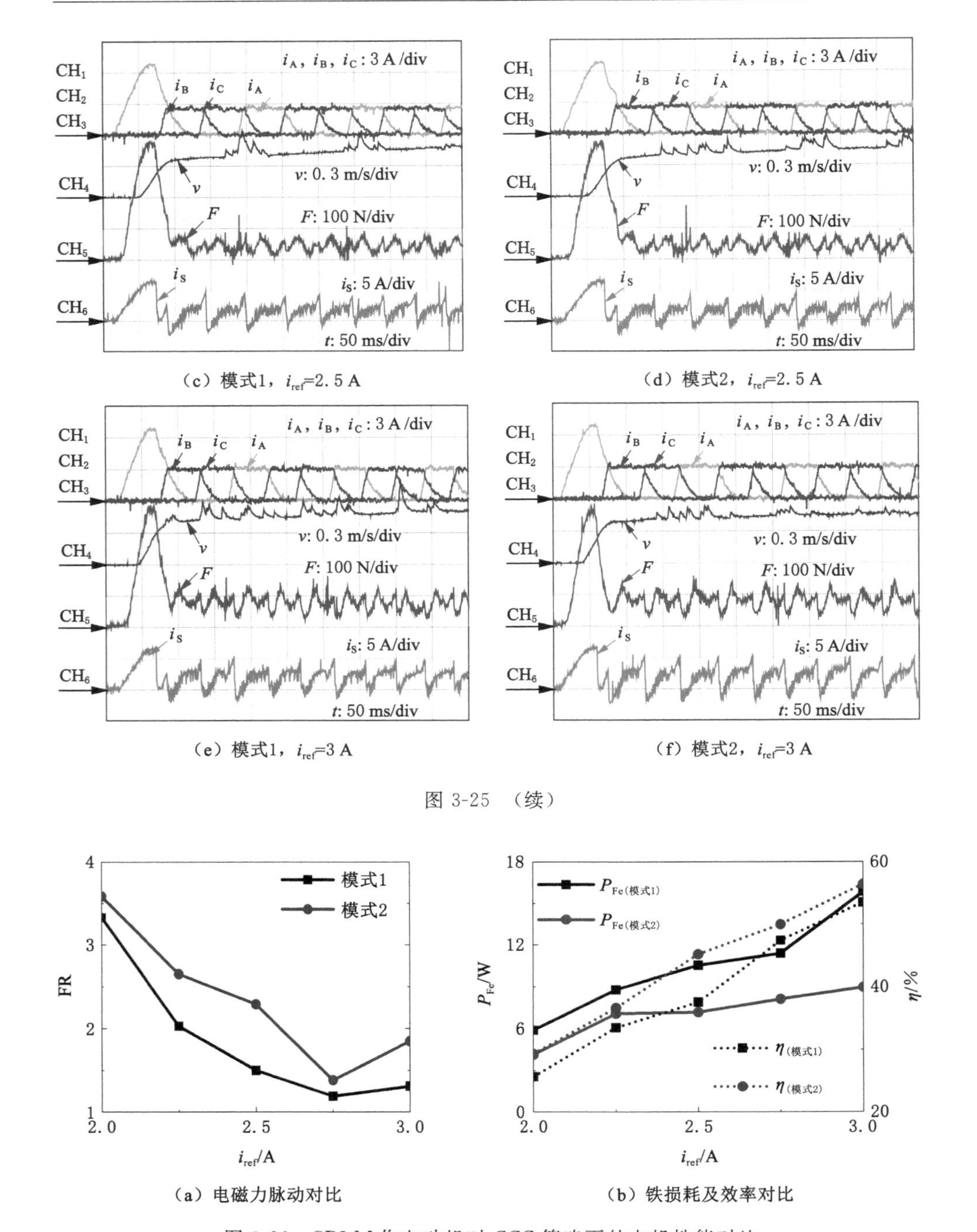

（c）模式1，i_{ref}=2.5 A

（d）模式2，i_{ref}=2.5 A

（e）模式1，i_{ref}=3 A

（f）模式2，i_{ref}=3 A

图 3-25 （续）

（a）电磁力脉动对比

（b）铁损耗及效率对比

图 3-26 SRLM 作电动机时 CCC 策略下的电机性能对比

3.6.2 SRLM 用作发电机

当该电机作为发电机运行时，同样分别施加 APC 策略和 CCC 策略控制电机。

首先，在 APC 控制策略下的实验验证中，u_S、x_{off}以及负载电阻(R_L)分别为 24 V、40 mm 以及 8 Ω，x_{on}以 1 mm 为间隔从 18 mm 变化至 22 mm。通过示波器采集了电机运行过程中的三相绕组电流(i_A、i_B 和 i_C)、母线电流(i_S)、动子速度(v)、动态电磁力(F)以及输出电压(u_g)。

图 3-27(a)所示为电机在模式 1 且 x_{on}为 18 mm 的实验结果，图 3-27(b)所示为电机在模式 2 且 x_{on}为 18 mm 的实验结果；图 3-27(c)和图 3-27(d)所示分别为电机在模式 1 和模式 2 且 x_{on}为 20 mm 的实验结果；图 3-27(e)和图 3-27(f)所示分别为电机在模式 1 和模式 2 且 x_{on}为 22 mm 的实验结果。同样利用式(3-3)对输出电压的纹波大小进行评估，而在进行铁损耗的间接计算时，发电机与电动机的输入功率及输出功率的计算公式略有不同，但其他损耗的计算与式(3-11)保持一致，发电机的输入功率及输出功率的计算公式为：

$$\begin{cases} P_{in} = Fv \\ P_{out} = \dfrac{{u_g}^2}{R_L} \end{cases} \tag{3-12}$$

式中　u_g——输出电压；

　　　R_L——负载电阻。

利用式(3-3)、式(3-11)和式(3-12)对实验结果进行了处理，计算了两种绕组连接方式下的输出电压纹波系数(VR)与铁损耗，图 3-28(a)所示为两种绕组连接方式下的 VR 对比结果，图 3-28(b)所示为两种绕组连接方式下的铁损耗及效率对比结果。由两个对比图可以看出，在 APC 策略下，发电机在模式 1 的输出电压纹波明显小于模式 2 的输出电压纹波，但模式 2 时发电机的铁损耗更小且效率更高。该实验结果同样验证了 SRLM 用作发电机时仿真预测结果的正确性。

其次，进行了 CCC 策略下电机发电运行的实验测定，实验中 u_S、x_{on}、x_{off}以及 R_L分别为 36 V、20 mm、40 mm 以及 8 Ω。i_{ref}以 0.25 A 为间隔从 1 A 变化至 2 A。图 3-29(a)所示为电机在模式 1 且 i_{ref}为 1 A 的实验结果，图 3-29(b)所示为电机在模式 2 且 i_{ref}为 1 A 的实验结果；图 3-29(c)和图 3-29(d)所示分别为电机在模式 1 和模式 2 且 i_{ref}为 1.5 A 的实验结果；图 3-29(e)和图 3-29(f)所示分别为电机在模式 1 和模式 2 且 i_{ref}为 2 A 的实验结果。同样利用式(3-2)、式(3-11)和式(3-12)对实验结果进行了处理，图 3-30(a)所示为两种绕组连接方式下的 VR

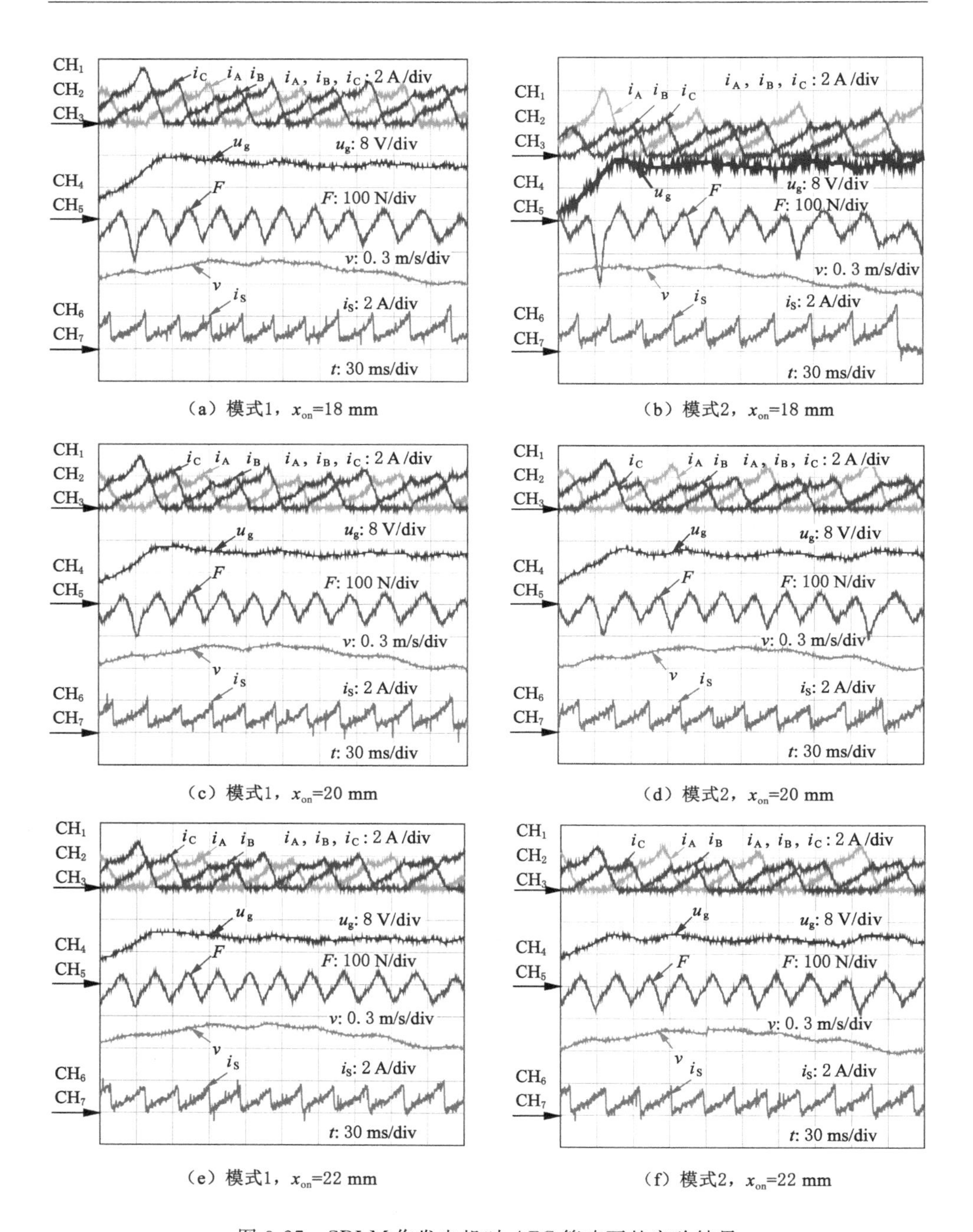

（a）模式1，x_{on}=18 mm　（b）模式2，x_{on}=18 mm

（c）模式1，x_{on}=20 mm　（d）模式2，x_{on}=20 mm

（e）模式1，x_{on}=22 mm　（f）模式2，x_{on}=22 mm

图 3-27　SRLM 作发电机时 APC 策略下的实验结果

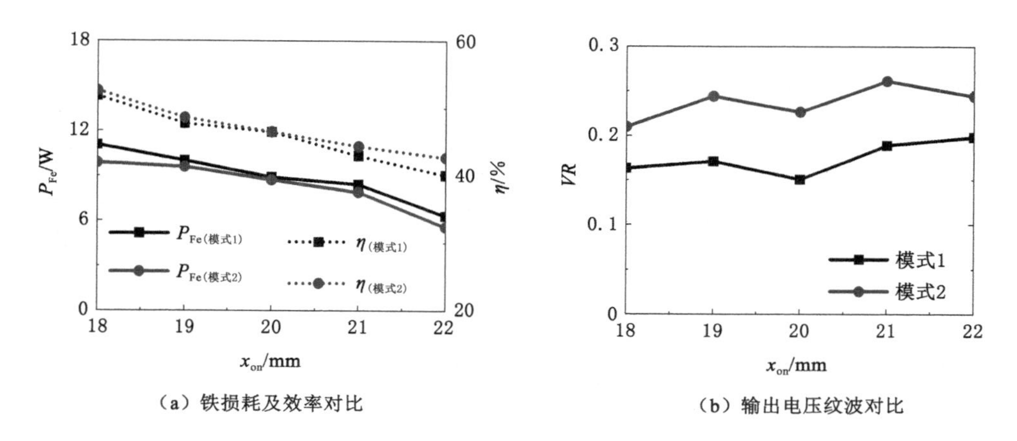

（a）铁损耗及效率对比　　（b）输出电压纹波对比

图 3-28　SRLM 作发电机时 APC 策略下的电机性能对比

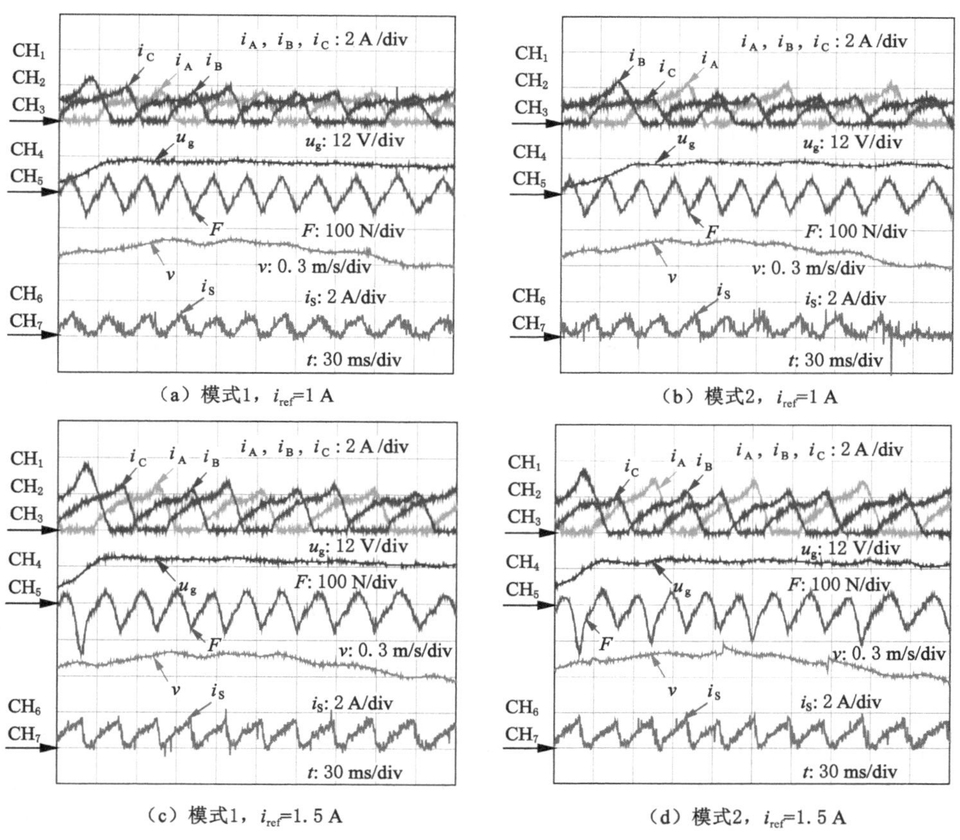

（a）模式1，i_{ref}=1 A　　（b）模式2，i_{ref}=1 A

（c）模式1，i_{ref}=1.5 A　　（d）模式2，i_{ref}=1.5 A

图 3-29　SRLM 作发电机时 CCC 策略下的实验结果

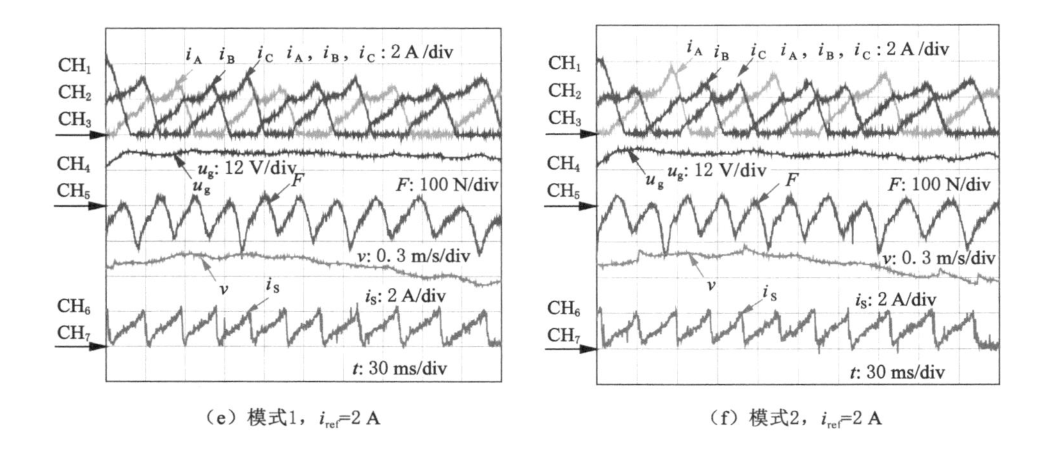

（e）模式1，i_{ref}=2 A　　（f）模式2，i_{ref}=2 A

图 3-29 （续）

对比结果，图 3-30(b)所示为两种绕组连接方式下的铁损耗及效率对比结果。由图 3-30 可以看出，在 CCC 策略下，电机仍是在模式 1 时表现出了更小的输出电压纹波，而在模式 2 时发电机的损耗更小、效率更高，所得结论与 APC 策略下的实验结果一致，且实验结果验证了静态电磁分析以及动态仿真的正确性。

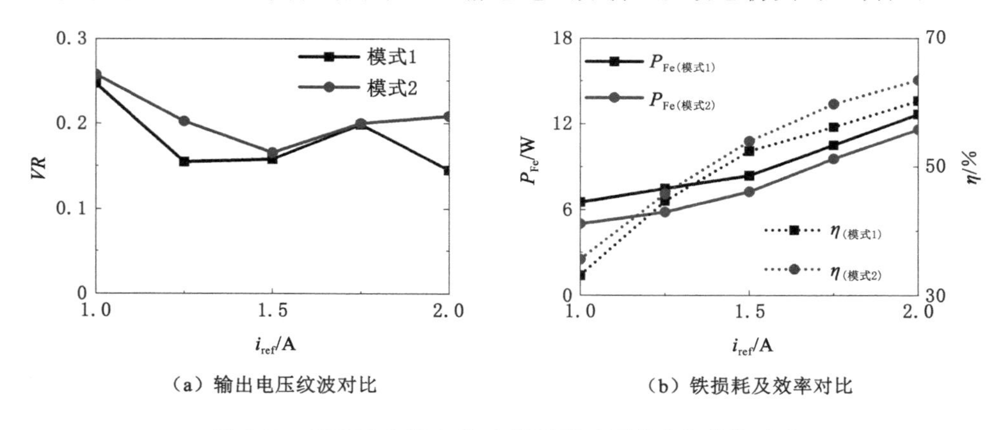

（a）输出电压纹波对比　　（b）铁损耗及效率对比

图 3-30　SRLM 作发电机时 CCC 策略下的电机性能对比

本章中的仿真结果与实验结果表明，两种绕组连接方式下 SRLM 的性能优势体现在了不同方面，SRLM 在模式 1 绕组连接方式下作为电动机时具有更好的电磁力特性，且其作为发电机时在该绕组连接方式下输出电压脉动更小。而 SRLM 在模式 2 绕组连接方式下铁损耗更小、效率更高。对于电磁力脉动以及输出电压纹波问题都可以通过控制策略来加以抑制，而电机本身铁损耗的大小会从本质上影响电机的整体效率，这一本体特性对造成的电机效率下降很难通过控制策略得到补偿。因此，针对不同应用场合及不同性能需求，对 SRLM 绕组连接方式的选择建议如下：

（1）当在尽可能降低电机控制及硬件复杂程度，不期望使用复杂的控制策略来控制电机时，模式 1 绕组连接方式是两者相比之下能直接得到更好的电磁力特性及输出电压特性的绕组连接方式。

（2）当不考虑控制及硬件复杂性时，模式 2 绕组连接方式是使得电机效率更高的绕组连接方式，而该连接方式下的其他电机性能可以通过施加合适的控制策略进行优化。

3.7　本章小结

研究纵向边端效应对电机性能的影响可以为 SRLM 的性能优化提供新的思路。本章结合两种绕组连接方式分析了纵向边端效应对 SRLM 性能的影响，并量化了其影响程度；针对 SRLM 用作电动机和发电机两种情况分析了两种绕组连接方式下电机性能的各自优势，所得结论为 SRLM 针对不同应用场合及不同性能需求时的绕组连接方式的选择提供了重要参考。本章主要内容总结如下：

（1）分析了纵向边端效应及绕组连接方式对 SRLM 静态电磁特性的影响，包括自感特性曲线与互感特性曲线，进而发现了不同绕组连接方式会使得电机磁通路径发生变化，但是磁通量大小并未受到影响，绕组连接方式对静态电磁特性的影响主要体现在互感上，而纵向边端效应不仅使电机中间相与边端相的自磁链/电感特性有所差别，还使得相间互耦合特性也不平衡，从而预测了纵向边端效应及绕组连接方式会影响电机的动态性能。

（2）建立了两种绕组连接方式下和不考虑纵向边端效应的理想情况下 SRLM 分别用作电动机和发电机的动态模型，进而比较了 SRLM 在用作电动机时两种绕组连接方式下的动态电磁力特性，以及 SRLM 在用作发电机时两种绕组连接方式下的输出电压纹波大小，依据仿真结果都得出了电机在模式 1 绕组连接方式下性能更好的结论。量化结果表明，两种绕组连接方式下的电磁力脉动和输出电压纹波均要高于理想模型，这表明纵向边端效应对电机特性带来了一定的负面影响。

（3）给出了利用二维瞬态有限元模型计算的 SRLM 各部分铁心特征点的磁密波形，从而观察到模式 1 绕组连接方式下电机定子轭部出现了旋转磁化现象，且模式 1 绕组连接方式下电机动子磁极部分旋转磁化现象比模式 2 绕组连接方式下出现的更加频繁；建立了适用于非正弦磁密波形的铁损耗计算模块，据此分析了两种绕组连接方式下的铁损耗，依据仿真结果可见，电机在模式 2 绕组连接方式下各部分铁心的铁损耗更小。

(4) 进行了样机分别在电动状态下和发电状态下的实验，分析了电动状态时两种绕组连接方式下的电磁力脉动，以及发电状态时两种绕组连接方式下的输出电压纹波，并根据间接测量法处理得到了电机动态运行当中的铁损耗，不同控制策略下的实验结果均验证了电磁分析与仿真结果的正确性：模式 1 绕组连接方式下的电机表现出了更好的电磁力特性与输出电压特性，而模式 2 绕组连接方式下的电机具有更小的铁损耗以及更高的效率；考虑到 SRLM 效率的重要性及提升难度，本书后续章节中的绕组连接方式选用模式 2，以从本体角度上降低电机的铁损耗，保证 SRLM 的效率。

第 4 章　开关磁阻直线电机纵向边端效应设计补偿研究

4.1　概述

纵向边端效应使得直线电机磁场分布出现畸变，这往往给直线电机的性能带来负面影响。研究表明，纵向边端效应会降低 LIM 的电磁力、加剧电磁力脉动以及降低电机在高速运行中的效率。而对永磁直线电机来说，纵向边端效应的存在使得电机磁场分布不均匀，造成了巨大的定位力。

上一章研究表明，SRLM 的纵向边端效应会影响电机的电磁特性，并且加剧 SRLM 作为电动机运行时的电磁力脉动；当 SRLM 作为发电机运行时，纵向边端效应还使得发电机的输出电压纹波变大。因此，针对直线电机纵向边端效应的研究十分重要，相应的缓解纵向边端效应对电机性能负面影响的方法也亟待提出。

近年来，已经有学者对 LIM[191-192]、开关磁链永磁直线电机[193]及永磁同步直线电机[172-173]的纵向边端效应对电机性能的影响进行了研究，并且为了降低纵向边端效应对电机性能的负面影响，一些从电机设计角度针对这几种电机纵向边端效应的补偿方法已被提出[172-173,179-180]。

从现有关于 SRLM 纵向边端效应的研究来看，分析纵向边端效应对 SRLM 性能影响的较多[53,174-175]，而研究 SRLM 纵向边端效应补偿方法的还比较少，原来提出的增加辅助定子磁极的方法会增加电机的整体体积[53]，对于一些空间限制比较严格的场合不太适用。

由此可见，目前关于 SRLM 纵向边端效应的研究还不全面，开发一些简单实用的 SRLM 纵向边端效应设计补偿方法将有利于 SRLM 的结构优化与性能提升。

本章从设计角度对 SRLM 的纵向边端效应进行补偿，针对已有的设计补偿方法进行了补偿效果分析，总结现有的设计补偿方法的优缺点，针对已有方法补偿效果较差的缺点，寻求了新的 SRLM 纵向边端效应设计补偿方法以及不受纵向边端效应影响的 SRLM 新结构，还制造了新结构 SRLM 的样机，并搭建了相应的实验平台，完成了该电机不受纵向边端效应影响的实验验证。

4.2 设计补偿原理

根据上一章的结论，考虑到 SRLM 效率的重要性及提升难度，本章中的绕组连接方式选用模式 2。图 4-1 给出了电机的绕组连接方式示意图并对 SRLM 各个磁极进行编号，其中 A 相的四个定子磁极分别为 $A_1 \sim A_4$，其上绕组为 $a_1 \sim a_4$，B 相的四个定子磁极分别为 $B_1 \sim B_4$，其上绕组为 $b_1 \sim b_4$，C 相的四个定子磁极分别为 $C_1 \sim C_4$，其上绕组为 $c_1 \sim c_4$。

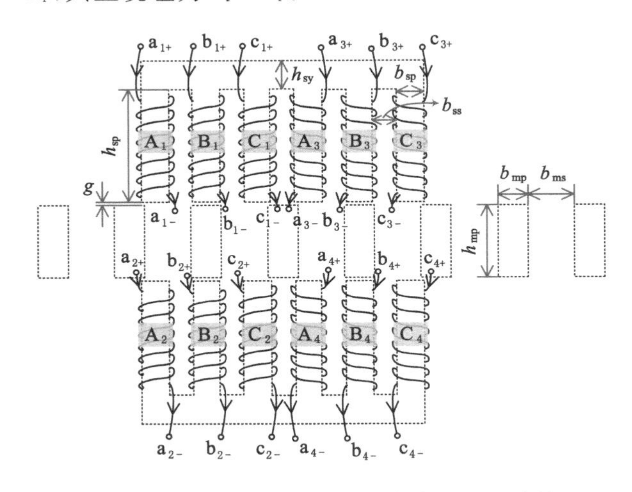

图 4-1　SRLM 绕组连接方式与定子磁极编号

本章的目的是分析一些 SRLM 纵向边端效应的补偿方法以减小其对电机的负面影响。由之前的分析可以看出，纵向边端效应使得电机在不同相励磁下的磁场分布及静态电磁特性出现了差别，这是导致电机性能变化的主要原因。为了消除电磁特性上的差别，最简单的方法是尽量使不同相励磁下电机的磁场分布相似甚至相同，将其简称为“磁场相似原理”，本书的 SRLM 纵向边端效应设计补偿方法均是基于该原理提出的。

4.3 纵向边端效应设计补偿方法一

4.3.1 通过增加定子辅助磁极补偿

纵向边端效应使得 SRLM 中间相与边端相磁场分布不平衡，边端相由于缺少一侧的相邻磁极，与中间相相比缺失了一部分漏磁回路。因此基于“磁场相似原理”，为了使 SRLM 在不同相绕组励磁下的磁场分布相同，最简单的方法就是增加定子辅助磁极[53]。利用该方法改进的 SRLM 如图 4-2 所示，电机的每一个定子的进端和出端分别增加了一个定子磁极，这两个定子磁极即为形成相同磁场分布的辅助磁极，辅助磁极上不缠绕绕组，中间六个磁极缠绕的绕组分属三相，那么一侧定子上共八个定子磁极。

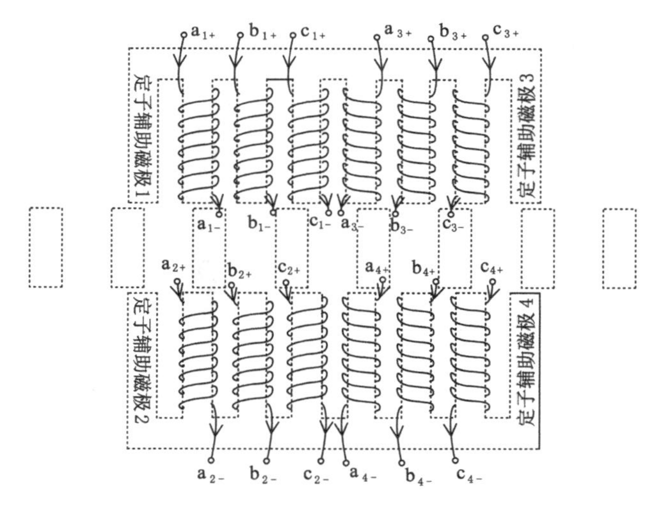

图 4-2　具有定子辅助磁极的改进后的 SRLM

在以往对增加定子辅助磁极的设计补偿方法进行研究时，为了尽可能使不同相励磁的磁场分布相似，一般使辅助定子磁极的宽度与中间六个磁极的宽度相同，辅助磁极与相邻磁极间隔宽度也与中间六个磁极的间隔宽度保持一致。本节也利用三维有限元法建立了增加定子辅助磁极后的 SRLM 模型，并计算了其静态电磁特性。

首先，A 相、B 相以及 C 相单独励磁时电机的磁通分布如图 4-3 所示。由图 4-3可以看出，增加了定子辅助磁极后，边端相（A 相和 C 相）的磁通分布与中间相（B 相）完全相同。

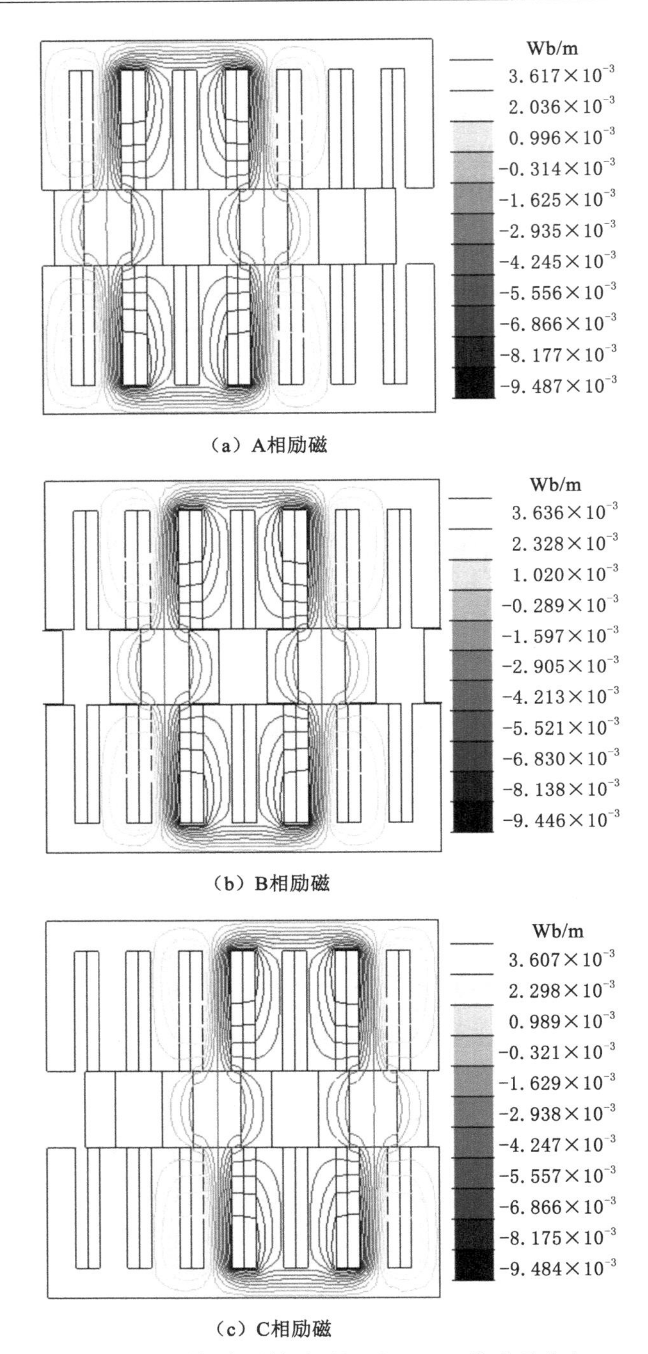

（a）A相励磁

（b）B相励磁

（c）C相励磁

图 4-3 增加定子辅助磁极后 SRLM 的磁通分布

其次，还利用三维有限元法计算了改进后电机的磁链特性。图 4-4(a)所示为 A 相的边端磁极(A_1 和 A_2)上绕组与中间磁极(A_3 和 A_4)上绕组的感应磁链大小对比，可以看出，之前由纵向边端效应带来的不同磁极上绕组的磁链偏差已经消除。图 4-4(b)所示为边端相(A 相和 C 相)与中间相(B 相)总磁链的对比，从图中可以看出，由纵向边端效应造成的相与相之间自磁链特性曲线的差别也已消除。

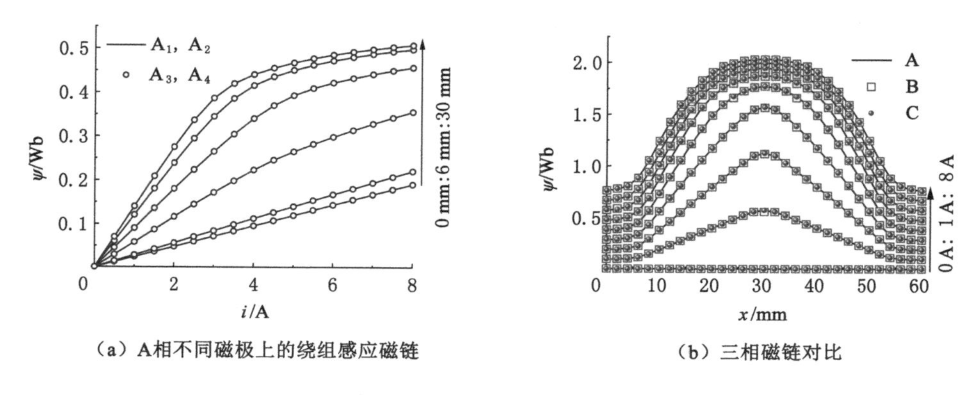

图 4-4　增加定子辅助磁极后 SRLM 的磁链特性曲线

最后，利用所计算出的静态电磁特性完成了改进后电机的动态仿真，当 SRLM 作发电机运行时，母线电压(u_S)、励磁范围以及制动电磁力(F_L)分别为 24 V、(0,20)mm 以及 40 N，仿真的电流与电磁力波形如图 4-5(a)所示。将改进后的 SRLM 的电磁力结果与改进前的 SRLM 的电磁力结果进行了比较，可以看出改进后电机的电磁力脉动有所改善。为了证明该设计补偿方法对电机不同工况下普遍有效，同样进行了电机在不同电压等级和不同制动电磁力下的仿真，仿真中母线电压分别为 12 V、24 V、36 V 和 48 V，每相的励磁范围为(0,20)mm，仿真结果如图 4-5(b)所示，并与理想模型结果和改进前模型结果进行比较。这里将理想模型的电磁力脉动结果看作所能补偿到的最小值，而改进前的电磁力脉动结果看作最大值，经计算不同工况下的仿真结果表明，改进后 SRLM 的电磁力脉动减少了约 27.5%。

除此之外，还进行了 SRLM 作为发电机运行时该设计补偿方法对输出电压纹波的补偿效果分析。当母线电压(u_S)、励磁范围以及电机运行速度(v)分别为 36 V、(20,40)mm 以及 0.65 m/s 时，仿真的电流与电磁力波形如图 4-6(a)所示，可以看出改进后的输出电压纹波要小于改进前的输出电压纹波。同样为了验证补偿效果的普遍性，进行了电机在不同电压等级和不同开通位置时的仿真，

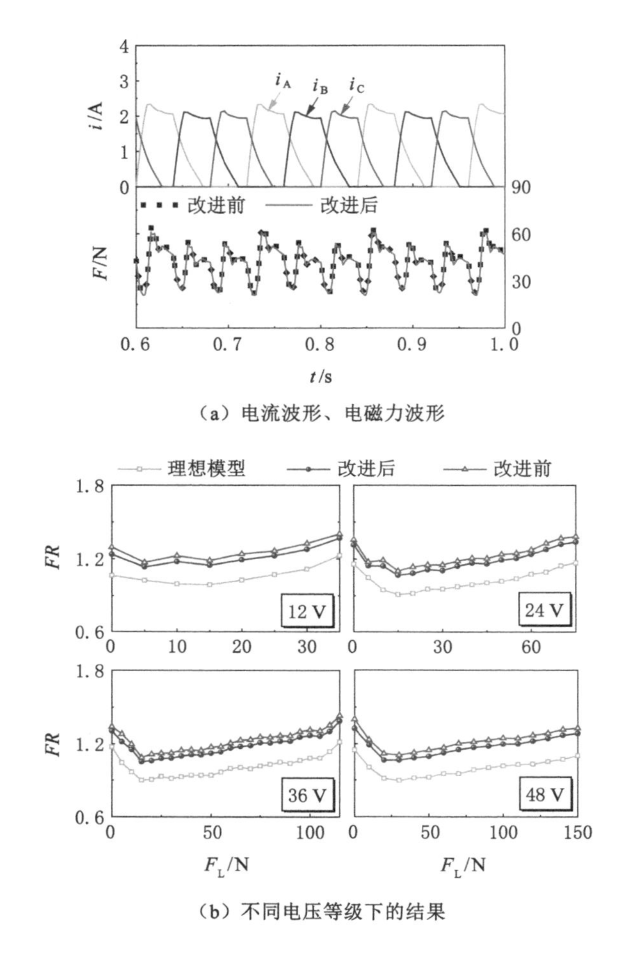

图 4-5　增加定子辅助磁极后的 SRLM 作为电动机运行时的动态性能

仿真中母线电压分别为 12 V、24 V、36 V 和 48 V，关断位置和动子运动速度分别保持 20 mm 和 0.65 m/s，开通位置从 18 mm 变化至 22 mm，仿真结果如图 4-6(b)所示。可以看出，不同电压等级时改进后的 SRLM 的输出电压纹波与改进前相比都有所改善，经计算，改进后 SRLM 的输出电压纹波平均减小了约 16.0%。

由以上三维有限元仿真结果可见，与未改进的 SRLM 相比，增加了定子辅助磁极的 SRLM 在电动运行时的电磁力脉动以及发电运行时的输出电压纹波都有所减小，但是都未减小到理想模型的最小值，因此该设计补偿方法对纵向边

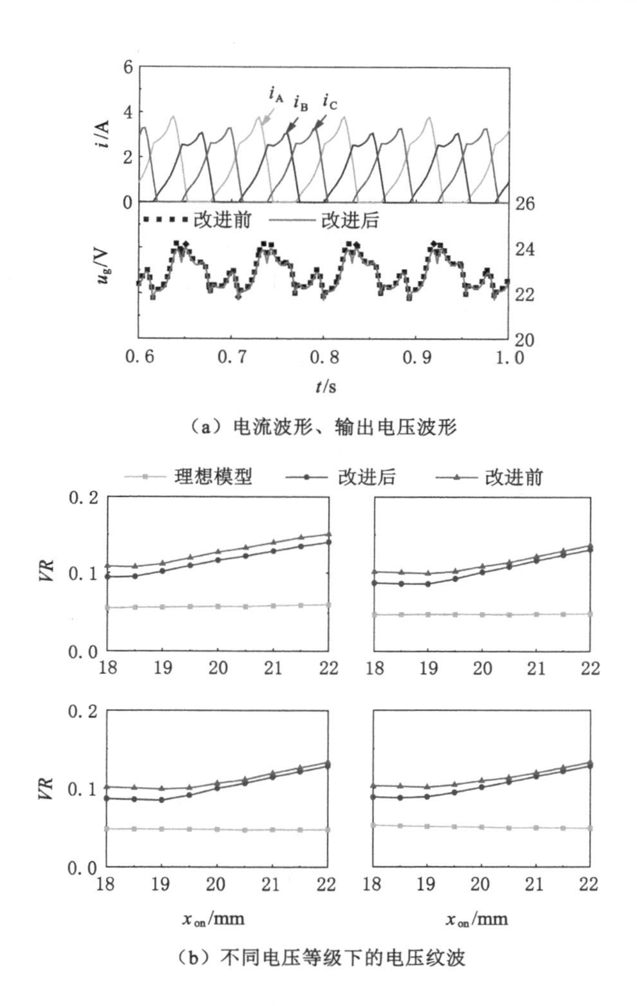

图 4-6　增加定子辅助磁极后的 SRLM 作为发电机运行时的动态性能

端效应带来的负面影响的补偿效果有限。这是因为增加定子辅助磁极虽然可以简单地实现不同相励磁下磁场分布的相似化，从而消除不同相之间自磁链数据的偏差。但是由于辅助磁极上不缠绕绕组，改进后 SRLM 的相间耦合特性与改进前一样仍然是不平衡的，即增加定子辅助磁极的补偿方法仅能消除不同相之间自磁链特性的偏差，无法消除相间互耦合特性的偏差，这是该设计补偿方法补偿效果一般的原因。

4.3.2 选择合适的定子辅助磁极宽度

由本节研究发现，增加定子辅助磁极的方法可以减小一部分纵向边端效应对电机性能的负面影响，三维有限元结果验证了这种方法的有效性。但是这种方法有一个明显的缺点：增加定子辅助磁极会增加定子的总长度、SRLM 系统的总体积以及铁磁材料的用量，进而增加了电机的制造成本。因此本小节对这种增加定子辅助磁极的方法进行补充，对最佳定子辅助磁极宽度进行研究，以求能尽量减少 SRLM 系统的体积。本小节利用三维有限元法进行了定子辅助磁极宽度与电磁力脉动系数的敏感性分析，中间六个定子磁极（非辅助磁极）的宽度为 b_{sp}，则在模型中设置定子辅助磁极宽度从 $b_{sp}/5$ 变化至 $7b_{sp}/5$，在仿真中母线电压为 24 V，敏感性分析结果如图 4-7 所示。

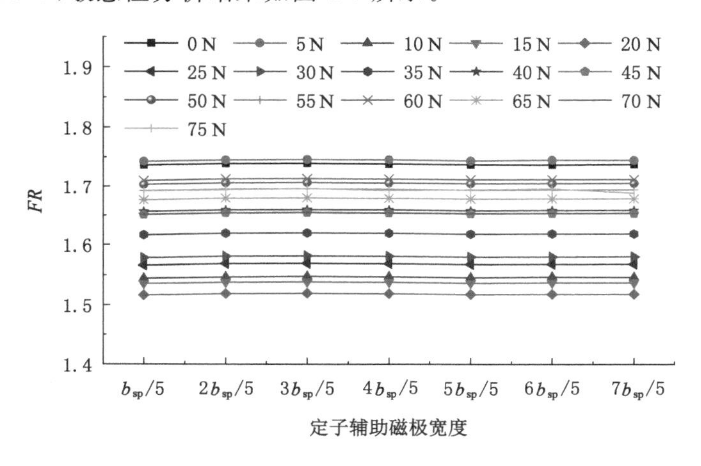

图 4-7 定子辅助磁极宽度与电磁力脉动系数的敏感性分析结果

在分析过程中考虑到中间六个磁极上绕组的放置，定子辅助磁极与相邻定子磁极之间的间隔仍然保持为定子槽宽度（b_{ss}），其数值已经在表 2-1 中给出。由图 4-7 所示结果可以发现，在任意制动电磁力下，电磁力脉动系数随着定子辅助磁极宽度的变化基本均呈一条直线，这说明了定子辅助磁极宽度对纵向边端效应的补偿程度没有影响。由此可见，增加定子辅助磁极有助于减小补偿纵向边端效应对电机的负面影响，定子辅助磁极的增加是必要的，但是这些定子辅助磁极的宽度没有必要和非辅助磁极的宽度保持一致。为了减小 SRLM 系统整体的体积，增加的定子辅助磁极宽度可以比非辅助磁极的宽度窄一些。考虑到过窄的磁极宽度会加大电机制造的难度，因此对于本书所用三相 6/4 结构 SRLM 而言，增加的定子辅助磁极宽度可以为非辅助磁极宽度的五分之一。当这种设计补偿方法运用到其他尺寸更大的平板型 SRLM 时，在不增加电机制造难度的情况下，增加的定子辅助磁极宽度甚至可以比非辅助磁极宽度的五分之一更窄。

4.4 纵向边端效应设计补偿方法二

4.4.1 磁路分析基本模型

等效磁路（magnetic equivalent circuit，MEC）法是开关磁阻电机进行磁路分析和电磁特性分析常用的分析方法[133,136,194]。MEC 法可以兼顾一部分计算精度的需求，在利用 MEC 法进行分析的过程中可以将铁心材料的饱和特性考虑在内，有许多文献证明了 MEC 法在电磁数据计算方面的快速性和有效性[133,136]。除此之外，MEC 法还是一种简化电机磁路分析的优秀工具。MEC 法使得电机的磁通分布更加直观，十分适合用于分析电机在不饱和或非深度饱和情况下的特性。本章所研究的 SRLM 纵向边端效应对电机不饱和时的特性影响比较明显，而对电机饱和时的影响反而较弱[136]。因此，本节利用 MEC 法分析了不同相励磁时电机的磁场分布以寻求新的纵向边端效应补偿方法。

为了验证 MEC 法对 SRLM 样机分析的有效性，首先建立了样机的 B 相在对齐位置时通电的等效磁路模型，如图 4-8(a)所示。忽略了漏磁回路的等效磁路模型如图 4-8(b)所示。图中 R_δ 是两个相邻定子磁极之间的气隙磁阻，R_δ 具有很大的数值，因此 R_δ 所在的支路可以按照断路处理。F_{m} 是由励磁绕组产生的磁动势，R_{sp} 是定子磁极的磁阻，R_{sy} 是定子轭的磁阻，R_{mp} 是动子磁极的磁阻，而 R_{g} 是定子、动子磁极之间的气隙磁阻。

每一个磁极上的绕组产生的磁动势可以表达为：

$$F_{\mathrm{m}} = N_{\mathrm{c}} i \tag{4-1}$$

定子与动子之间的气隙磁阻 R_{g} 可以表达为式(4-2)：

$$R_{\mathrm{g}} = \frac{K_{\mathrm{c}} h}{\mu_0 \alpha_i l_{\mathrm{Fe}} (b_{\mathrm{sp}} + b_{\mathrm{ss}})} \tag{4-2}$$

式中　N_{c}——样机 SRLM 每一个定子磁极上缠绕的线圈匝数；

K_{c}——卡特尔系数；

g——定子和动子之间的气隙厚度；

μ_0——真空磁导率；

α_i——计算极弧系数；

l_{Fe}——定子铁心叠厚；

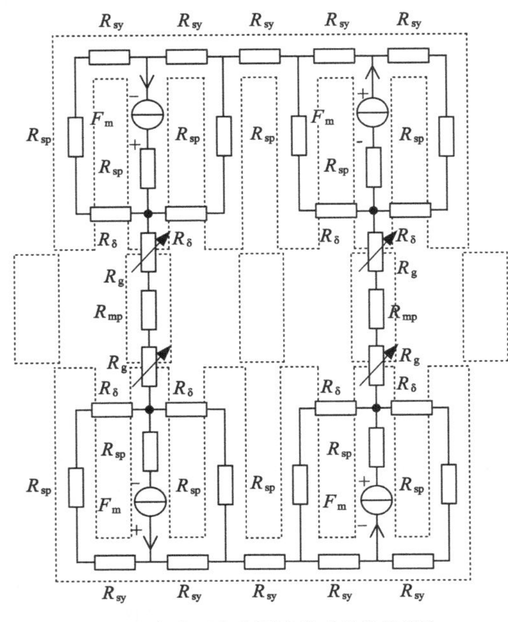

(a) B相在对齐位置励磁时的等效磁路

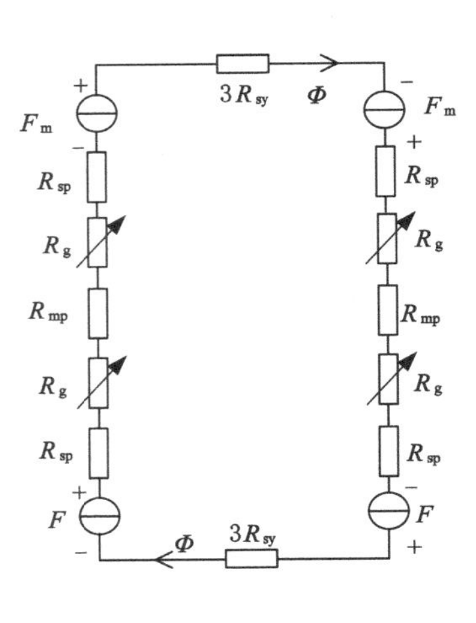

(b) 简化的等效磁路

图 4-8　磁路分析基本模型

b_{sp}——定子磁极宽度；

b_{ss}——定子槽宽度。

电机的气隙磁密可以表示为：

$$B_g = \frac{\mu_0 N_c}{g + h_{sp}} i \tag{4-3}$$

式中　h_{sp}——定子磁极长度。

则相应的定子磁极铁心磁密可以表达为：

$$B_t = \frac{b_{sp} + b_{ss}}{b_{sp}} B_g \tag{4-4}$$

本书所用样机 SRLM 的铁心材料为 50DW470，其磁化特性曲线已经由图 2-3给出，经过曲线拟合，该磁化特性曲线可以表示如下：

$$H = 40.281\ 7 + 4.87 \times 10^{-8} e^{\frac{B}{0.067\ 7}} \tag{4-5}$$

电机定子磁极磁阻(R_{sp})、定子轭磁阻(R_{sy})以及动子磁极磁阻(R_{mp})可以分别表示如下：

$$R_{sp} = \frac{h_{sp}}{b_{sp} l_{Fe} B_t}(40.281\ 7 + 4.87 \times 10^{-8} e^{\frac{B_t}{0.067\ 7}}) \tag{4-6}$$

$$R_{sy}=\frac{b_{sp}+b_{ss}}{h_{sy}l_{Fe}B_t}(40.281\ 7+4.87\times10^{-8}e^{\frac{B_t}{0.0677}}) \tag{4-7}$$

$$R_{mp}=\frac{h_{mp}}{b_{mp}l_{Fe}B_t}(40.281\ 7+4.87\times10^{-8}e^{\frac{B_t}{0.067\ 7}}) \tag{4-8}$$

根据图 4-8(b)中的简化等效磁路，电机铁心磁通可以按照下式计算：

$$\Phi=\frac{4F_m}{4R_g+6R_{sy}+4R_{sp}+2R_{mp}} \tag{4-9}$$

根据式(4-1)～式(4-9)以及表 2-1 中样机的尺寸数据，利用 MEC 法可以预测出电机的静态磁链大小如图 4-9(a)所示，其中还给出了有限元法计算的磁链结果。经过比较可以发现，当电流小于 4 A 时，MEC 法预测的绕组磁链值与有限元结果十分接近，但是电流大于 4 A 时，MEC 法预测的绕组磁链值与有限元结果差距变大。这是因为利用式(4-3)和式(4-4)对气隙磁密和定子磁极磁密进行预测时，所预测的磁密大小随着电流线性增长，而实际情况中，与铁心材料的磁化曲线相似，气隙磁密与定子磁密的变化也会随着电流的增长出现一定的饱和趋势。这里利用有限元法计算了不同电流下定子磁极铁心的磁密大小，如图 4-9(b)所示，然后利用该磁密结果和式(4-9)对电机磁链进行预测，其结果也示于图 4-9(a)中。可见，预测结果与有限元结果在电流大于 4 A 范围内仍然吻合良好。以上对基础模型的分析和计算验证了 MEC 法的有效性，MEC 法可以用于一些简单的磁路分析当中，尤其是在电机不饱和状态下分析精度更高，因此本节利用 MEC 法分析了一种新的 SRLM 纵向边端效应设计补偿方法。

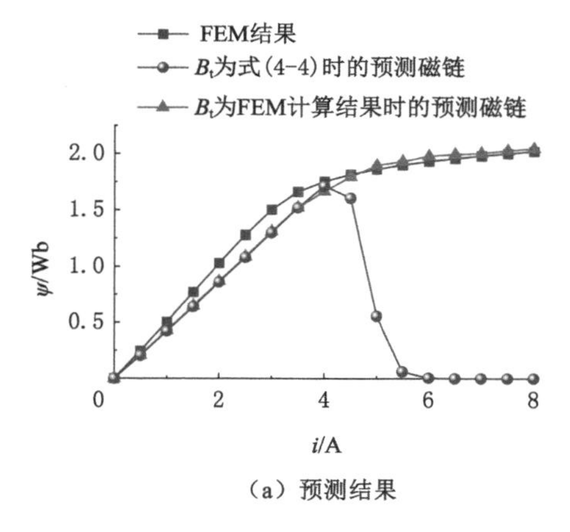

(a) 预测结果

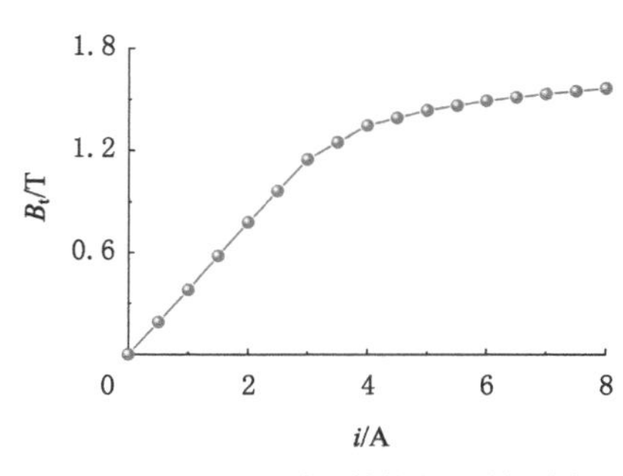

(b) FEM方法计算的定子磁极磁密

图 4-9　磁链预测

4.4.2 补偿方法分析

上一章研究了纵向边端效应对电机静态性能的影响,从分析结果可以发现,边端相(A 相和 C 相)与中间相(B 相)的磁链数据存在偏差,尤其是在不对齐位置时偏差最大,而不对齐位置处的磁链偏差是造成电流峰值不平衡的主要原因之一。如果可以减小不对齐位置处的磁链偏差,将有利于三相电流的平衡及纵向边端效应的补偿。因此,这里首先对 A 相在不对齐位置励磁时的等效磁路进行分析,如图 4-10 所示,由于双边型 SRLM 结构是对称的,这里仅对电机的上半部分进行分析。为了便于说明与分析,六个定子磁极按照从左至右的顺序编号为 1 到 6,这六个定子磁极上的磁通量分别为 Φ_1 到 Φ_6,且它们的磁阻被定义为 R_1 到 R_6。

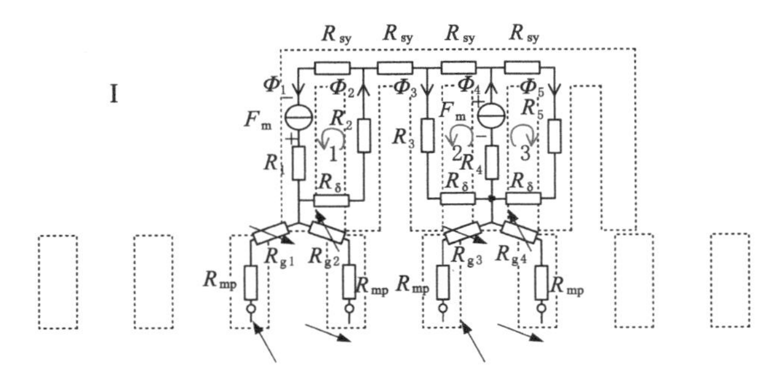

图 4-10 A 相在不对齐位置励磁时的等效磁路

图 4-10 中标识出了三个磁通回路,它们的矩阵方程如下:

$$\begin{bmatrix} & R_1+R_{sy} & R_2+R_\delta & 0 & 0 & 0 & 0 \\ 0 & 0 & 0 & R_3+R_\delta & R_4+R_{sy} & -R_{sy} & 0 \\ & 0 & 0 & 0 & R_4 & R_5+R_{sy}+R_\delta & 0 \end{bmatrix} \begin{bmatrix} \Phi_1 \\ \Phi_2 \\ \Phi_3 \\ \Phi_4 \\ \Phi_5 \\ \Phi_6 \end{bmatrix} = \begin{bmatrix} F_m \\ F_m \\ F_m \end{bmatrix} \tag{4-10}$$

式(4-10)经过等式变换可以得到:

$$(R_1+R_{sy})\Phi_1+(R_2+R_\delta)\Phi_2=(R_3+R_\delta)\Phi_3+(R_4+R_{sy})\Phi_4-R_{sy}\Phi_5 \tag{4-11}$$

在不对齐位置处,正常工作电流下的电机一般不会出现饱和和过饱和现象,为了简化分析式(4-11)，这里做出了以下两点假设：

(1) 基于磁路的对称性，可以认为第二个磁极上的磁通量(Φ_2)与第三个绕组上的磁通量(Φ_3)具有相同的值，即 $\Phi_2 \approx \Phi_3$；

(2) 分析中，除了第一个定子磁极的磁阻和第六个定子磁极的磁阻，其他四个磁极的磁阻可以视为相同的值 R_0。

基于以上两点假设，式(4-11)可以简化为如下形式：

$$(R_1 + R_{sy})\Phi_1 = (R_0 + R_{sy})\Phi_4 - R_{sy}\Phi_5 \tag{4-12}$$

纵向边端效应使得第一个定子磁极(A_1)与第四个定子磁极(A_3)上的磁通量(Φ_1 与 Φ_4)出现了偏差，如果两者之间的偏差可以消除，可以认为纵向边端效应造成的影响被补偿了。因此这里将式(4-12)中的 Φ_1 与 Φ_4 设为互等关系，则基于式(4-12)推导得到如下结果：

$$\begin{cases} \dfrac{\Phi_5}{\Phi} = \dfrac{R_0 - R_1}{R_{sy}} \\ \Phi_1 = \Phi_4 = \Phi \end{cases} \tag{4-13}$$

由式(4-13)可以看出为了使 Φ_1 与 Φ_4 互等，R_0 与 R_1 的差值应该为正数，这说明 R_0 要大于 R_1，即边端磁极的磁阻(R_1)要小于中间四个定子磁极的磁阻(R_0)。而能够减小定子边端磁极磁阻最简单的方法就是加宽边端磁极。由此提出了一种新的 SRLM 纵向边端效应设计补偿方法，即加宽定子边端磁极。

基于式(4-13)还可以分析得到使补偿效果最佳的定子边端磁极宽度，首先需要计算出第五个定子磁极上的磁通量(Φ_5)与 Φ 之间的比值。由之前提出的补偿原理“磁场相似原理”可知，为了补偿纵向边端效应，我们希望边端磁极的电磁特性与中间磁极的电磁特性相同，因此我们将中间相(B 相)的电磁特性当作目标。B 相在不对齐位置励磁时的等效磁路如图 4-11 所示。

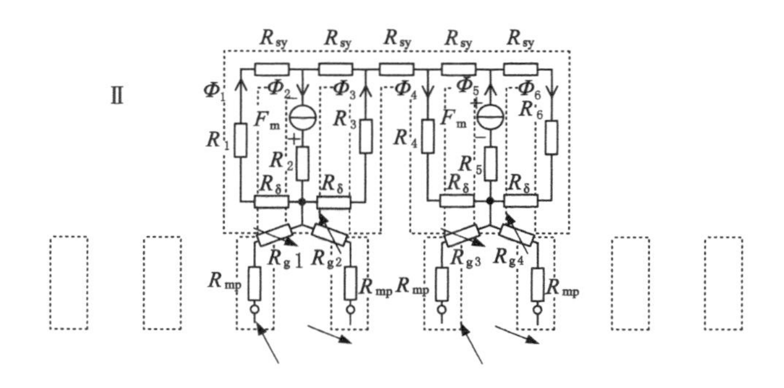

图 4-11　B 相在不对齐位置励磁时的等效磁路

这里将图 4-10 所示 A 相在不对齐位置励磁的等效磁路定义为Ⅰ，将图 4-11定义为Ⅱ，相较之下可以看出，Ⅰ中的第五个定子磁极上的磁通量应该与Ⅱ中的第六个定子磁极上的磁通量相同，即 $\Phi_5(\text{Ⅰ})=\Phi_6(\text{Ⅱ})$。且Ⅰ中的第四个定子磁极上的磁通量应该与Ⅱ中的第五个定子磁极上的磁通量相同，即 $\Phi_4(\text{Ⅰ})=\Phi(\text{Ⅰ})=\Phi_5(\text{Ⅱ})$。由此式(4-13)可以变形为：

$$\frac{\Phi_5(\text{Ⅰ})}{\Phi(\text{Ⅰ})}=\frac{\Phi_6(\text{Ⅱ})}{\Phi_5(\text{Ⅱ})}=\frac{\Phi_{c3}(\text{Ⅱ})}{\Phi_{b3}(\text{Ⅱ})}=\frac{\dfrac{h_{sp}}{\mu_{Fe}b_{sp}l_{Fe}}-\dfrac{h_{sp}}{\mu_{Fe}b'_{sp}l_{Fe}}}{\dfrac{b_{sp}+b_{ss}}{\mu_{Fe}h_{sy}l_{Fe}}} \tag{4-14}$$

式中 μ_{Fe}——铁心磁导率；

h_{sp}——定子磁极长度；

b_{sp}——中间定子磁极宽度；

b'_{sp}——定子边端磁极宽度；

b_{ss}——定子槽宽度；

h_{sy}——定子轭厚度；

l_{Fe}——定子铁心叠厚。

由式(4-14)可得定子边端磁极的理论最佳宽度(b'_{sp})为：

$$b'_{sp}=\frac{h_{sp}}{\dfrac{h_{sp}}{b_{sp}}-\dfrac{\Phi_{c3}(\text{Ⅱ})}{\Phi_{b3}(\text{Ⅱ})}\dfrac{b_{sp}+b_{ss}}{h_{sy}}} \tag{4-15}$$

本节利用二维有限元法、三维有限元法和实测法分别得到了 B 相在不对齐位置下励磁时 $\Phi_{c3}(\text{Ⅱ})$与 $\Phi_{b3}(\text{Ⅱ})$的结果，如图 4-12 所示。将二维有限元计算结果、三维有限元计算结果与实测数据进行比较可以发现，二维与三维有限元计算的 Φ_{c3} 均与实测结果比较接近，三维有限元计算所得 Φ_{b3} 也接近于实测结果，但是二维有限元所得 Φ_{b3} 明显小于实测结果，这是因为二维有限元中忽略了由横向边端效应造成的一部分漏磁。三维有限元计算结果贴近于实测结果，这证明了三维有限元法的准确性。二维有限元计算所得 $\Phi_{c3}(\text{Ⅱ})$与 $\Phi_{b3}(\text{Ⅱ})$的比约为 20.9%，将这一比例和电机尺寸用于式(4-15)中进行计算，得到二维有限元方法预测的定子边端磁极最佳宽度为 23.4 mm。三维有限元结果所得 $\Phi_{c3}(\text{Ⅱ})$与 $\Phi_{b3}(\text{Ⅱ})$的比约为 17.2%，基于三维有限元法预测的定子边端磁极最佳宽度为 23.0 mm。

为了验证式(4-15)中定子边端磁极最佳宽度预测公式的有效性，这里利用三维有限元法进行了定子边端磁极宽度与电机电磁力脉动的敏感性分析，结果如图 4-13 所示。由此可见，电机的电磁力脉动随着边端磁极变宽而逐渐减小，这证明了加宽边端定子磁极宽度能够补偿纵向边端效应对电磁力的负面影响，

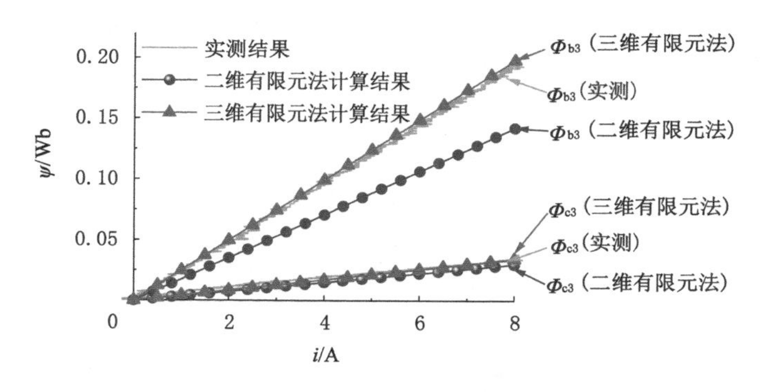

图 4-12 不同方法所得两个磁链的对比

并且在边端磁极宽度为 23.0 mm 时为最低值，这与预测公式(4-15)利用三维有限元计算结果预测的最佳边端磁极宽度一致。这再次证明了三维有限元法的可靠性，并且证明了式(4-15)可以有效地预测补偿 SRLM 纵向边端效应的定子边端磁极最佳宽度。

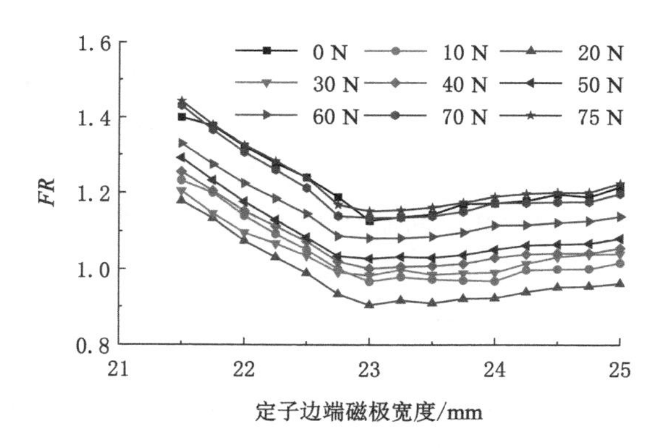

图 4-13 定子边端磁极宽度与电磁力脉动系数的敏感性分析结果

4.4.3 补偿效果验证

在这里建立了定子边端磁极为 23 mm 的改进后 SRLM 的三维有限元模型，经计算 A 相和 B 相的磁链特性曲线如图 4-14 所示。可以看出，A 相与 B 相在不对齐位置处的磁链特性曲线完全重合，这验证了 MEC 法分析结果的正确性，加宽定子边端磁极至 23 mm 时，A 相与 B 相不对齐位置的磁链偏差几乎被完全补偿。但是加宽边端磁极后 A 相其他位置的磁链特性曲线高于 B 相的相应结果，为了研究这些磁链变化对电机动态性能的影响，这里利用三维有限元法计算所得电机电磁特性数据在 MATLAB/Simulink 环境下搭建了改进后电机的动态模型，并进行了相应的仿真。

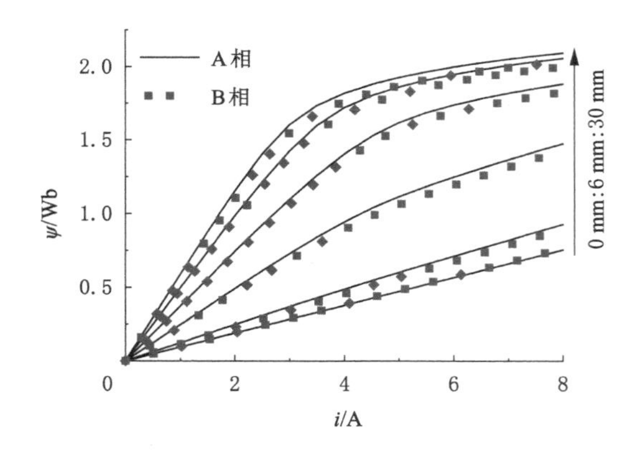

图 4-14　加宽定子边端磁极后 SRLM 的磁链特性曲线

当 SRLM 电动运行时，母线电压(u_S)、励磁范围以及制动电磁力(F_L)分别为 24 V、(0,20)mm 以及 40 N 时，仿真的电流与电磁力波形如图 4-15(a)所示，可以看出，利用加宽定子边端磁极方法改进后的 SRLM 的三相电流基本完全对称，其电磁力脉动也得到了改善。为了校验这种方法对电磁力脉动的补偿效果，进行了电机在不同电压等级和不同制动电磁力下的仿真，仿真中母线电压分别为 12 V、24 V、36 V 和 48 V，每相的励磁范围为(0,20)mm，不同工况下的仿真结果如图 4-15(b)所示。经计算，与理想模型结果和改进前结果进行比较，加宽定子边端磁极后的 SRLM 的电磁力脉动平均减少了约 93.9%。

除此之外，还进行了 SRLM 发电运行时的补偿效果验证，仿真中当母线电压(u_S)、励磁范围以及电机运行速度(v)分别为 36 V、(20,40)mm 以及 0.65 m/s 时，仿真的电流与输出电压波形如图 4-16(a)所示。值得注意的是，在定子边端磁极加宽后 B 相和 C 相的电流虽然平衡了，但是 A 相电流与它们的差别反而加剧了。这里进行了发电机在不同电压等级和不同开通位置下的仿真，仿真中母线电压分别为 12 V、24 V、36 V 和 48 V，每相的励磁范围为(0,20)mm，仿真结果如图 4-16(b)所示。可以看出补偿后发电机的输出电压纹波反而增大了，这说明所提出的新的设计补偿方法不适用于 SRLM 作为发电机时的纵向边端效应补偿。

综上所述，在 SRLM 作为电动机运行时，所提出的新的纵向边端效应补偿方法不仅使中间相与边端相在不对齐位置处的自磁链特性偏差得到了补偿，还

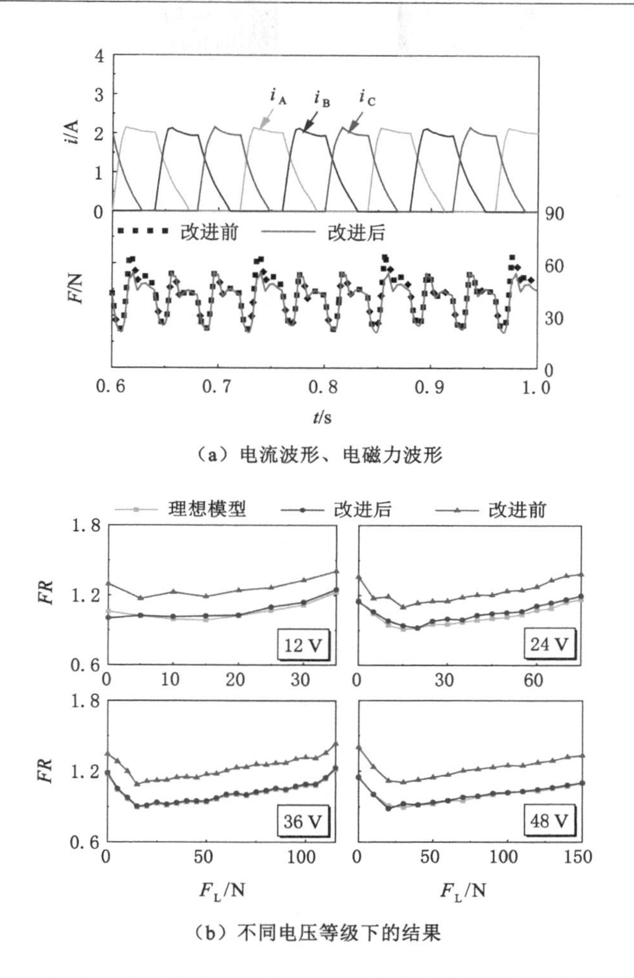

(a) 电流波形、电磁力波形

(b) 不同电压等级下的结果

图 4-15　加宽定子边端磁极后的 SRLM 作为电动机运行时的动态性能

弱化了不平衡互磁链特性对电流及电磁力波动带来的不利影响，这种新的设计补偿方法基本可以完全补偿由纵向边端效应加剧的电磁力脉动。但是当 SRLM 作为发电机运行时，这种新的设计补偿方法反而会加剧 SRLM 的输出电压纹波，因此其不能用于开关磁阻直线发电机的设计优化，只能作为开关磁阻直线电动机的纵向边端效应设计补偿方法之一。该方法用于 SRLM 作为电动机时的优化设计流程图如图 4-17 所示，首先按照一般的设计方法完成 SRLM 的基础设计与尺寸优化，然后建立该电机的三维有限元模型，计算中间相(B 相)励磁时 B_3 与 C_3 磁极上绕组的感应磁通 Φ_{b3}(Ⅱ)与 Φ_{c3}(Ⅱ)，结合电机尺寸利用式(4-15)计算定子边端磁极宽度的最优值，最后建立加宽定子边端磁极的 SRLM

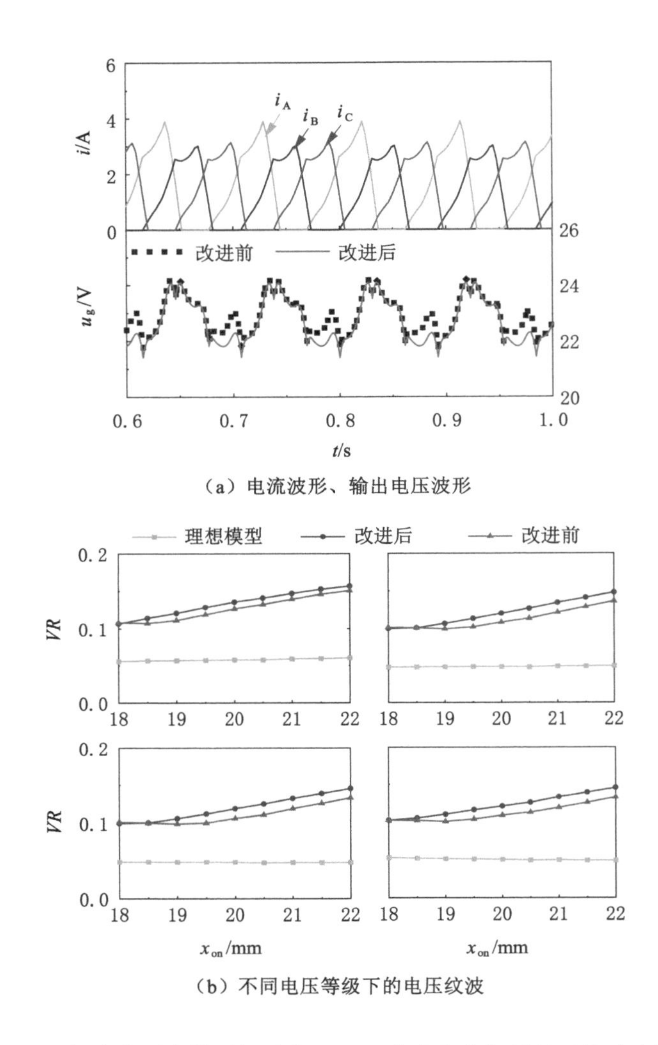

（a）电流波形、输出电压波形

（b）不同电压等级下的电压纹波

图 4-16　加宽定子边端磁极后的 SRLM 作为发电机运行时的动态性能

三维有限元模型与动态仿真模型，完成性能校验。

表 4-1 比较了增加定子辅助磁极与加宽定子边端磁极两种纵向边端效应设计补偿方法在不同母线电压等级下的补偿效果，可以发现加宽定子边端磁极的补偿方法可以更好地降低纵向边端效应对电磁力脉动带来的不利影响，而且相较之下增加定子辅助磁极方法所需的额外空间和铁心材料都更少。但是加宽定子边端磁极的方法不能用于开关磁阻直线发电机的纵向边端效应补偿。

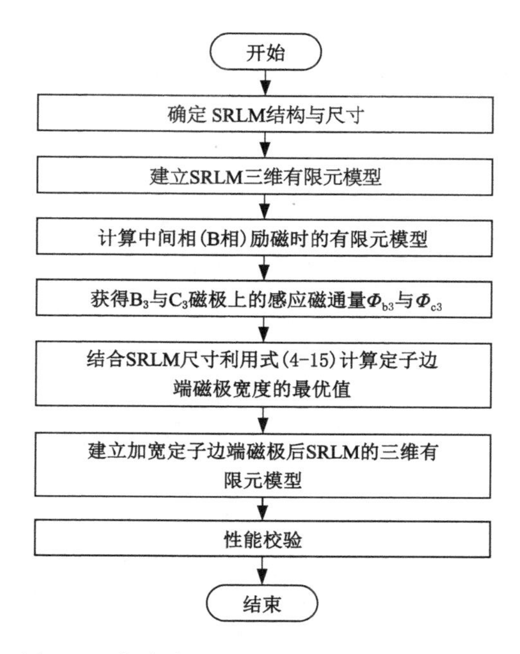

图 4-17　加宽定子边端磁极的优化过程流程图

表 4-1　两种设计补偿方法比较

补偿方法	增加定子辅助磁极		加宽定子边端磁极	
SRLM 运行状态	电动电磁力脉动	发电输出电压纹波	电动电磁力脉动	发电输出电压纹波
12 V 母线电压下补偿效果	28.5%	17.2%	93.7%	−10.3%
24 V 母线电压下补偿效果	27.0%	15.4%	90.9%	−13.1%
36 V 母线电压下补偿效果	27.0%	15.3%	95.2%	−14.3%
48 V 母线电压下补偿效果	27.6%	15.9%	95.7%	−15.8%
平均补偿效果	27.5%	16.0%	93.9%	−13.4%
所需额外空间	9.29×10^{-4} m^3		6.11×10^{-5} m^3	
所需额外空间占定子体积百分比	20.6%		1.4%	
所需额外铁心质量	2.51 kg		0.41 kg	
所需额外铁心质量占定子总质量百分比	10.9%		1.8%	

4.5 不受纵向边端效应影响的 SRLM 新结构

4.5.1 借鉴旋转电机结构特点

针对平板型 SRLM 的纵向边端效应进行补偿的设计方法都存在一些弊端，比如增加辅助定子磁极的设计补偿方法会增加电机的额外空间与成本，且这种方法的补偿效果有限，而加宽定子边端磁极的设计补偿方法虽然可以充分补偿 SRLM 作为电动机运行时纵向边端效应加剧的电磁力脉动，但是该方法却不能补偿 SRLM 作为发电机运行时纵向边端效应带来的影响。因此，如果可以有一种 SRLM 的新结构使其能够从本体上规避纵向边端效应，这将极大地简化 SRLM 的优化设计过程。

平板型直线电机受纵向边端效应的影响，这是因为在绕组按相分布的方向上，平板型直线电机的定子铁心长度是有限的。而旋转电机一般不受纵向边端效应的影响，这是因为旋转电机的绕组分布在一个圆周上，可以认为圆周长度上的分布形成一个循环，对每一相来说定子铁心在绕组分布方向上都是无限延伸的。这里以一个三相 6/4 结构的 RSRM 和一个三相 6/4 结构的单边型 SRLM 进行对比，分别如图 4-18(a)和图 4-18(b)所示。由图 4-18 可以发现，RSRM 的三相分布在圆周上，三相绕组没有中间相与边端相之分；单边型 SRLM 的三相分布在动子运动方向上，但是这个方向上的定子长度有限，使得边端相与中间相电磁特性有偏差。为了使 SRLM 能够不受纵向边端效应的影响，规避纵向边端效应对电机性能带来的负面影响，可以借鉴旋转电机的结构经验，即直线电机的三相分布在圆周方向上，圆筒型开关磁阻电机的结构比较类似。现有的圆筒型 SRLM 的绕组分布方向基本还是在动子运动的直线方向上，尽管其横向截面与旋转电机一样为圆形，电机的特性仍然受纵向边端效应的影响。本书借鉴了旋转电机的结构特点，提出了一种新型圆筒型 SRLM，其可以不受纵向边端效应的影响，规避掉了纵向边端效应带来的不同相电磁特性偏差问题。

4.5.2 新型圆筒型 SRLM 结构

所提出的新型圆筒型 SRLM 的结构如图 4-19 所示，定子具有圆筒形的结构，定子套筒包括 6 个铁磁环和 5 个间隔环，间隔环由非铁磁材料制造以隔绝相间磁路。每一个定子铁磁环上有 12 个定子磁极，其中在相对位置的四个定子磁极上的绕组分属一相，共三相。每一个定子磁极上的绕组均穿过电机动子运动方向上的所有定子铁磁环，为整体式绕组，具有这种绕组结构的电机绕线方便，

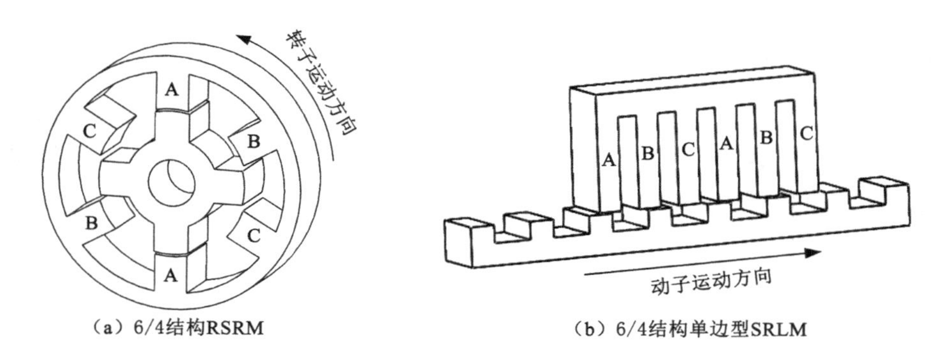

（a）6/4结构RSRM　　（b）6/4结构单边型SRLM

图 4-18　RSRM 与 SRLM 的结构对比

降低了电机的制造难度。该电机结构实现了三相绕组在圆周上分布，没有中间相与边端相之分。为了使电机还能实现直线方向上的运动，对应定子磁极的结构，该电机动子也有磁极，为扇形结构。动子由一根长铝管和许多扇形结构动子磁极组成，扇形动子磁极在一个圆周上相对分布，而在动子运动方向上以 120° 交错分布。当一相绕组励磁时（以 C 相一侧为例），会通过定子磁极（C_1）、电机气隙、扇形动子磁极再到定子磁极（C_2）形成磁通回路，当扇形动子磁极与定子磁极的位置在动子运动方向上不对齐时，磁力线会发生畸变，从而产生电磁力带动电机动子向扇形动子磁极与 C 相定子磁极对齐的位置移动，而每一相励磁时，定子磁极吸引在同一方向上的扇形动子磁极，三相交替励磁，可以实现电机在直线方向上运动。可见，该电机的运行原理依然遵循“磁阻最小原理”，电机形成的磁通回路在电机的横截面上，且电机运动方向与磁通回路所在平面垂直，因此所提出的圆筒型 SRLM 为一种横向磁通圆筒型 SRLM。

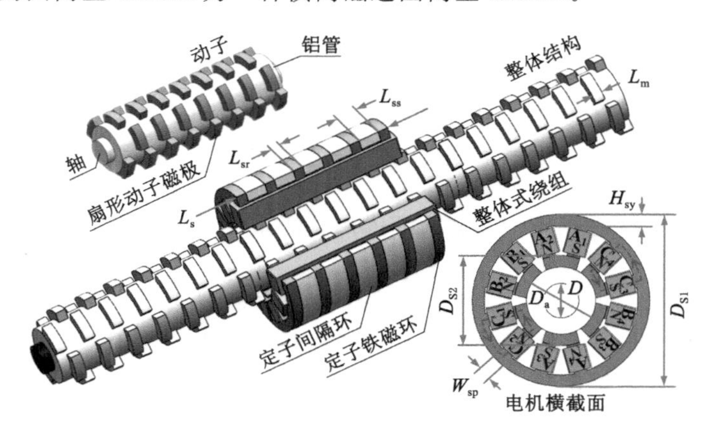

图 4-19　新型圆筒型 SRLM 的结构示意图

4.5.3 电机参数与尺寸

为了设计一台 24 V、100 W 的所提结构的圆筒型 SRLM，首先分析了电机主要尺寸与电磁负荷之间的关系。该电机的电负荷为定子铁心单位长度上的总电流，其表达式为：

$$A=\frac{qN_{\mathrm{ph}}I}{l_{\mathrm{S}}} \tag{4-16}$$

式中 q——电机相数；

N_{ph}——一相绕组匝数；

I——绕组电流有效值；

l_{S}——电机定子总长度。

绕组电流有效值(I)可以按下式计算：

$$I=\sqrt{\frac{1}{T}\int_{0}^{T}i^{2}\mathrm{d}t}=k_{i}i_{\mathrm{m}} \tag{4-17}$$

式中 T——一个电流周期；

i_{m}——实际电流峰值；

k_{i}——峰值电流系数。

在电流为方波电流的假设下，且忽略定子绕组的电阻，电机的电磁功率表达式为：

$$P_{\mathrm{em}}=qUI_{\mathrm{m}}K_{\mathrm{d}} \tag{4-18}$$

式中 U——绕组电压；

I_{m}——方波电流的峰值；

K_{d}——开关磁阻直线电机一个开关周期内的负荷系数。

方波电流峰值(I_{m})与 SRLM 实际电流峰值(i_{m})是不同的，但是它们之间可以利用有效值进行等效，即两者之间的关系如下：

$$I_{\mathrm{m}}=k_{\mathrm{m}}i_{\mathrm{m}} \tag{4-19}$$

式中 k_{m}——方波电流系数。

SRLM 每相绕组在一个开关周期内的负荷系数(K_{d})可以用下式计算：

$$K_{\mathrm{d}}=\frac{x_{\mathrm{off}}-x_{\mathrm{on}}}{T_{\mathrm{S}}}=\frac{x_{\mathrm{c}}}{T_{\mathrm{S}}} \tag{4-20}$$

式中 x_{off}和 x_{on}——一相绕组的关断位置和开通位置；

x_{c}——励磁范围；

T_{S}——电机的定子极距。

该电机为横向磁通电机，由于磁通回路方向与动子运动方向垂直，所以其磁负荷难以定义，一般的平板型 SRLM 的磁负荷定义为：

$$B_\delta = \frac{\Phi}{\tau l_S} \tag{4-21}$$

式中　Φ——电机磁通量；

τ——一个通电周期内动子移动的距离；

l_S——电机定子叠厚，而 τ 与 l_S 的乘积为磁通路径的横截面积。

对于所提出的横向磁通圆筒型 SRLM，等效磁通回路的一边为一个通电周期内动子移动的距离（T_S），而另一边可以近似等效为动子外径的周长（πD_a）与电机相数（q）的比值，则该电机的磁负荷定义为：

$$B_\delta = \frac{q\Phi}{T_S \pi D_a} \tag{4-22}$$

式中　D_a——电机动子外径。

SRLM 最大磁链出现在关断位置（x_{off}）处，则最大磁链（Ψ_m）为：

$$\Psi_m = \frac{U}{v}(x_{off} - x_{on}) = \frac{U}{v} x_c \tag{4-23}$$

结合式(4-23)中的磁负荷表达形式，电机最大磁链（Ψ_m）可以表示为：

$$\Psi_m = N_{ph}\Phi = \frac{N_{ph}\pi T_S D_a B_\delta}{q} \tag{4-24}$$

联合式(4-16)～式(4-24)，可以得到电机关键尺寸与电磁功率之间的关系如下：

$$D_a l_S = \frac{q}{\pi} \frac{1}{B_\delta A} \frac{k_i}{k_m} \frac{P_{em}}{v} \tag{4-25}$$

电机的额定工况及所选定的电机电磁负荷等参数如下：

(1) 额定工况：励磁电压为 24 V，额定功率为 100 W，额定速度为 0.6 m/s；

(2) 电机的相数 $q=3$，峰值电流系数 $k_i=0.5$[195]，方波电流系数 $k_m=0.8$[78]；

(3) 所设计样机属于中小型容量 SRLM，电负荷选为 65 000 A/m，为了降低铁损耗，磁负荷选为 0.15 T。

利用式(4-25)以及选定的参数进行计算，得到动子外径（D_a）与定子总长度（l_S）的乘积约为 10 202.2 mm^2，据此可选择 D_a=65 mm，而 l_S=160 mm。电机其他结构的初始尺寸按照文献[100]的经验选择，确定了电机的初始尺寸如表 4-2 所示，然后在此基础上完成了各个尺寸针对平均电磁力大小的敏感性分析，最终确定了单目标优化结果下的电机最优尺寸，也列举在表 4-2 中。

表 4-2　所提出的新型圆筒型 SRLM 的初始尺寸与最终尺寸

参数	初始尺寸/mm	最终尺寸/mm
定子外径(D_{S1})	150.0	150.0
定子内径(D_{S2})	65.4	79.0
动子外径(D_a)	65.0	78.6
轴径(D)	30.0	30.0
定子轭厚度(H_{sy})	12.0	10.0
定子磁极宽度(W_{sp})	13.5	12.5
定子铁磁环厚度(L_{sr})	10.0	11.0
定子间隔环厚度(L_{ss})	20.0	19.0
定子总长度(l_S)	160.0	161.0
动子铁磁环厚度(L_{mr})	10.0	10.0
动子磁极长度(H_{mp})	10.0	14.0
气隙厚度(g)	0.2	0.2

4.5.4　电磁特性分析

所提出的圆筒型 SRLM 是横向磁通电机，简单的二维模型不再能反映其真实的空间结构，因此建立了该电机的三维有限元模型，并对其进行了分析。图 4-20比较了电机 A 相与 B 相不同电流下的自感特性曲线，可以看出 A 相与 B 相的自感特性完全重合。除此之外，还在图 4-21 中比较了电机相与相之间的互感特性曲线，可以看出，相与相之间的互感也基本完全对称。在此还建立了 A 相与 B 相在各自对齐位置励磁时电机的等效磁路图，如图 4-22 所示。可见，不同绕组励磁下电机的主磁通路径与漏磁通路径也都是对称的，等同于仅在圆周方向上旋转了 60°。相较于上一章研究的双边型 SRLM 的电磁特性，本节提出的圆筒型 SRLM 无论是自感特性还是互感特性都是对称的，这证明了该电机结构能够规避纵向边端效应的影响，从而保证电机性能不会受到纵向边端效应的负面影响。

4.5.5　样机与实验验证

为了验证所提出的新结构 SRLM 规避了纵向边端效应的影响，按照得到的最终尺寸加工制造了实验样机，样机机组包括圆筒型 SRLM、磁粉制动器、直线编码器、直流机、减速箱与曲柄连杆，样机及机组照片如图 4-23(a)所示。并设计了一套针对该样机的硬件实验平台，在图 4-23(b)中给出。硬件实验平台包括

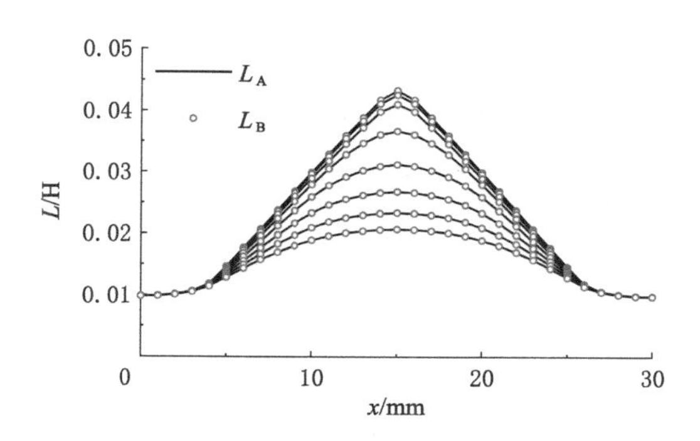

图 4-20　新型圆筒型 SRLM 的自感曲线对比

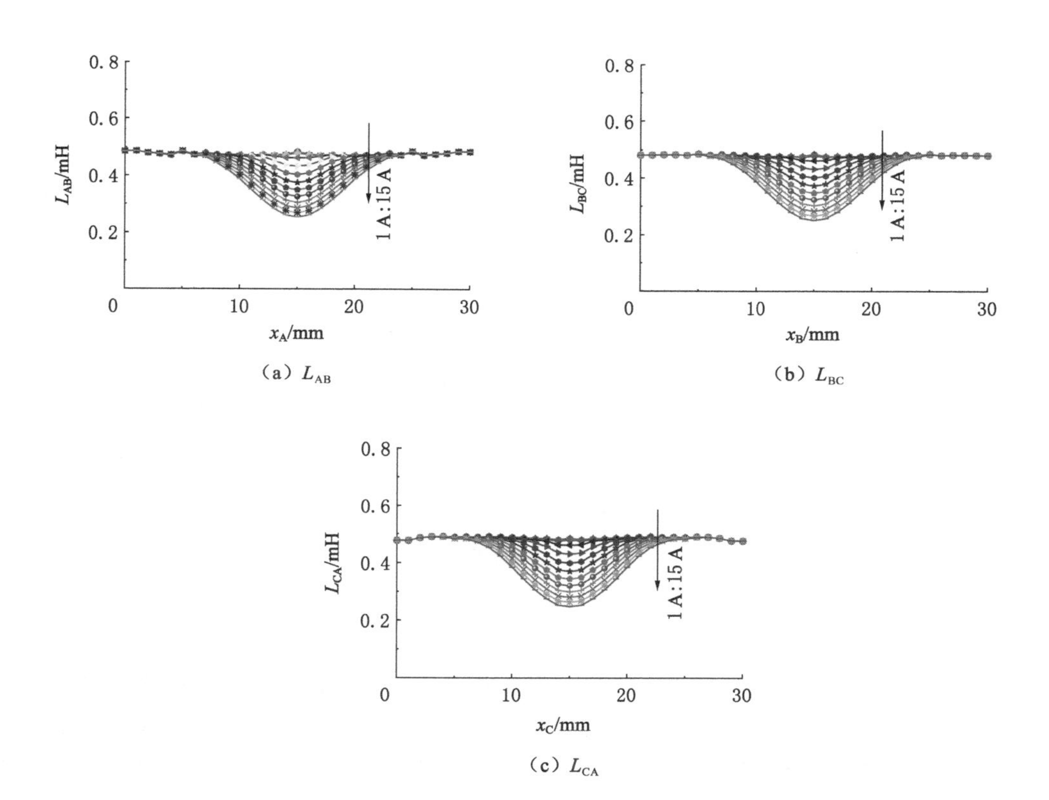

(a) L_{AB}

(b) L_{BC}

(c) L_{CA}

图 4-21　新型圆筒型 SRLM 的互感曲线对比

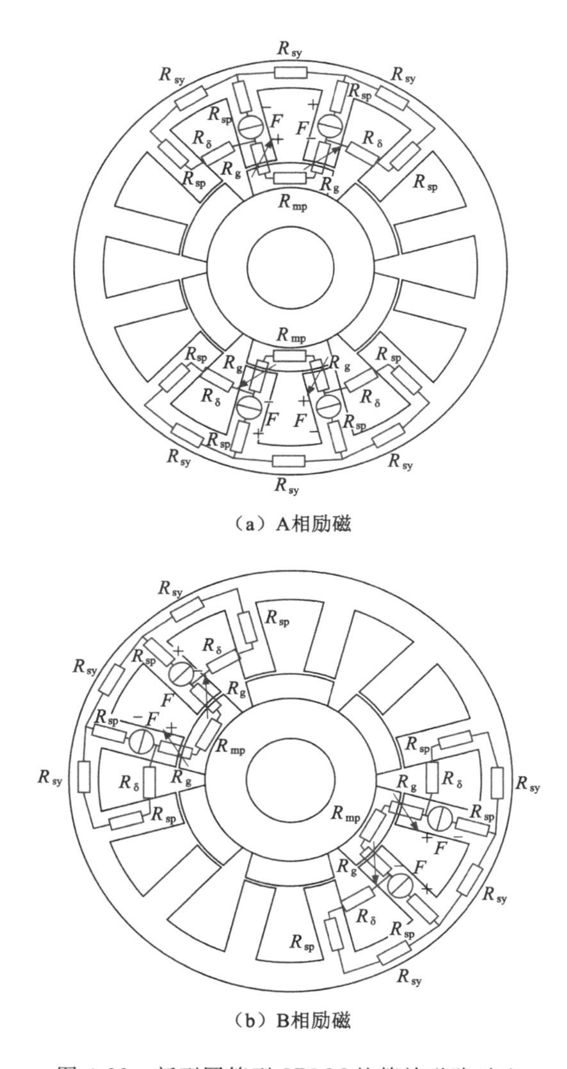

（a）A相励磁

（b）B相励磁

图 4-22　新型圆筒型 SRLM 的等效磁路对比

功率变换器、驱动电路、采样电路和隔离电路等。利用所设计硬件实验平台进行了该电机的静态实验验证与动态实验验证。在静态实验中，检测并处理得到了该样机 A 相与 B 相的自磁链特性曲线，如图 4-24 所示，可以看出，两相磁链曲线较为吻合，这证明两相静态电磁特性基本对称。

图 4-25 与图 4-26 所示为电机动态实验结果，图 4-25 中电机工作在电动状态下，励磁电压为 24 V，动子上施加的制动力约为 95 N。图 4-25(a)中每相绕组的励

(a) 样机及机组照片

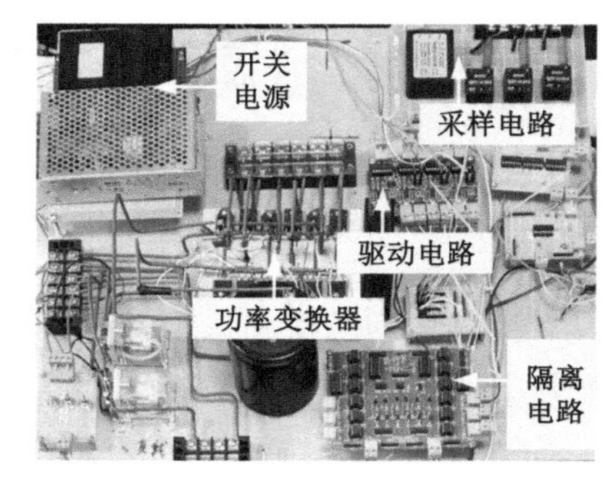

(b) 硬件实验平台照片

图 4-23　新型圆筒型 SRLM 的样机及其硬件平台

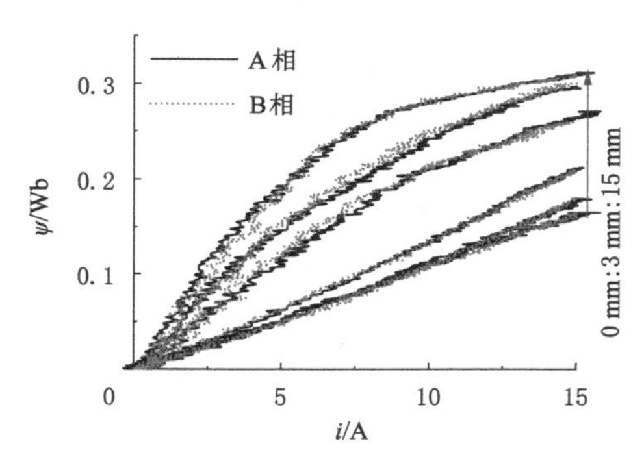

图 4-24　A 相与 B 相静态磁链测试

磁范围为(0,10)mm,电机速度从 0.48 m/s 逐渐增至 0.7 m/s,可以发现随着电机速度的增加,电机的电流呈下降趋势,但是电机三相电流是对称的。图 4-25(b)中每相绕组的励磁范围为(−0.5,10.5)mm,电机稳定运行在 0.54 m/s,电流也呈现了良好的对称性。图 4-26 中电机工作在发电状态下,励磁电压为 24 V,图 4-26(a)中每相绕组的励磁范围为(8,20)mm,电流斩波限值为8 A,图 4-26(b)中每相绕组的励磁范围为(10,20)mm,电流斩波限值为 10 A。从发电动态实验结果可以得到与电动实验一致的结论。电动与发电状态下对称的三相电流证明了该电机结构规避了纵向边端效应的影响,验证了该电机的结构优势。

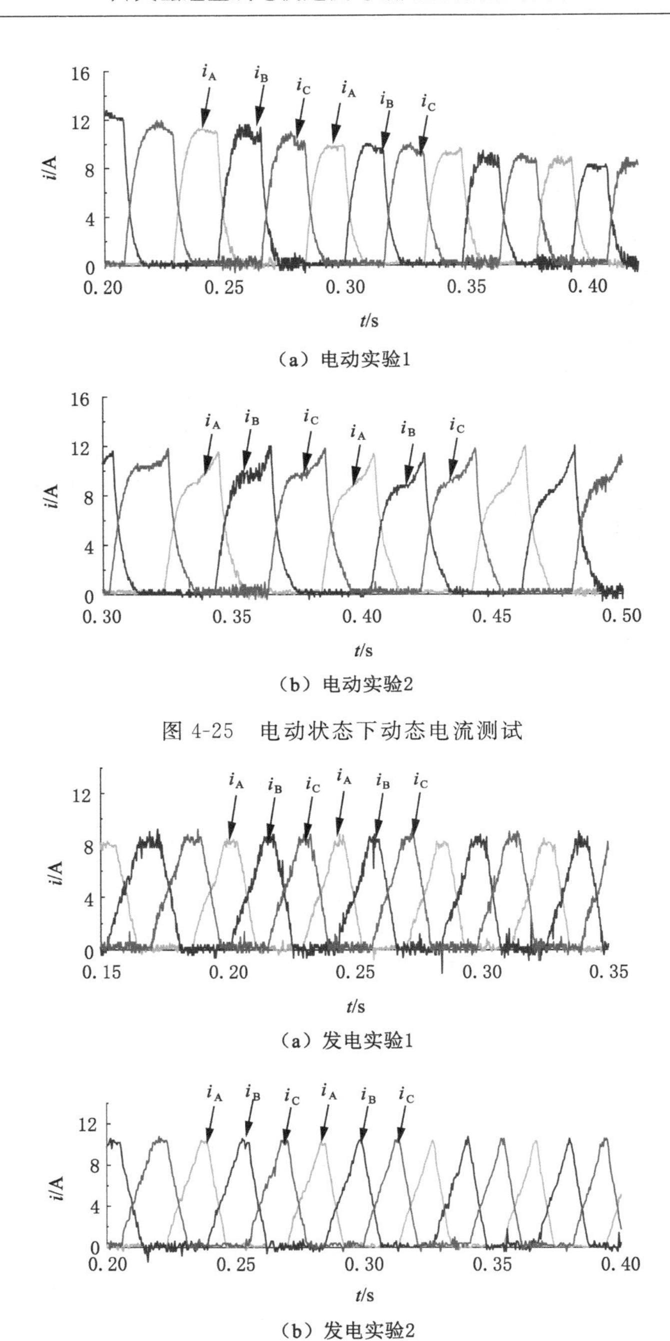

（a）电动实验1

（b）电动实验2

图 4-25　电动状态下动态电流测试

（a）发电实验1

（b）发电实验2

图 4-26　发电状态下动态电流测试

4.6　本章小结

区别于 RSRM，传统的平板型 SRLM 由于在运动方向上的定子长度和动子长度有限，因此受到了纵向边端效应的影响。本章研究了 SRLM 纵向边端效应的设计补偿方法，先对原有的设计补偿方法进行了补充，并提出了一种适用于 SRLM 作为电动机运行时的新的纵向边端效应设计补偿方法，除此之外还提出了一种不受纵向边端效应影响的 SRLM 新结构。本章的主要内容总结如下：

（1）分析了原有的增加定子辅助磁极的设计补偿方法，有限元分析结果证明了这种方法可以降低由纵向边端效应对 SRLM 性能造成的不良影响，但是整体的补偿效果有限。然后完成了定子辅助磁极宽度与电磁力脉动之间的敏感性分析，分析结果表明，增加的定子辅助磁极的宽度不必与中间定子磁极的宽度保持一致，并给出了定子辅助磁极宽度可以减小为非辅助磁极宽度的五分之一左右的建议，以降低定子辅助磁极所占据的额外空间。

（2）基于等效磁路法提出了一种新的纵向边端效应设计补偿方法，其通过加宽定子边端磁极来实现，并推导出了定子边端磁极宽度的理论最优值，有限元分析结果证明了这种方法几乎可以将 SRLM 作为电动机运行时由纵向边端效应加剧的电磁力脉动完全补偿，验证了定子边端磁极的理论最优宽度公式的有效性。但是，有限元分析结果表明，这种方法不能对 SRLM 作为发电机运行时的纵向边端效应进行补偿。最后对比了新的设计补偿方法和增加定子辅助磁极的设计补偿方法。可见，SRLM 作为电动机时，所提出的新的补偿方法在补偿效果上和所需额外空间的大小上都更有优势。

（3）借鉴 RSRM 的结构特点，提出了一种不受纵向边端效应影响的 SRLM 新结构，该 SRLM 为横向磁通圆筒电机，给出了这种电机初始尺寸的设计过程，通过有限元计算、动态仿真和样机实验完成了该电机不受纵向边端效应影响的实验验证。

第5章　开关磁阻直线电机纵向边端效应控制补偿研究

5.1　概述

研究结果表明，纵向边端效应会加剧 SRLM 在电动运行时的电磁力脉动，这致使 SRLM 振动和噪声的问题相较于 RSRM 更加严重，如果能对纵向边端效应进行有效补偿，可以一定程度上缓解 SRLM 的电磁力脉动问题。

第 4 章所研究的纵向边端效应设计补偿方法从电机设计角度减小了纵向边端效应对 SRLM 性能造成的负面影响，包括 SRLM 电动运行时的电磁力脉动。但是对于一些已经制造出来的 SRLM 样机，如果在设计阶段并没有进行纵向边端效应的设计补偿或优化，它们仍会受到纵向边端效应的影响以及会有振动噪声的问题。

本书所用的双边型 SRLM 样机在设计过程中便没有进行纵向边端效应的补偿。对于这些无法通过设计方法对纵向边端效应进行补偿的已加工样机来说，只有通过施加合适的控制策略来减小纵向边端效应的影响。抑制转矩/电磁力脉动一直是 RSRM/SRLM 的研究热点之一。除了通过电机设计方法降低转矩脉动之外[71-72]，更多的是通过施加控制策略抑制转矩/电磁力脉动[196-203]，现有的控制策略可以分为换相角度控制策略[196]、平滑换相策略[197]、电流波形控制策略[74,198]以及转矩控制策略[199-203]等。

上一章研究表明，对纵向边端效应进行补偿可以减小 SRLM 的电磁力脉动，那么研究补偿纵向边端效应的控制策略成了抑制 SRLM 电磁力脉动的新思路，且目前还没有 SRLM 的电磁力脉动抑制策略是从补偿纵向边端效应入手的。

本章针对无法通过设计方法对纵向边端效应进行补偿的已加工 SRLM 样机，探索了一种可以补偿纵向边端效应负面影响的控制策略，其可以补偿纵向边端效应对电机电流和电磁力脉动造成的影响，最后通过样机的实测结果验证了这种控制方法的有效性。

5.2　纵向边端效应对电流峰值的影响

5.2.1　仅考虑纵向边端效应对自磁链的影响

纵向边端效应使得 SRLM 中间相与边端相的自磁链特性不平衡，当仅考虑自磁链特性对电机电流的影响时，电机的三相电压平衡方程可以表达为：

$$\begin{cases} u_A - i_A r_A = \dfrac{\partial \Psi_{AA}(x,i_A)}{\partial x}\dfrac{\mathrm{d}x}{\mathrm{d}t} + \dfrac{\partial \Psi_{AA}(x,i_A)}{\partial i_A}\dfrac{\mathrm{d}i_A}{\mathrm{d}t} \\ u_B - i_B r_B = \dfrac{\partial \Psi_{BB}(x,i_B)}{\partial x}\dfrac{\mathrm{d}x}{\mathrm{d}t} + \dfrac{\partial \Psi_{BB}(x,i_B)}{\partial i_B}\dfrac{\mathrm{d}i_B}{\mathrm{d}t} \\ u_C - i_C r_C = \dfrac{\partial \Psi_{CC}(x,i_C)}{\partial x}\dfrac{\mathrm{d}x}{\mathrm{d}t} + \dfrac{\partial \Psi_{CC}(x,i_C)}{\partial i_C}\dfrac{\mathrm{d}i_C}{\mathrm{d}t} \end{cases} \tag{5-1}$$

式中　u_A、u_B 和 u_C——三相的励磁电压；

i_A、i_B 和 i_C——三相的电流；

Ψ_{AA}、Ψ_{BB}和 Ψ_{CC}——三相绕组的自磁链特性数据；

x——动子位置；

r_A、r_B 和 r_C——三相绕组的内阻，以下认为三相内阻值相同，均为 r。

则三相电流可以按照式(5-2)进行计算：

$$\begin{cases} i_A = \displaystyle\int \left[u_A - i_A r - \dfrac{\partial \Psi_{AA}(x,i_A)}{\partial x}\dfrac{\mathrm{d}x}{\mathrm{d}t} \right] \Big/ \dfrac{\partial \Psi_{AA}(x,i_A)}{\partial i_A}\mathrm{d}t \\ i_B = \displaystyle\int \left[u_B - i_B r - \dfrac{\partial \Psi_{BB}(x,i_B)}{\partial x}\dfrac{\mathrm{d}x}{\mathrm{d}t} \right] \Big/ \dfrac{\partial \Psi_{BB}(x,i_B)}{\partial i_B}\mathrm{d}t \\ i_C = \displaystyle\int \left[u_C - i_C r - \dfrac{\partial \Psi_{CC}(x,i_C)}{\partial x}\dfrac{\mathrm{d}x}{\mathrm{d}t} \right] \Big/ \dfrac{\partial \Psi_{CC}(x,i_C)}{\partial i_C}\mathrm{d}t \end{cases} \tag{5-2}$$

由第 3 章研究的纵向边端效应对 SRLM 三相自磁链特性的影响可知，中间相(B 相)的自磁链总是大于边端相(A 相和 C 相)的自磁链，尤其是在不对齐位置处，边端相的自磁链比中间相的自磁链小了约 5%，不同相的自磁链特性的差别会直接影响电机动态运行时的电流特性。SRLM 一般在不对齐位置附近开始励磁，因此不同相的电流峰值会受到影响。

为了研究三相电流峰值的大小关系，这里利用式(5-2)进行了分析，并将式中各项的大小关系列举在表 5-1 中，用 1、2 和 3 进行排序，其中最大的用 1 代表，最小的用 3 代表。由表 5-1 可见，A 相的自磁链对位置偏导数的大小基本与

C 相的自磁链对位置偏导数的大小相同，它们的绝对值小于 B 相自磁链对位置的偏导数，但是由于式(5-2)中各相自磁链对位置的偏导数前面的符号为负号，因此最后得出仅考虑自磁链特性的 SRLM 三相电流峰值[$i_{\max(A)}$、$i_{\max(B)}$ 和 $i_{\max(C)}$]在纵向边端效应影响下满足以下关系：$i_{\max(A)}=i_{\max(C)}>i_{\max(B)}$。

表 5-1　仅考虑自磁链影响的三相电流峰值分析

三相	自磁链		自磁链对位置偏导数		峰值电流	
	变量	排名	表达式	排名	变量	排名
A 相	Ψ_{AA}	2	$-\partial\Psi_{AA}/\partial x$	1	$i_{\max(A)}$	1
B 相	Ψ_{BB}	1	$-\partial\Psi_{BB}/\partial x$	2	$i_{\max(B)}$	2
C 相	Ψ_{CC}	2	$-\partial\Psi_{CC}/\partial x$	1	$i_{\max(C)}$	1

5.2.2　同时考虑纵向边端效应对自磁链及互磁链的影响

研究表明，纵向边端效应对电机不同相的自磁链特性以及相与相之间的互磁链特性都有影响，因此在研究纵向边端效应对电流峰值的影响时，电机相间的互耦合特性也要考虑在内。考虑互耦合特性的电机电压平衡方程已经在式(2-19)中给出，而互磁链特性曲线(Ψ_{kl})在电流不大时基本不随位置发生变化，因此式(2-19)中互磁链对位置的偏导数($\partial\Psi_{kl}/\partial x$)一项可以忽略，则式(2-19)的电压平衡方程简化成如下形式：

$$u_k-i_k r=\frac{\partial\Psi_{kk}(x,i_k)}{\partial x}\frac{\mathrm{d}x}{\mathrm{d}t}+\frac{\partial\Psi_{kk}(x,i_k)}{\partial i_k}\frac{\mathrm{d}i_k}{\mathrm{d}t}+\sum\frac{\partial\Psi_{kl}(x,i_l)}{\partial i_l}\frac{\mathrm{d}i_l}{\mathrm{d}t}\tag{5-3}$$

三相绕组峰值电流一般出现在开通位置(x_{on})附近，而每一相导通时通常上一励磁相还没有关断或者还没有续流到零，因此每一相的电流在起始励磁阶段会受上一励磁相电流的影响，且它们的峰值电流也会受上一励磁相电流的影响。当电机通电顺序为 A→B→C 时，B 相的峰值电流[$i_{\max(B)}$]通常受上一励磁相电流影响，即受 i_A 影响。而 C 相的峰值电流[$i_{\max(C)}$]受上一励磁相电流 i_B 影响，A 相的峰值电流[$i_{\max(A)}$]受上一励磁相电流 i_C 影响。由此每一相在起始励磁时的电压平衡方程可以得到简化，例如 A 相在起始励磁时仅 C 相绕组中存在电流，则其电压平衡方程中有关 A 相与 B 相之间互感磁链(Ψ_{AB})的项可以忽略，由此简化后的三相电压平衡方程为：

$$\begin{cases} u_{\mathrm{A}}-i_{\mathrm{A}}r=\dfrac{\partial \Psi_{\mathrm{AA}}(x,i_{\mathrm{A}})}{\partial x}\dfrac{\mathrm{d}x}{\mathrm{d}t}+\dfrac{\partial \Psi_{\mathrm{AA}}(x,i_{\mathrm{A}})}{\partial i_{\mathrm{A}}}\dfrac{\mathrm{d}i_{\mathrm{A}}}{\mathrm{d}t}+\dfrac{\partial \Psi_{\mathrm{CA}}(x,i_{\mathrm{C}})}{\partial i_{\mathrm{C}}}\dfrac{\mathrm{d}i_{\mathrm{C}}}{\mathrm{d}t} \\ u_{\mathrm{B}}-i_{\mathrm{B}}r=\dfrac{\partial \Psi_{\mathrm{BB}}(x,i_{\mathrm{B}})}{\partial x}\dfrac{\mathrm{d}x}{\mathrm{d}t}+\dfrac{\partial \Psi_{\mathrm{BB}}(x,i_{\mathrm{B}})}{\partial i_{\mathrm{B}}}\dfrac{\mathrm{d}i_{\mathrm{B}}}{\mathrm{d}t}+\dfrac{\partial \Psi_{\mathrm{AB}}(x,i_{\mathrm{A}})}{\partial i_{\mathrm{A}}}\dfrac{\mathrm{d}i_{\mathrm{A}}}{\mathrm{d}t} \\ u_{\mathrm{C}}-i_{\mathrm{C}}r=\dfrac{\partial \Psi_{\mathrm{CC}}(x,i_{\mathrm{C}})}{\partial x}\dfrac{\mathrm{d}x}{\mathrm{d}t}+\dfrac{\partial \Psi_{\mathrm{CC}}(x,i_{\mathrm{C}})}{\partial i_{\mathrm{C}}}\dfrac{\mathrm{d}i_{\mathrm{C}}}{\mathrm{d}t}+\dfrac{\partial \Psi_{\mathrm{BC}}(x,i_{\mathrm{B}})}{\partial i_{\mathrm{B}}}\dfrac{\mathrm{d}i_{\mathrm{B}}}{\mathrm{d}t} \end{cases} \tag{5-4}$$

式中　Ψ_{CA}——C相与A相之间的互磁链；

Ψ_{AB}——A相与B相之间的互磁链；

Ψ_{BC}——B相与C相之间的互磁链。

则三相起始励磁部分的电流可以按照下式计算：

$$\begin{cases} i_{\mathrm{A}}=\displaystyle\int\left[u_{\mathrm{A}}-i_{\mathrm{A}}r-\dfrac{\partial \Psi_{\mathrm{AA}}(x,i_{\mathrm{A}})}{\partial x}\dfrac{\mathrm{d}x}{\mathrm{d}t}-\dfrac{\partial \Psi_{\mathrm{CA}}(x,i_{\mathrm{C}})}{\partial i_{\mathrm{C}}}\dfrac{\mathrm{d}i_{\mathrm{C}}}{\mathrm{d}t}\right]\Big/\dfrac{\partial \Psi_{\mathrm{AA}}(x,i_{\mathrm{A}})}{\partial i_{\mathrm{A}}}\mathrm{d}t \\ i_{\mathrm{B}}=\displaystyle\int\left[u_{\mathrm{B}}-i_{\mathrm{B}}r-\dfrac{\partial \Psi_{\mathrm{BB}}(x,i_{\mathrm{B}})}{\partial x}\dfrac{\mathrm{d}x}{\mathrm{d}t}-\dfrac{\partial \Psi_{\mathrm{AB}}(x,i_{\mathrm{A}})}{\partial i_{\mathrm{A}}}\dfrac{\mathrm{d}i_{\mathrm{A}}}{\mathrm{d}t}\right]\Big/\dfrac{\partial \Psi_{\mathrm{BB}}(x,i_{\mathrm{B}})}{\partial i_{\mathrm{B}}}\mathrm{d}t \\ i_{\mathrm{C}}=\displaystyle\int\left[u_{\mathrm{C}}-i_{\mathrm{C}}r-\dfrac{\partial \Psi_{\mathrm{CC}}(x,i_{\mathrm{C}})}{\partial x}\dfrac{\mathrm{d}x}{\mathrm{d}t}-\dfrac{\partial \Psi_{\mathrm{BC}}(x,i_{\mathrm{B}})}{\partial i_{\mathrm{B}}}\dfrac{\mathrm{d}i_{\mathrm{B}}}{\mathrm{d}t}\right]\Big/\dfrac{\partial \Psi_{\mathrm{CC}}(x,i_{\mathrm{C}})}{\partial i_{\mathrm{C}}}\mathrm{d}t \end{cases} \tag{5-5}$$

这里基于式(5-2)中不考虑互磁链特性影响的电流峰值关系进行进一步分析，不考虑互磁链特性的SRLM三相电流峰值满足以下关系：

$$i_{\max(\mathrm{A})}=i_{\max(\mathrm{C})}>i_{\max(\mathrm{B})}$$

3.2节计算所得三相互磁链中，A相与B相之间的互磁链(Ψ_{AB})基本和B相与C相之间的互磁链(Ψ_{BC})对称，且它们均为负值，而C相与A相之间的互磁链(Ψ_{CA})小于它们的绝对值，但是Ψ_{CA}为正值。由此可以分析式(5-5)中包含互磁链项的大小，在上一小节分析出的电流峰值大小关系基础上，进一步分析互磁链对电流峰值的影响。将式(5-5)中各项的正负值及大小关系列举在表5-2中，可以看出A相电压方程中的互磁链项整体为正值，会使得A相电流峰值进一步上升，B相和C相电压方程中的互磁链项都为负值，会使得B相和C相电流峰值下降。

由于纵向边端效应对电机三相自磁链和互磁链的影响，使得三相电流峰值应该满足以下关系：$i_{\max(\mathrm{A})}>i_{\max(\mathrm{C})}>i_{\max(\mathrm{B})}$。3.6节中的样机在模式2的绕组连接方式下的实测电流结果可以验证这里推导出的三相电流峰值的关系是正确的。三相电流的峰值不平衡会使得三相产生的电磁力也不平衡，这会加剧合成电磁力的脉动，如果能使三相电流峰值互相平衡将有利于合成电磁力脉动的减小。在对三相电流的峰值进行平衡控制前，准确地估计三相电流峰值十分重要。

表 5-2　同时考虑自磁链影响和互磁链影响的三相电流峰值分析

三相		A 相	B 相	C 相
仅考虑自磁链特性影响电流峰值	变量	$i_{\max(A)}$	$i_{\max(B)}$	$i_{\max(C)}$
	排名	1	2	1
方程中上一励磁相电流变化率	表达式	di_C/dt	di_A/dt	di_B/dt
	正负号	负	负	负
互磁链	表达式	Ψ_{CA}	Ψ_{AB}	Ψ_{BC}
	正负号	正	负	负
互磁链对电流的偏导数	表达式	$\partial\Psi_{CA}/\partial i_C$	$\partial\Psi_{AB}/\partial i_A$	$\partial\Psi_{BC}/\partial i_B$
	正负号	正	负	负
带互磁链项整体	表达式	$-(\partial\Psi_{CA}/\partial i_C)\times di_C/dt$	$-(\partial\Psi_{AB}/\partial i_A)\times di_A/dt$	$-(\partial\Psi_{BC}/\partial i_B)\times di_B/dt$
	正负号	正	负	负
真实电流峰值	变 量	$i_{\max(A)}$	$i_{\max(B)}$	$i_{\max(C)}$
	排 名	1	3	2

5.3　电流估计模型

5.3.1　原有的电流估计模型

在早期开关磁阻电机建模研究过程中，已经有利用电感线性模型提出的电流估计模型出现。电感线性模型忽略了电机在大电流下的饱和特性，但是该模型可以帮助简化电机相关特性的分析。本节利用原有的模型对样机 A 相的电流峰值进行预估，首先拟合了 A 相电感的线性模型，如图 5-1 所示。

该线性电感模型的表达式如下：

$$L=\begin{cases}L_{\min} & ,0\leqslant x<x_1\\ L_{\min}+K(x-x_1) & ,x_1\leqslant x<x_2\\ L_{\max} & ,x_2\leqslant x<x_3\\ L_{\max}-K(x-x_3) & ,x_3\leqslant x<x_4\\ L_{\min} & ,x_4\leqslant x<T_m\end{cases} \tag{5-6}$$

式中　$K=(L_{\max}-L_{\min})/(x_2-x_1)$；

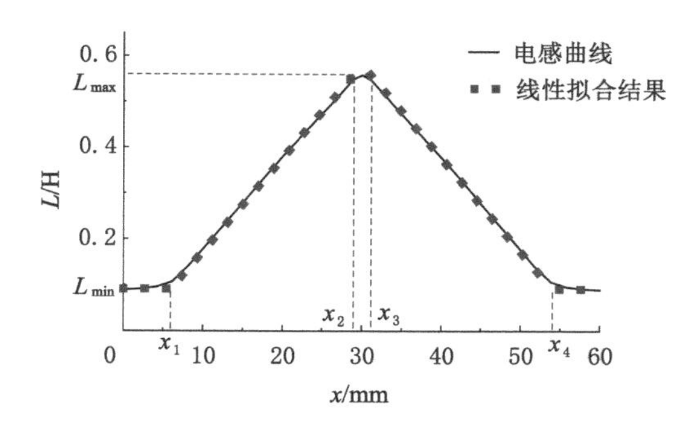

图 5-1　SRLM 样机的线性电感模型

L_{max} 和 L_{min}——电感最大值和电感最小值；

T_m——动子极距。

标注的四个动子位置（x_1、x_2、x_3 和 x_4）是线性电感模型的重要参数。经线性拟合后，本书所用样机的这四个动子位置（x_1、x_2、x_3 和 x_4）分别为 6 mm、29 mm、31 mm 和 54 mm。

在原有的电流估计模型中忽略了相间互耦合特性的影响，不考虑互耦合特性的一相电压平衡方程可以表达为：

$$\pm u_S = ir + \frac{d\Psi}{dt} \tag{5-7}$$

式中　u_S、i 和 r——该相绕组的励磁电压、电流和内阻值。

磁链与电感和电流之间的关系满足：

$$\Psi(x) = L(x)i(x) \tag{5-8}$$

该模型中将相电流与内阻的乘积项忽略，结合式(5-8)，电压平衡方程可以表达为：

$$\pm u_S = \frac{d\Psi}{dt} = L\frac{di}{dt} + i\frac{dL}{dt} = L\frac{di}{dx}v + i\frac{dL}{dx}v \tag{5-9}$$

$$\pm \frac{u_S}{v} = L\frac{di}{dx} + i\frac{dL}{dx} \tag{5-10}$$

为了快速获得较大的电磁力，开关磁阻电机的每相绕组一般在小电感位置处开始励磁，因此开通位置（x_{on}）一般在不对齐位置附近。文献[34]根据线性电感分析了 RSRM 的电流在不同角度范围内的表达式，这就是原有的电流估计模型，这里学习文献[34]中的分析过程，得到了 SRLM 在不同位置范围内的电流表达式，具体过程不再赘述。总结可得，原来提出的电流估计模型为式(5-11)，其一阶导数为式(5-12)。

$$
i(x)=\begin{cases}
\dfrac{u_S(x-x_{on})}{vL_{min}} & ,0\leqslant x<x_1\\
\dfrac{u_S(x-x_{on})}{v[L_{min}+K(x-x_1)]} & ,x_1\leqslant x<x_{off}\\
\dfrac{u_S(2x_{off}-x_{on}-x)}{v[L_{min}+K(x-x_1)]} & ,x_{off}\leqslant x<x_2\\
\dfrac{u_S(2x_{off}-x_{on}-x)}{vL_{max}} & ,x_2\leqslant x<x_3\\
\dfrac{u_S(2x_{off}-x_{on}-x)}{v[L_{max}-K(x-x_3)]} & ,x_3\leqslant x<x_4
\end{cases} \tag{5-11}
$$

$$
i'(x)=\begin{cases}
\dfrac{u_S}{vL_{min}} & ,0\leqslant x<x_1\\
\dfrac{u_S[L_{min}+K(x_{on}-x_1)]}{v\,[L_{min}+K(x-x_1)]^2} & ,x_1\leqslant x<x_{off}\\
\dfrac{-u_S(2x_{off}-x_{on}-x)}{v\,[L_{min}+K(x-x_1)]^2} & ,x_{off}\leqslant x<x_2\\
\dfrac{-u_S}{vL_{max}} & ,x_2\leqslant x<x_3\\
\dfrac{-u_S[L_{max}-K(2x_{off}-x_{on}-x_3)]}{v\,[L_{max}-K(x-x_3)]^2} & ,x_3\leqslant x<x_4
\end{cases} \tag{5-12}
$$

式(5-12)中电机动子位置在(x_1,x_{off})范围内电流变化率的正负号决定着电机电流峰值出现的位置,这一范围内电流变化率的分母为一个正数,因此分子的正负值决定着变化率的正负。由此可得这一范围内的电流变化率分为三种情况,对应电流峰值出现的位置也有三种情况:

(1) 状态 1:当 $x_{on}> x_1-L_{min}/K$ 时,(x_1,x_{off})范围内的电流变化率为正数,即电流在此范围内持续上升,这一状态下电流峰值出现在关断位置(x_{off})处。

(2) 状态 2:当 $x_{on}= x_1-L_{min}/K$ 时,(x_1,x_{off})范围内的电流变化率为零,即电流在此范围内为恒定值,这一状态下也可以认为电流峰值出现在 x_{off}处。

(3) 状态 3:当 $x_{on}< x_1-L_{min}/K$ 时,(x_1,x_{off})范围内的电流变化率为负数,即电流在此范围内持续下降,这一状态下电流峰值出现在 x_1 处。

5.3.2 原有模型的电流峰值估测精度

本书所用样机的三相绕组线性电感模型的 L_{max}、L_{min}和 K 参数如表 5-3 所示,由表 5-3 可以看出,由于纵向边端效应的影响,A 相与 C 相参数比较接近,但是它们与 B 相参数有所差别,尤其是在最大和最小电感的数值上。这里利用式(5-11)在 MATLAB/Simulink 环境下搭建了原有的电流估计模型以估计三相电流，除此之外，还将其与电机非线性模型的电流仿真结果进比较。

表 5-3　三相线性电感模型的参数

参数	A 相	B 相	C 相
L_{max}/mH	559.6	565.6	559.6
L_{min}/mH	91.3	97.1	91.4
K/(H/m)	20.4	20.4	20.4
(x_1-L_{min}/K)/mm	1.52	1.24	1.52

首先通过仿真验证原有的电流估计模型对电流变换趋势估计的正确性，仿真中 A 相绕组的开通位置(x_{on})分别设置为 0 mm、1.52 mm 和 3 mm，分别代表电流在(x_1，x_{off})范围内的三种变化情况，将原有电流估计模型与非线性电流模型所得电流结果在图 5-2 中进行比较。除此之外，仿真中的励磁电压(u_S)、关断位置(x_{off})和电机运行速度(v)分别为 24 V、20 mm 和 0.6 m/s。图 5-2 上半部分为原有电流估计模型所得电流(i_{estn})，下半部分为非线性电流模型所得电流(i)。当 x_{on} 为 3 mm 时为上一节所介绍的状态 1，i_{estn} 和 i 均在(x_1，x_{off})范围内持续上升；当 x_{on} 恰好为 1.52 mm 时，则为状态 2，i_{estn} 和 i 在(x_1，x_{off})范围内都接近于一条直线；当 x_{on} 为 0 mm 时，则为状态 3，i_{estn} 和 i 均在(x_1，x_{off})范围内下降。这一仿真结果验证了原有的电流估计模型对电流变化趋势预测的正确性。

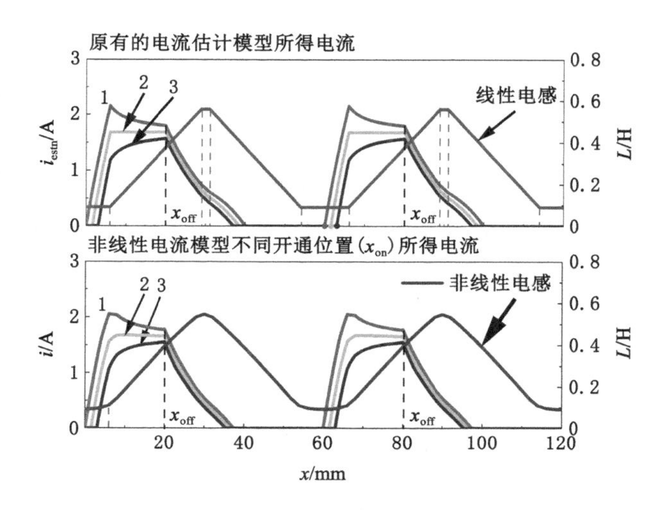

图 5-2　估计的 A 相电流和非线性的 A 相电流比较

其次，在图 5-3 中进行了三相电流仿真的对比，仿真中 u_S、x_{on}、x_{off} 和 v 分别为 24 V、0 mm、20 mm 和 0.6 m/s。这里用 $i_{max(estn)}$ 和 i_{max} 分别代表原有估计模型所估计的电流峰值和非线性模型的电流峰值。可以看出，原有电流估计模型预估的三相电流峰值不同，但是所估计的 A 相电流峰值[$i_{max(estn)(A)}$]与估计的 C 相电流峰值[$i_{max(estn)(C)}$]十分接近。而非线性电流模型中的 A 相电流峰值[$i_{max(A)}$]与 C 相电流峰值[$i_{max(C)}$]是不相同的，这是因为原有的电流估计模型忽略了相间互耦合特性的影响。

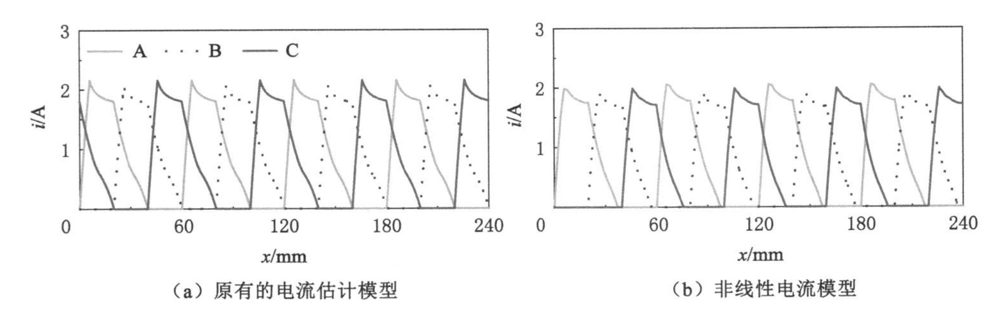

图 5-3　原有的电流估计模型与非线性电流模型比较

最后，通过一系列仿真评估了原有的电流估计模型对电流峰值的估计精度，仿真中 u_S 和 x_{off} 分别为 24 V 和 20 mm，x_{on} 以 0.25 mm 为间隔从 −1 mm 变化至 3 mm。估计模型中峰值电流的估计误差用下式进行计算：

$$e=\frac{i_{max(estn)}-i_{max}}{i_{max}}\times 100\% \tag{5-13}$$

电机运行速度(v)分别设置为 0.5 m/s、0.6 m/s、0.7 m/s 和 0.8 m/s，则不同运行速度下原有估计模型对电流峰值的估计误差如图 5-4 所示。可以看出，估计误差随着运行速度的增大而增大，当电机运行速度为 0.8 m/s 时，最大的估计误差达到了 11%。原有的电流估计模型对电流峰值的估计误差较大，如果将其运用到平衡三相电流峰值的新的控制算法中可能效果较差，因此需要对原有的电流估计模型进行改进，有必要将相间互耦合特性考虑在内。

5.3.3　改进的电流估计模型

为了提高电流峰值的估计精度，首先在电压平衡方程中考虑互耦合特性对电流特性的影响，电压平衡方程表达式和磁链表达式如下：

$$u_k=i_k r_k+\frac{\mathrm{d}\Psi_k}{\mathrm{d}t} \tag{5-14}$$

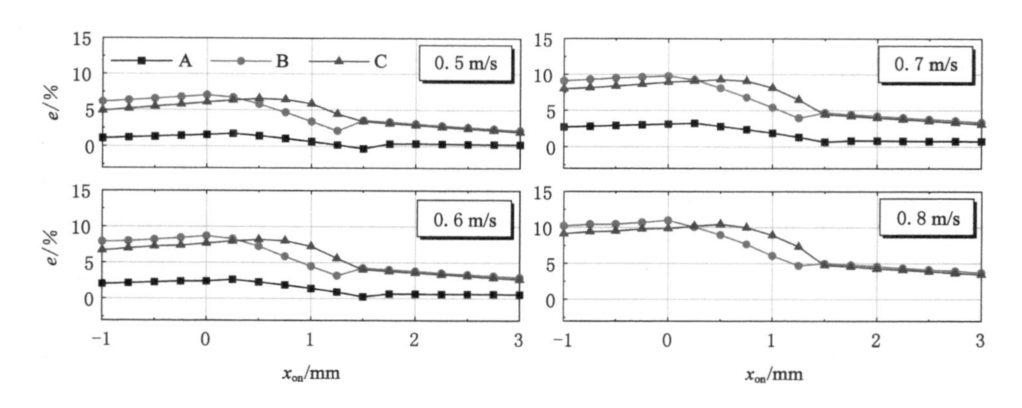

图 5-4　原有的电流估计模型对电流峰值的估计误差

$$\Psi_k=\Psi_{kk}+\sum\Psi_{kl} \tag{5-15}$$

而其中自/互磁链与自/互电感之间的关系满足：

$$\begin{cases}\Psi_{kk}=L_{kk}i_k\\ \Psi_{kl}=L_{kl}i_l\end{cases} \tag{5-16}$$

为了简化分析，忽略了式(5-14)中的电机内阻与电流的乘积项，简化后的方程为：

$$u_k=\frac{\mathrm{d}(\Psi_{kk}+\sum\Psi_{kl})}{\mathrm{d}t} \tag{5-17}$$

从 5.2 节研究的纵向边端效应对电流峰值的影响可知，当电机三相励磁顺序为 A→B→C 时，在每相励磁起始阶段，B 相的峰值电流[$i_{\max(B)}$]通常仅受相电流 i_A 影响，C 相的峰值电流[$i_{\max(C)}$]仅受相电流 i_B 影响，A 相的峰值电流[$i_{\max(A)}$]仅受相电流 i_C 影响。因此以 A 相为例，其励磁起始阶段的电压平衡方程可以简化为：

$$u_A=\frac{\mathrm{d}\Psi_{AA}}{\mathrm{d}t}+\frac{\mathrm{d}\Psi_{CA}}{\mathrm{d}t} \tag{5-18}$$

将式(5-16)中自/互磁链与自/互电感之间的关系代入式(5-18)，可以得到：

$$\begin{aligned}u_A&=\frac{\mathrm{d}\Psi_{AA}}{\mathrm{d}t}+\frac{\mathrm{d}\Psi_{CA}}{\mathrm{d}t}=L_{AA}\frac{\mathrm{d}i_A}{\mathrm{d}t}+i_A\frac{\mathrm{d}L_{AA}}{\mathrm{d}t}+L_{CA}\frac{\mathrm{d}i_C}{\mathrm{d}t}+i_C\frac{\mathrm{d}L_{CA}}{\mathrm{d}t}\\&=v\left(L_{AA}\frac{\mathrm{d}i_A}{\mathrm{d}x}+i_A\frac{\mathrm{d}L_{AA}}{\mathrm{d}x}+L_{CA}\frac{\mathrm{d}i_C}{\mathrm{d}x}+i_C\frac{\mathrm{d}L_{CA}}{\mathrm{d}x}\right)\end{aligned} \tag{5-19}$$

在之前的分析中可以看出，互感特性曲线(L_{kl})在电流不大时基本不随位置发生变化，因此式(5-19)中互感对位置的导数($\mathrm{d}L_{CA}/\mathrm{d}x$)一项可以忽略，则式(5-19)变形为：

$$\frac{u_A}{v}=L_{AA}\frac{\mathrm{d}i_A}{\mathrm{d}x}+i_A\frac{\mathrm{d}L_{AA}}{\mathrm{d}x}+L_{CA}\frac{\mathrm{d}i_C}{\mathrm{d}x} \tag{5-20}$$

式(5-20)既与A相电流(i_A)有关又与C相电流(i_C)有关，两个电流变量同时存在，使得用此式很难对i_A进行解析，如果此式中有关i_C的项可以用一个合理的常数替代，则电流解析过程可以极大地简化。式(5-20)为A相励磁起始阶段的电压平衡方程的变形，在A相励磁起始阶段，A相的前一励磁相C相的电流应该处于续流阶段，在原有的电流估计模型中，相电流的续流阶段被分为三个范围，即(x_{off}，x_2)、(x_2，x_3)及(x_3，x_4)，而在式(5-12)所示的原有电流估计模型的电流变化率中，估计的相电流在(x_2，x_3)范围内的变化率为一个常数。因此这里利用原有的电流估计模型对式(5-20)中的电流变化率进行了假设：假设电流在续流阶段的变化率始终为式(5-12)中(x_2，x_3)范围内的结果，即三相电流(i_A、i_B和i_C)在续流阶段的变化率分别为$-u_A/[vL_{max(A)}]$、$-u_B/[vL_{max(B)}]$和$-u_C/[vL_{max(C)}]$。

由此式(5-20)可以变形为：

$$\frac{u_A}{v}=L_{AA}\frac{\mathrm{d}i_A}{\mathrm{d}x}+i_A\frac{\mathrm{d}L_{AA}}{\mathrm{d}x}-L_{CA}\frac{u_C}{vL_{max(C)}} \tag{5-21}$$

这里A相与C相的励磁电压(u_A和u_C)都等于母线电压(u_S)，则式(5-21)最后可以变形为：

$$\frac{u_S}{v}(1+p)=L_{AA}\frac{\mathrm{d}i_A}{\mathrm{d}x}+i_A\frac{\mathrm{d}L_{AA}}{\mathrm{d}x} \tag{5-22}$$

其中，$p=L_{CA}/L_{max(C)}$。

以下基于式(5-22)分(0，x_1)、(x_1，x_{off})和(x_{off}，x_4)三个范围对A相电流进行解析。

(1) 当$0\leqslant x<x_1$时，A相自感(L_{AA})为其最小电感值[$L_{min(A)}$]，且此时励磁电压为母线电压($+u_S$)，则式(5-22)可变为：

$$\frac{u_S}{v}(1+p)=L_{min(A)}\frac{\mathrm{d}i_A}{\mathrm{d}x} \tag{5-23}$$

两侧同时对位置积分，并代入初始条件$i_A(x_{on})=0$，则此阶段电流可以按式(5-24)预测：

$$i_A(x)=\frac{u_S(x-x_{on})}{vL_{min(A)}}(1+p) \tag{5-24}$$

该阶段最末位置(x_1)的电流可以预估为：

$$i_A(x_1)=\frac{u_S(x_1-x_{on})}{vL_{min(A)}}(1+p) \tag{5-25}$$

(2) 当 $x_1 \leqslant x < x_{off}$ 时，L_{AA} 为 $L_{min(A)}+K_A(x-x_1)$，此时励磁电压仍为母线电压($+u_S$)，则式(5-22)变形为：

$$\begin{aligned}\frac{u_S}{v}(1+p)&=[L_{min(A)}-K_A(x_1-x_{on})]\frac{di_A}{dx}+K_A(x-x_{on})\frac{di_A}{dx}+i_AK_A\\&=[L_{min(A)}-K_A(x_1-x_{on})]\frac{di_A}{dx}+\frac{d[K_A(x-x_{on})i_A]}{dx}\end{aligned} \tag{5-26}$$

两侧同时对位置积分，并代入式(5-25)所示的初始条件，则此阶段的电流可以按照下式预测：

$$i_A(x)=\frac{u_S(x-x_{on})}{v[L_{min(A)}+K_A(x-x_1)]}(1+p) \tag{5-27}$$

该阶段最后时刻(动子位置到达 x_{off} 时)的电流可以预估为：

$$i_A(x_{off})=\frac{u_S(x_{off}-x_{on})}{v[L_{min(A)}+K_A(x_{off}-x_1)]}(1+p) \tag{5-28}$$

(3) 当 $x_{off} \leqslant x < x_4$ 时，电流开始续流并逐渐续流至零，为了简化电流解析，我们在一开始已经假设了电流在续流阶段的变化率始终为式(5-12)中(x_2,x_3)范围内的结果，A 相电流(i_A)在续流阶段的变化率为$-u_A/[vL_{max(A)}]$。根据此变化率以及式(5-28)中的初始条件，得到此阶段电流可以按下式预测：

$$i_A(x)=-\frac{u_S}{vL_{max(A)}}x+\frac{u_S(x_{off}-x_{on})(1+p)}{v[L_{min(A)}+K_A(x_{off}-x_1)]}+\frac{u_S}{vL_{max(A)}}x_{off} \tag{5-29}$$

对以上三个阶段进行总结，A 相修改后的电流估计模型为：

$$i_A(x)=\begin{cases}\dfrac{u_S(x-x_{on})}{vL_{min(A)}}(1+p) & ,0\leqslant x<x_1\\ \dfrac{u_S(x-x_{on})}{v[L_{min(A)}+K_A(x-x_1)]}(1+p) & ,x_1\leqslant x<x_{off}\\ -\dfrac{u_S}{vL_{max(A)}}x+\dfrac{u_S}{v}\left[\dfrac{(x_{off}-x_{on})(1+p)}{L_{min(A)}+K_A(x_{off}-x_1)}+\dfrac{x_{off}}{L_{max(A)}}\right] & ,x_{off}\leqslant x<x_4\end{cases} \tag{5-30}$$

B 相和 C 相的电流解析过程与 A 相相似，所得电流估计模型表达式分别为：

$$i_{B}(x)=\begin{cases}\dfrac{u_{S}(x-x_{on})}{vL_{min(B)}}(1+q) & ,0\leqslant x<x_{1}\\ \dfrac{u_{S}(x-x_{on})}{v[L_{min(B)}+K_{B}(x-x_{1})]}(1+q) & ,x_{1}\leqslant x<x_{off}\\ -\dfrac{u_{S}}{vL_{max(B)}}x+\dfrac{u_{S}}{v}\left[\dfrac{(x_{off}-x_{on})(1+q)}{L_{min(B)}+K_{B}(x_{off}-x_{1})}+\dfrac{x_{off}}{L_{max(B)}}\right] & ,x_{off}\leqslant x<x_{4}\end{cases}$$

(5-31)

$$i_{C}(x)=\begin{cases}\dfrac{u_{S}(x-x_{on})}{vL_{min(C)}}(1+r) & ,0\leqslant x<x_{1}\\ \dfrac{u_{S}(x-x_{on})}{v[L_{min(C)}+K_{C}(x-x_{1})]}(1+r) & ,x_{1}\leqslant x<x_{off}\\ -\dfrac{u_{S}}{vL_{max(C)}}x+\dfrac{u_{S}}{v}\left[\dfrac{(x_{off}-x_{on})(1+r)}{L_{min(C)}+K_{C}(x_{off}-x_{1})}+\dfrac{x_{off}}{L_{max(C)}}\right] & ,x_{off}\leqslant x<x_{4}\end{cases}$$

(5-32)

其中,q 和 r 分别为 $L_{AB}/L_{max(A)}$ 和 $L_{BC}/L_{max(B)}$。各相 L_{max}、L_{min} 和 K 参数已经列举在表 5-3 中,而样机的 L_{CA}、L_{AB} 和 L_{BC} 的平均值分别为 8.4 mH、−20.1 mH 和 −20.0 mH。

5.3.4 改进模型的电流峰值估测精度

基于式(5-30)～式(5-32),在 MATLAB/Simulink 环境下建立了改进后的电流估计模型。这里同样进行了一系列仿真以计算改进的电流估计模型对电流峰值的估计精度,仿真中 u_{S} 和 x_{off} 分别为 24 V 和 20 mm,x_{on} 以 0.25 mm 为间隔从 −1 mm 变化至 3 mm,而电机运行速度(v)分别设置为 0.5 m/s、0.6 m/s、0.7 m/s 和 0.8 m/s。依然用式(5-13)计算估计模型中峰值电流的估计误差,则不同运行速度下改进的电流估计模型对电流峰值的估计误差如图 5-5 所示。经比较可以发现,图 5-5 中的误差明显小于图 5-4 的结果,即改进后的电流估计模型对电流峰值的估计精度要比原有的电流估测模型要好。采用改进后的电流模型对电流峰值进行估计,当运行速度为 0.8 m/s 时出现了最大的估计误差,约为 7.5%,而当运行速度为 0.6 m/s 时所有开通位置下的估计误差绝对值均小于 5%。这些结果证明了改进后的电流估计模型对电流峰值的估计具有更高的准确性。虽然改进的模型中考虑了互耦合特性的影响,但是其峰值电流的估计误差依旧存在,主要由以下原因造成:

(1) 该电流估计模型的提出依然是依据线性电感模型,忽略了电感的非线性特性使得估计电流或多或少偏离非线性电流结果。

(2) 该模型依据的电压平衡方程中忽略了电流与内阻的乘积项，因此式(5-18)中的等式左侧值要大于实际值，因此该模型估计的电流峰值基本都大于实际电流结果，大多数估计误差都为正数。

(3) 为了简化电流解析过程，提前假设了电流在续流阶段的变化率始终为一个常数，而事实上电流在续流阶段的变化率是随着位置变化的，因此该假设也是造成估计误差的原因之一。

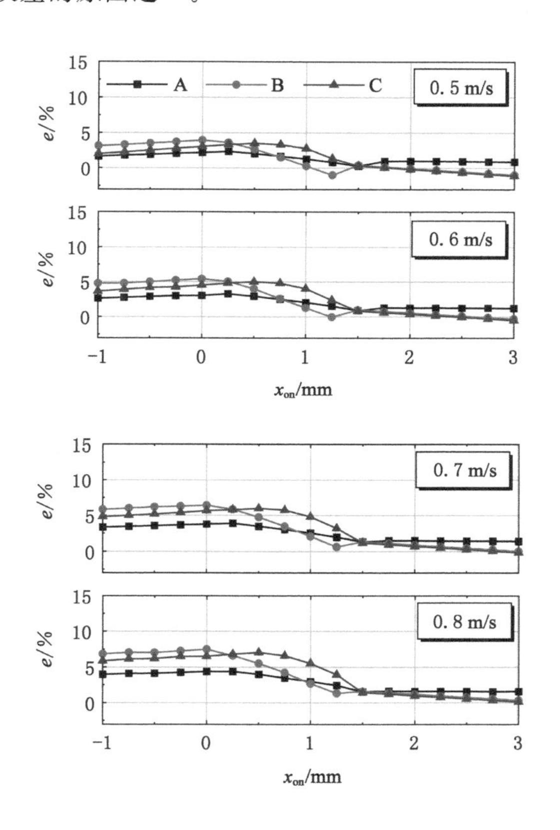

图 5-5　改进的电流估计模型对电流峰值的估计误差

这里还利用 MATLAB/Simulink 中所搭建的改进后的电流估计模型与非线性电流模型的仿真结果进行对比。仿真中 u_S、x_{off} 和 v 分别为 24 V、20 mm 和 0.6 m/s，而 x_{on} 分别设置为 0 mm、1.52 mm 和 3 mm，比较结果如图 5-6 所示。可以发现，改进后的电流估计模型所得 A 相电流峰值[$i_{max(estn)(A)}$]大于 C 相电流峰值[$i_{max(estn)(C)}$]，它们的关系与非线性电流模型一致，三相电流关系也与 5.2节中分析的纵向边端效应对电流影响的结果一致，满足 $i_{max(estn)(A)}>$

$i_{\max(\text{estn})(C)} > i_{\max(\text{estn})(B)}$ 的关系。这表明改进后的电流估计模型可以反映纵向边端效应对电流峰值的影响，而且该模型对 SRLM 电流峰值的估计精度较高，因此可以运用于补偿电流峰值误差的控制方法开发。

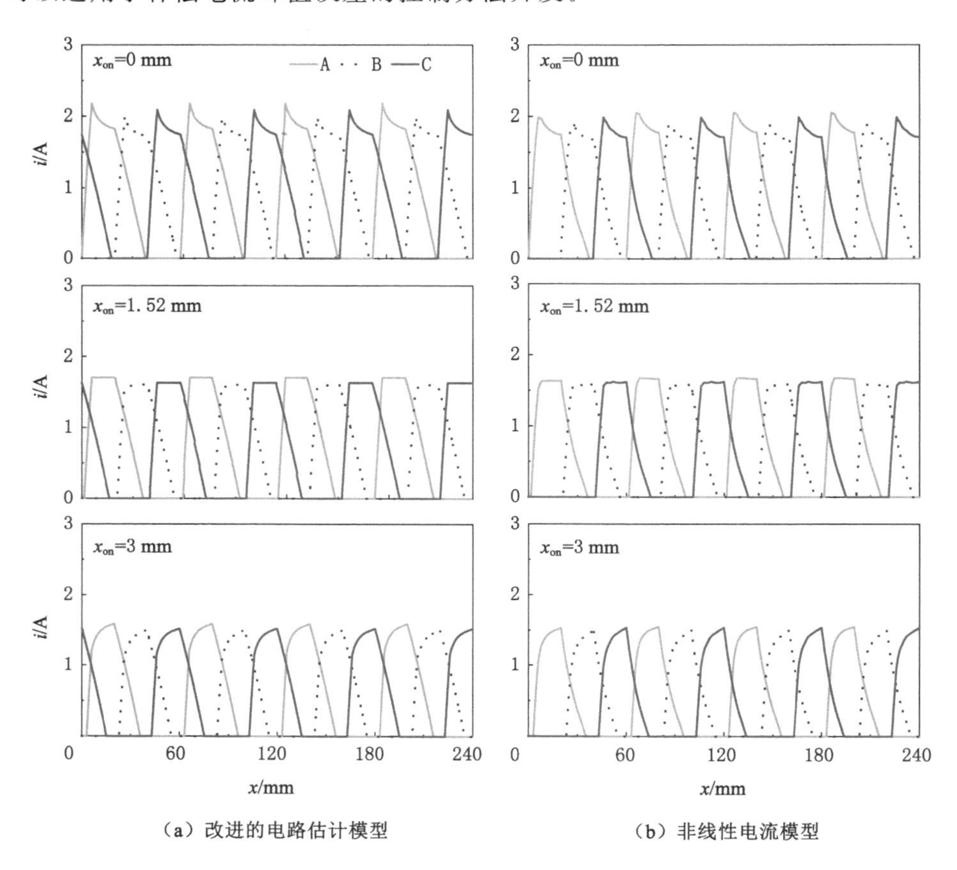

（a）改进的电路估计模型　　（b）非线性电流模型

图 5-6　改进的电流估计模型与非线性电流模型的比较

5.4　开通位置自适应调节控制方法

5.4.1　开通位置调节规则

纵向边端效应使得 SRLM 三相电流峰值不平衡，则每相产生的电磁力也不平衡，从而加剧了合成电磁力的脉动。如果可以对电流进行合适的调制，使三相电流的峰值能够对称，则可以有效降低电机合成电磁力的脉动。当直流母线电压抖动或者电机运行速度低于基速时，通常利用 CCC 策略控制电机以保护电机不会出现过流烧毁绕组的故障。CCC 策略中如果对三相绕组都给予同一电流斩波限值，则三相电流平衡控制极易实现，这一方法也有助于降低电磁力脉动。但是在实际运行中 SRLM 不会一直工作在基速以下，当实施 APC 策略控制电机时，由纵向边端效应造成的电流不平衡现象会出现在大多数平板型 SRLM 中。因此需要提出一种对 APC 策略下也适用的平衡电流峰值的方法。本小节利用改进后的电流估计模型提出了一种新的控制方法以平衡 SRLM 的三相电流峰值，并研究其对电磁力脉动抑制的效果。

上一节所分析的电流估计模型对峰值电流出现位置分为三种情况：当$x_{on}>x_1-L_{min}/K$（状态 1）时，电流峰值出现在关断位置（x_{off}）处；当 $x_{on}=x_1-L_{min}/K$（状态 2）时，电流峰值出现在关断位置（x_{off}）处；当 $x_{on}<x_1-L_{min}/K$（状态 3）时，电流峰值出现在 x_1 处。这里可以将前两种情况归为一种，然后分 $x_{on}<x_1-L_{min}/K$ 和 $x_{on}\geqslant x_1-L_{min}/K$ 两种情况对开通位置调节规律进行了分析。

（1）当 $x_{on}<x_1-L_{min}/K$ 时，三相的峰值电流出现在 x_1 位置处，根据改进后的电流估计模型可以估计三相电流峰值：

$$\begin{cases} i_{max(A)}=i_A(x_1)=\dfrac{u_S(x_1-x_{on})}{vL_{min(A)}}(1+p) \\ i_{max(B)}=i_B(x_1)=\dfrac{u_S(x_1-x_{on})}{vL_{min(B)}}(1+q) \\ i_{max(C)}=i_C(x_1)=\dfrac{u_S(x_1-x_{on})}{vL_{min(C)}}(1+r) \end{cases} \tag{5-33}$$

式中参数 p、q 与 r 互不相同，且三相绕组的最小电感值[$L_{min(A)}$、$L_{min(B)}$ 和 $L_{min(C)}$]也不相同，因此即使在相同的开通位置（x_{on}），三相电流的峰值大小也是不平衡的。但是式(5-33)也表明，当母线电压（u_S）、电机运行速度（v）和电机自感和互感特性已知时，不同相电流的峰值大小仅与 x_{on} 有关。因此我们发现 SRLM三相电流的峰值可以通过调节它们各自的开通位置[$x_{on(A)}$、$x_{on(B)}$ 和 $x_{on(C)}$]来达到平衡。在调节三相绕组的开通位置前，需要选定其中一相的电流峰值为基准，调节另外两相的开通位置使它们的电流峰值与其相同。5.2 节中分析了三相电流峰值的大小满足 $i_{max(estn)(A)}>i_{max(estn)(C)}>i_{max(estn)(B)}$ 的关系。如果选择 B 相电流峰值为基准，则 A 相与 C 相的电流峰值需要降低，降低电流峰值要通过延后它们的开通位置实现，而延后两相的开通位置会使得换相阶段的电磁力脉动更大。相似地，如果选择 C 相电流峰值为基准，A 相的开通位置仍然要延后，同样存在换相恶劣的问题。因此，综合考虑之下，为了使三相电流可以平衡且不加剧换相处电磁力脉动的大小，选择了三相中电流最大的 A 相电流峰值为基准，通过调节 B 相与 C 相的开通位置以使三相电流平衡。由此通过式(5-33)可以得到当 $x_{on} < x_1 - L_{min}/K$ 时，三相开通位置的调整规则为：

$$\begin{cases} x_{on(A)} = x_{on} \\ x_{on(B)} = x_1 - (x_1 - x_{on}) \dfrac{L_{min(B)}}{L_{min(A)}} \dfrac{1+p}{1+q} \\ x_{on(C)} = x_1 - (x_1 - x_{on}) \dfrac{L_{min(C)}}{L_{min(A)}} \dfrac{1+p}{1+r} \end{cases} \tag{5-34}$$

(2) 当 $x_{on} \geqslant x_1 - L_{min}/K$ 时，三相的峰值电流出现在关断位置(x_{off})处，根据改进后的电流估计模型可以估计三相电流峰值如下：

$$\begin{cases} i_{max(A)} = i_A(x_{off}) = \dfrac{u_S(x_{off} - x_{on})}{v[L_{min(A)} + K_A(x_{off} - x_1)]}(1+p) \\ i_{max(B)} = i_B(x_{off}) = \dfrac{u_S(x_{off} - x_{on})}{v[L_{min(B)} + K_B(x_{off} - x_1)]}(1+q) \\ i_{max(C)} = i_C(x_{off}) = \dfrac{u_S(x_{off} - x_{on})}{v[L_{min(C)} + K_C(x_{off} - x_1)]}(1+r) \end{cases} \tag{5-35}$$

同样地，这里仍以三相中电流最大的 A 相电流峰值为基准，通过式(5-35)可以得到当 $x_{on} \geqslant x_1 - L_{min}/K$ 时，三相开通位置的调整规则为：

$$\begin{cases} x_{on(A)} = x_{on} \\ x_{on(B)} = x_{off} - (x_{off} - x_{on}) \dfrac{L_{min(B)} + K_B(x_{off} - x_1)}{L_{min(A)} + K_A(x_{off} - x_1)} \dfrac{1+p}{1+q} \\ x_{on(C)} = x_{off} - (x_{off} - x_{on}) \dfrac{L_{min(C)} + K_C(x_{off} - x_1)}{L_{min(A)} + K_A(x_{off} - x_1)} \dfrac{1+p}{1+r} \end{cases} \tag{5-36}$$

5.4.2 调节规则仿真验证

针对不同开通位置的大小，对这种开通位置自适应调节方法的电流平衡效果进行了仿真验证。

首先，当 $x_{on} > x_1 - L_{min}/K$(状态 1)时，仿真中 u_S、x_{on}、x_{off}和 v 分别为 24 V、3 mm、20 mm 和 0.6 m/s，自适应调节方法实施前后的电流对比图、动态磁链对比图以及动态电磁力对比图如图 5-7 所示。

从电流波形的比较结果可以看出，在实施了开通位置自适应调节方法后的三相电流峰值基本相互平衡。实施前三相绕组的动态磁链基本平衡，实施开通位置自适应调节方法后反而出现了不平衡，B 相与 C 相的磁链峰值要高于 A 相的磁链峰值，这代表了自适应调节方法使得 B 相与 C 相的开通位置比 A 相开通位置更加靠前，因此不平衡的动态磁链波形也代表着开通位置自适应调节方法正在发挥作用。

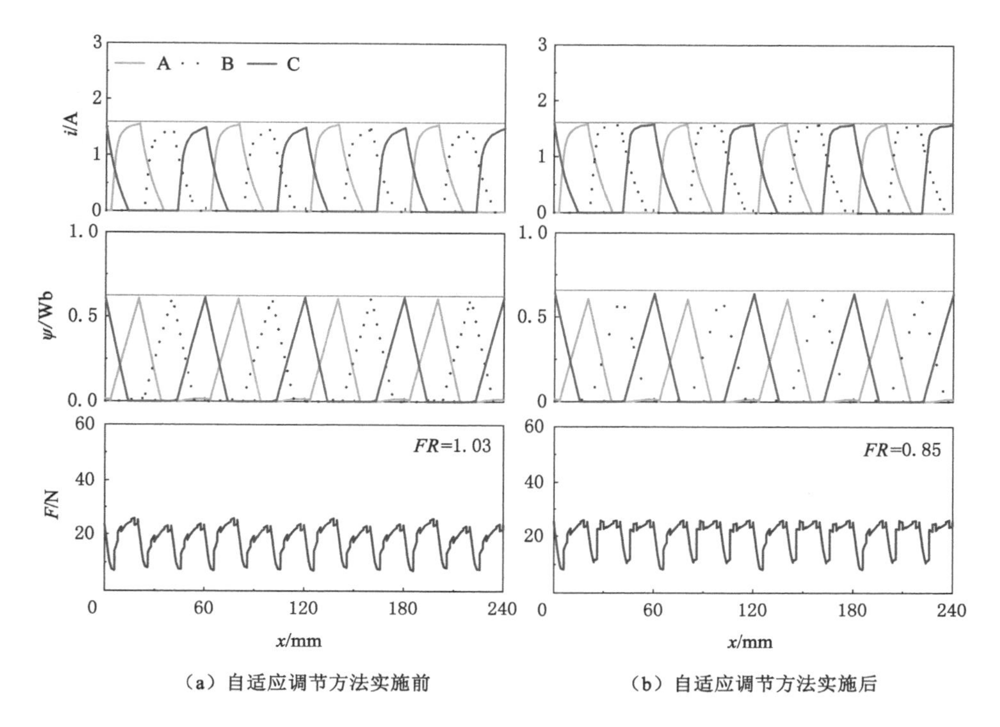

（a）自适应调节方法实施前　（b）自适应调节方法实施后

图 5-7　状态 1 下实施自适应调节方法前后的结果对比

这里同样利用电磁力脉动系数对电机动态电磁力的脉动大小进行评估，自适应调节方法实施前电机动态电磁力的脉动系数约为 1.03，实施了自适应调节方法后的电机脉动系数为 0.85，整体降低了约 17.5%，这说明所提出的开通位置自适应调节方法对 $x_{on}>x_1-L_{min}/K$ 的情况是有效的。

然后，对 $x_{on}=x_1-L_{min}/K$（状态 2）的情况进行了验证，仿真中 u_S、x_{on}、x_{off} 和 v 分别为 24 V、1.52 mm、20 mm 和 0.6 m/s，自适应调节方法实施前后的电流对比图、动态磁链对比图以及动态电磁力对比图如图 5-8 所示。在此情况下实施了自适应调节方法之后的电流峰值也趋于平衡，实施前的电机电磁力脉动系数约为 0.95，实施自适应调节方法后电机的电磁力脉动系数为 0.86，降低了约 9.5%。

最后，对 $x_{on}<x_1-L_{min}/K$（状态 3）的情况进行验证，这里选择开通位置（x_{on}）为 0 mm，仿真中 u_S、x_{off} 和 v 分别为 24 V、20 mm 和 0.6 m/s，将实施所提出的开通位置自适应调节方法前后的电流波形、三相动态磁链波形和动态电磁力波形在图 5-9 中进行了比较。在此情况下实施了自适应调节方法之后的电流

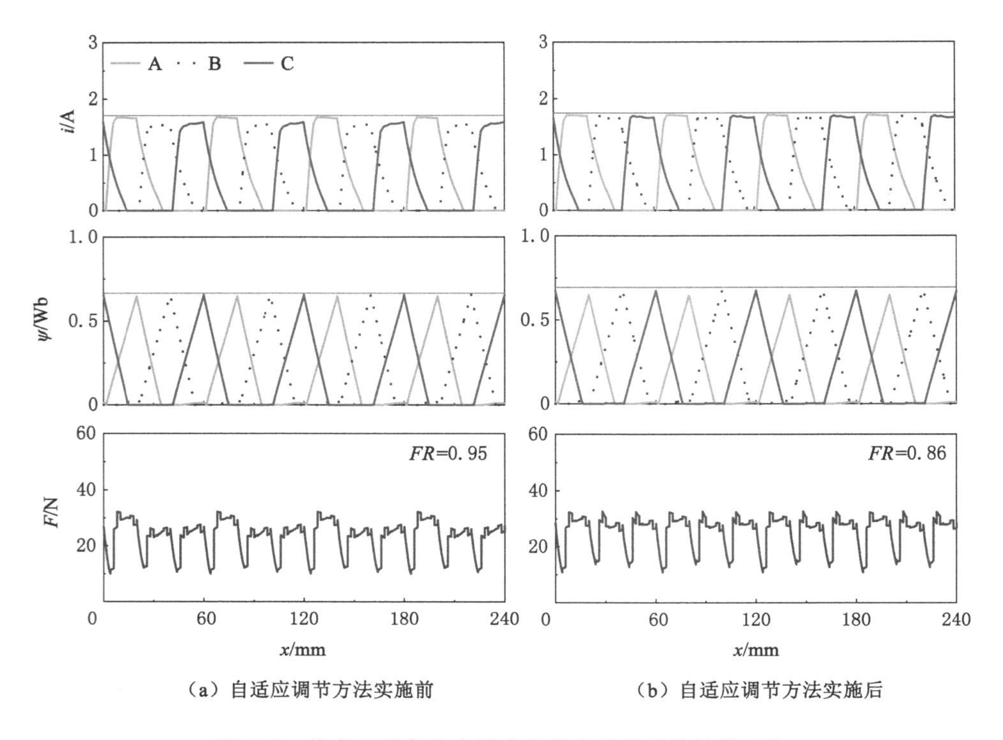

(a) 自适应调节方法实施前　　(b) 自适应调节方法实施后

图 5-8　状态 2 下实施自适应调节方法前后的结果对比

峰值也趋于平衡，实施前电机电磁力脉动系数约为 1.14，实施自适应调节方法后电机的电磁力脉动系数为 1.03，降低了约 9.6%。由此可知所提出的开通位置自适应调节方法对 $x_{on} \geqslant x_1 - L_{min}/K$ 的情况同样是有效的。

5.4.3　开通位置自适应调节控制系统

所提出的 SRLM 开通位置自适应调节系统控制框图如图 5-10 所示，该系统的控制器部分包括速度 PI 控制器、电流斩波控制器、角度位置控制器以及开通位置自适应调节控制器。为了实现 SRLM 速度闭环控制，电机的实时运行速度(v)持续与目标速度(v_{ref})进行比较，两者之间的误差经 PI 控制器决定了三相电流的斩波限值(i_{ref})。框图中的 Relay 模块根据 i_{ref} 实现电流斩波控制，即 CCC 策略。CCC 控制器产生了用于控制功率变换器功率管的控制信号 q_{a1}、q_{b1} 和 q_{c1}。而自适应调节控制器根据设定的开通位置(x_{on})所在范围决定调节规律[式(5-34)或式(5-36)]，从而实时调节三相的开通位置[$x_{on(A)}$、$x_{on(B)}$ 和 $x_{on(C)}$]，并将它们运用在角度位置控制器中以产生另一组用于控制功率变换器功率管的

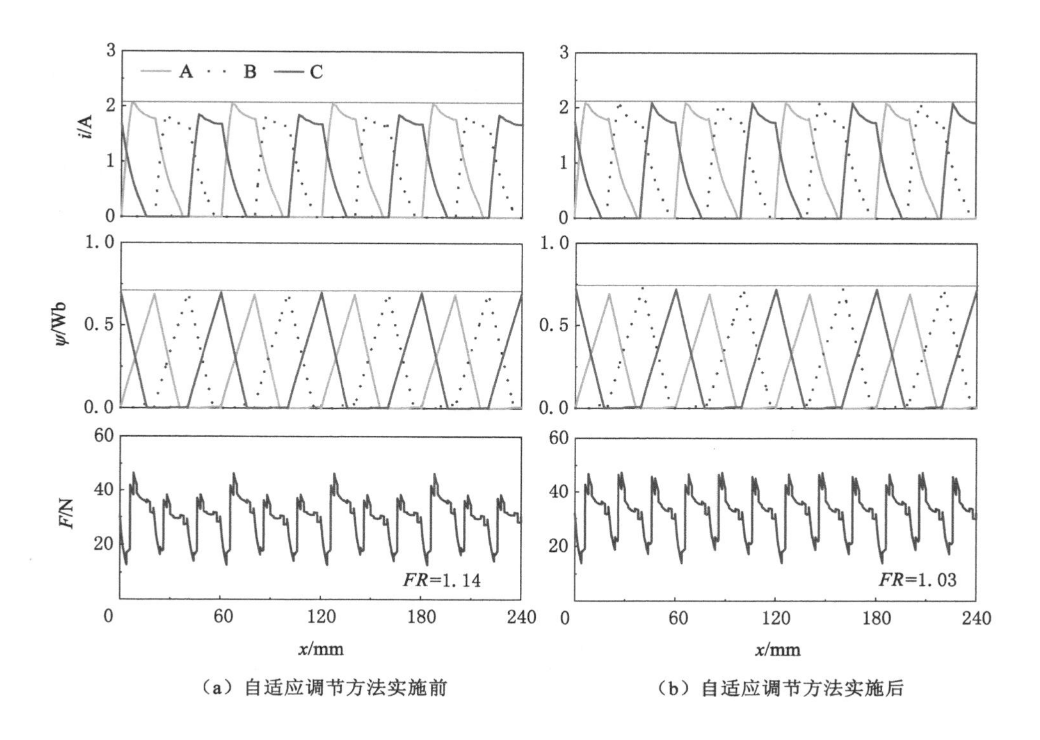

（a）自适应调节方法实施前　（b）自适应调节方法实施后

图 5-9　状态 3 下实施自适应调节方法前后的结果对比

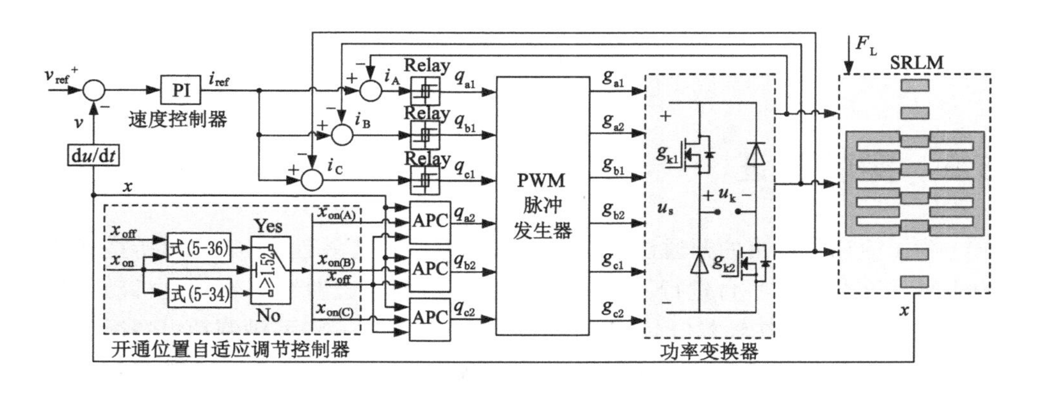

图 5-10　SRLM 开通位置自适应调节系统控制框图

控制信号 q_{a2}、q_{b2} 和 q_{c2}。PWM 脉冲发生器根据 q_{a1}、q_{b1}、q_{c1}、q_{a2}、q_{b2} 和 q_{c2} 最后确定功率变换器上所属三相的六个开关管的最终门级控制信号(g_{a1}、g_{a2}、g_{b1}、g_{b2}、g_{c1} 和 g_{c2}),其中 g_{a1}、g_{b1} 和 g_{c1} 为功率变换器三个上开关管控制信号,g_{a2}、g_{b2} 和 g_{c2} 为功率变换器三个下开关管控制信号。F_L 为对电机动子施加的制动力。通过直线编码器实时采集电机动子的位置信号,并将实时位置信号处理为速度信号,将位置信号输入角度位置控制器中用于判断 q_{a2}、q_{b2} 和 q_{c2} 的结果,速度信号则输入速度 PI 控制器用于决定 i_{ref}。可见,所提出的开通位置自适应调节方法结构简单并容易实现,其运行流程图如图 5-11 所示。

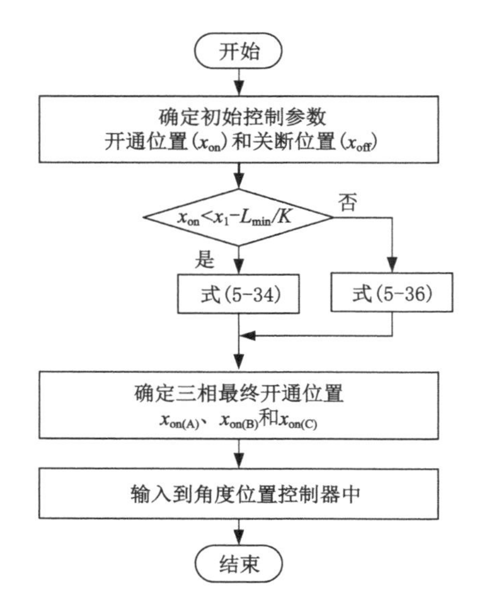

图 5-11 开通位置自适应调节运行流程图

5.5 实验验证

为了验证所提出的开通位置自适应调节方法的有效性,本节利用所搭建的 SRLM 半实物仿真平台进行了相应的实验验证,利用磁粉制动器对电机动子施加制动力(F_L),并在轻载($F_L=10$ N)和重载($F_L=120$ N)两种制动力情况下进行测试。对实施自适应调节方法前和实施调节方法后的三相电流波形(i_A、i_B 和 i_C)、三相动态磁链波形(Ψ_A、Ψ_B 和 Ψ_C)和电机动态电磁力(F)波形进行了采样,除了开通位置外的其他运行参数中,母线电压(u_S)和关断位置(x_{off})分别为 24 V 和 20 mm。

5.5.1　轻载下实验验证

当对动子施加的制动力为 10 N 时，图 5-12(a)所示为开通位置为−3 mm 时未实施开通位置自适应调节方法的实验结果，图 5-12(b)所示为实施了自适应调节方法的结果。可以看出，图 5-12(b)中的三相电流比图 5-12(a)中的电流平衡了很多，且图 5-12(b)的电磁力结果也更为平稳，经计算实施了自适应调节方法后，电机的电磁力脉动从未实施前的 3.48 下降到了 2.59，减小了约 25.6%。实施了自适应调节方法后的三相动态磁链波形却不如实施前的对称，这与仿真结果相似。这是由于自适应调节方法实施后 B 相与 C 相的开通位置要提前于 A 相的开通位置，因此它们的动态磁链值要比 A 相的磁链值稍大。图 5-13(a)所示为开通位置为 0 mm 时未实施开通位置自适应调节方法的实验结果，图 5-13(b)所示为实施了自适应调节方法的结果。经计算在开通位置为 0 mm 时，电机电磁力脉动在实施自适应调节方法后，从 2.35 下降到了 2.07，减小了约 11.9%。图 5-14(a)所示为开通位置为 3 mm 时未实施开通位置自适应调节方法的实验结果，图 5-14(b)所示为实施了自适应调节方法的结果。经计算在开通位置为 3 mm 时，电机电磁力脉动在实施自适应调节方法后，从 1.95 下降到了 1.74，降低了约 10.7%。这组实验表明，在轻载情况下，所提出的自适应调节方法在平衡 SRLM 三相电流和减小由纵向边端效应造成的电磁力脉动方面是有效的。

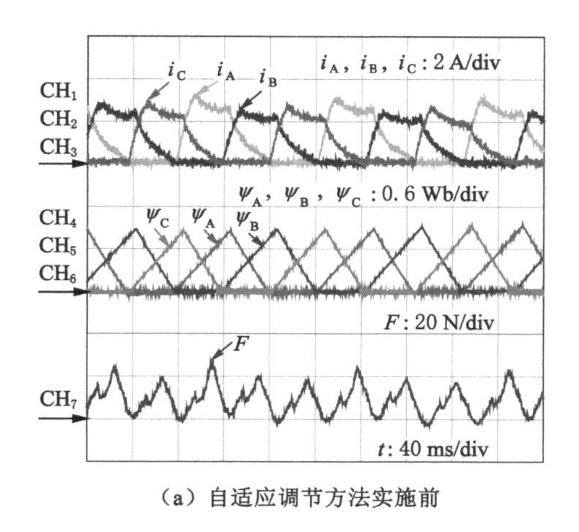

(a) 自适应调节方法实施前

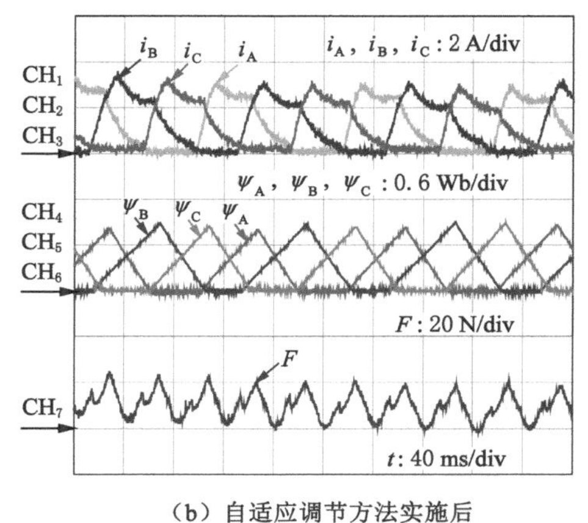

(b) 自适应调节方法实施后

图 5-12　开通位置为−3 mm 时轻载下的实验结果

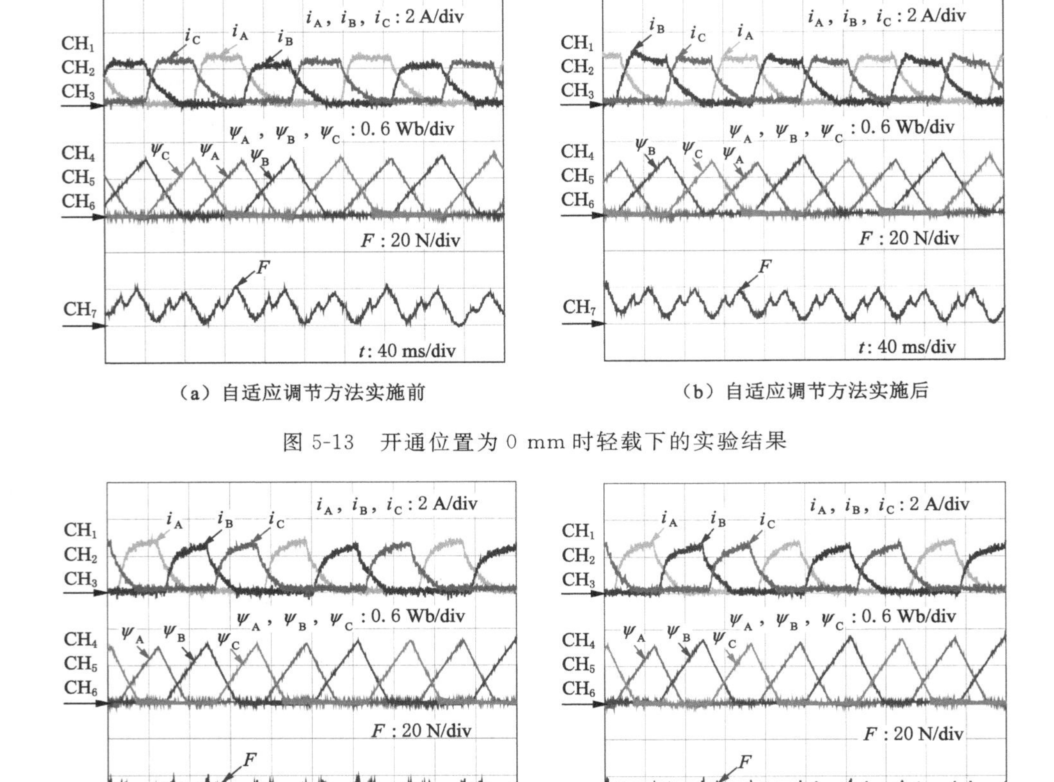

(a) 自适应调节方法实施前　　(b) 自适应调节方法实施后

图 5-13　开通位置为 0 mm 时轻载下的实验结果

(a) 自适应调节方法实施前　　(b) 自适应调节方法实施后

图 5-14　开通位置为 3 mm 时轻载下的实验结果

5.5.2　重载下实验验证

所提出的开通位置自适应调节方法是基于改进的电流估计模型提出的，而改进的电流估计模型虽然考虑了相间互耦合特性，但是还是基于线性电感曲线分析的。忽略了电机的饱和特性会增大电流估计模型对电流峰值的估计误差。而轻载下的实验，电机电流都在 4 A 以下，即电机处于不饱和状态，因此所提出的开通位置自适应方法有效。但是其在重载、大电流情况下的有效性仍需验证。这里利用磁粉制动器对电机动子施加约 120 N 的制动力，并对不同开通位置以及实施自适应调节方法前后的结果进行采集。

图 5-15、图 5-16 和图 5-17 所示分别为开通位置为－3 mm、0 mm 和 3 mm 情况下的实验结果。可以看出在重载情况下，电机速度有所下降，但是实施自适应调节方法后电流峰值依然能得到补偿，三相电流接近于平衡，且实施自适应调节方法后的电磁力曲线也更加稳定，经计算开通位置为－3 mm 时实施了自适应调节方法后，电磁力脉动系数从 2.12 下降到了 1.68，减小了约 20.7%；开通位置为 0 mm 时实施了自适应调节方法后，电磁力脉动系数从 1.97 下降到了 1.74，减小了约 11.6%；开通位置为 3 mm 时实施了自适应调节方法后，电磁力脉动系数从 1.64 下降到了 1.33，减小了约 19.0%。这组实验证明了本章所提出的开通位置自适应调节方法在电机重载情况下同样有效。

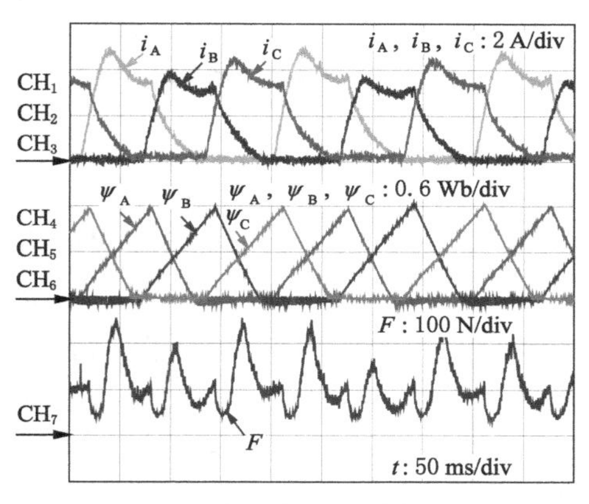

（a）自适应调节方法实施前

（b）自适应调节方法实施后

图 5-15　开通位置为－3 mm 时重载下的实验结果

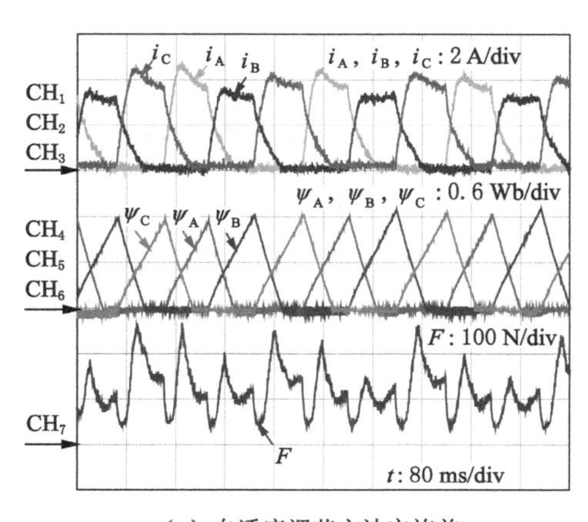

（a）自适应调节方法实施前

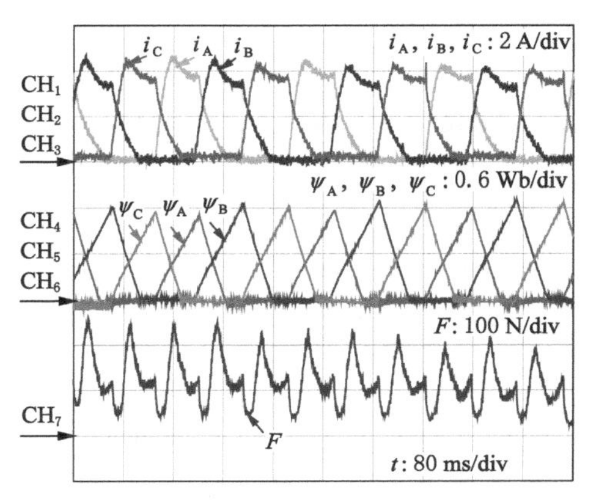

（b）自适应调节方法实施后

图 5-16　开通位置为 0 mm 时重载下的实验结果

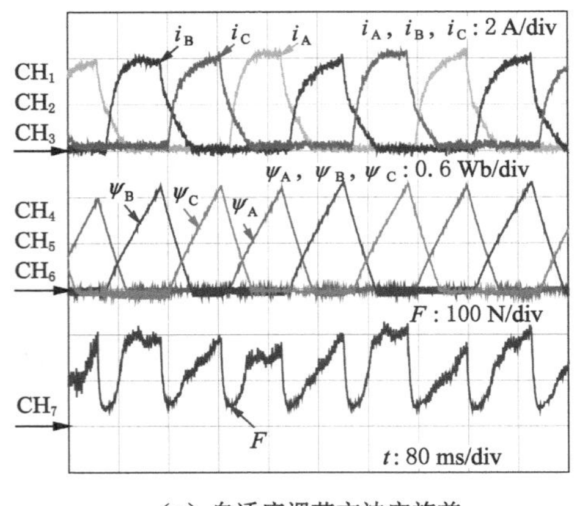

（a）自适应调节方法实施前

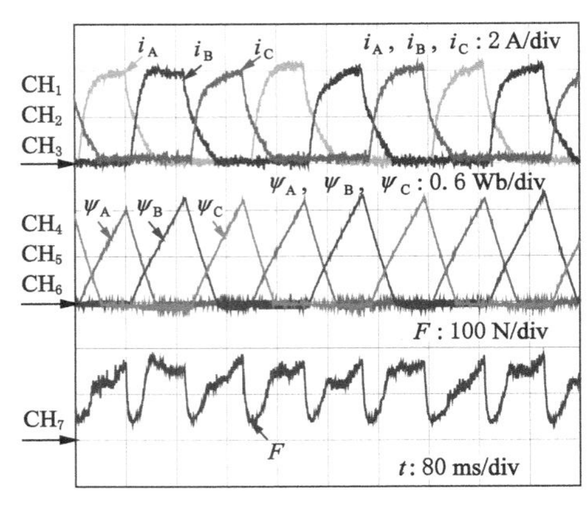

（b）自适应调节方法实施后

图 5-17 开通位置为 3 mm 时重载下的实验结果

除此之外，为了验证所提出方法在电机铁心达到更深度的饱和状态时的有效性，还设计了 u_S、x_{on}、x_{off} 和 F_L 分别为 36 V、−3 mm、20 mm 和 180 N 时的电机大电流实验，实施自适应调节方法前后的实验结果如图 5-18 所示，这种情况下电机的电流峰值达到了 7 A，经计算实施了自适应调节方法后电磁力脉动系数从 2.19 下降到 1.08，减小了约 17.8%，且实施自适应调节方法后的三相电流更加平衡，这也表明所提出方法在电机严重饱和情况下依然有效，以上结果证明了所提方法基本可以适用于电机运行的所有阶段。

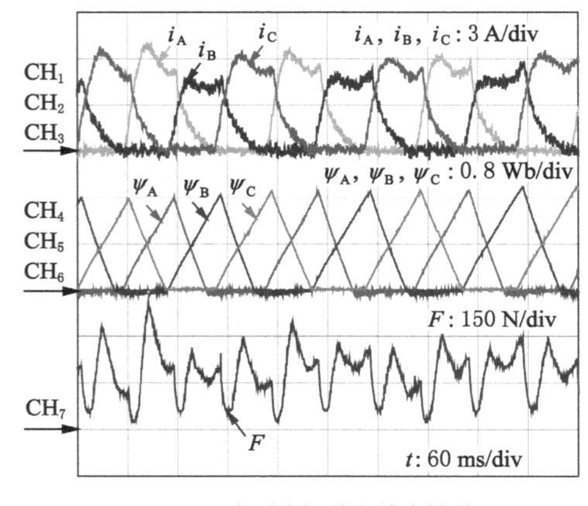

（a）自适应调节方法实施前

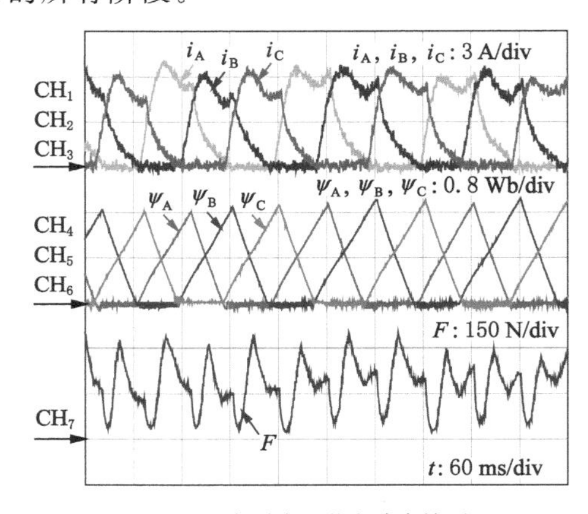

（b）自适应调节方法实施后

图 5-18 铁心饱和情况下的实验结果

5.5.3　电磁力脉动抑制效果

轻载与重载实验中分别仅列举了三种不同开通位置下的实验对比，而为了验证所提出开通位置自适应调节方法对电磁力脉动抑制的效果，进行了一系列实验，其中励磁电压为 24 V，开通位置(x_{on})以 1 mm 为间隔从－3 mm 变化至 3 mm，关断位置(x_{off})以 1 mm 为间隔从 18 mm 变化至 22 mm。

经计算，实施自适应调节方法前后的电磁力脉动结果如图 5-19(a)所示，改善率如图 5-19(b)所示，实验结果中所提出的开通位置自适应调节方法可以使电磁力脉动平均减小约 16.1%。还进行了相应的仿真对比，仿真计算实施自适应调节方法前后的电磁力脉动结果如图 5-20(a)所示，改善率如图 5-20(b)所示，平均减少了约 14.6%。

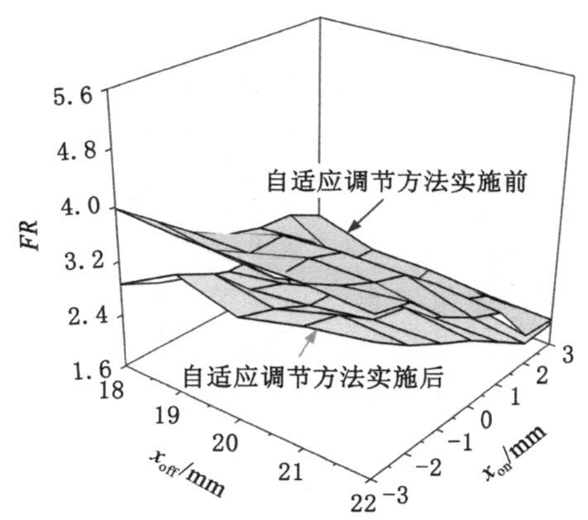

(a) 自适应调节方法实施前后电磁力脉动系数

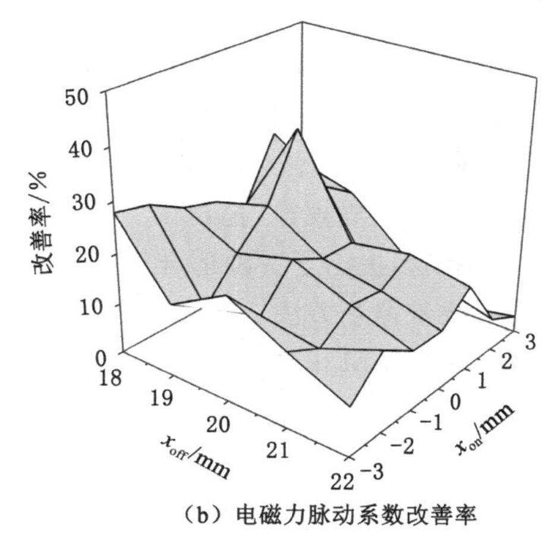

(b) 电磁力脉动系数改善率

图 5-19　实验结果的电磁力脉动系数分析

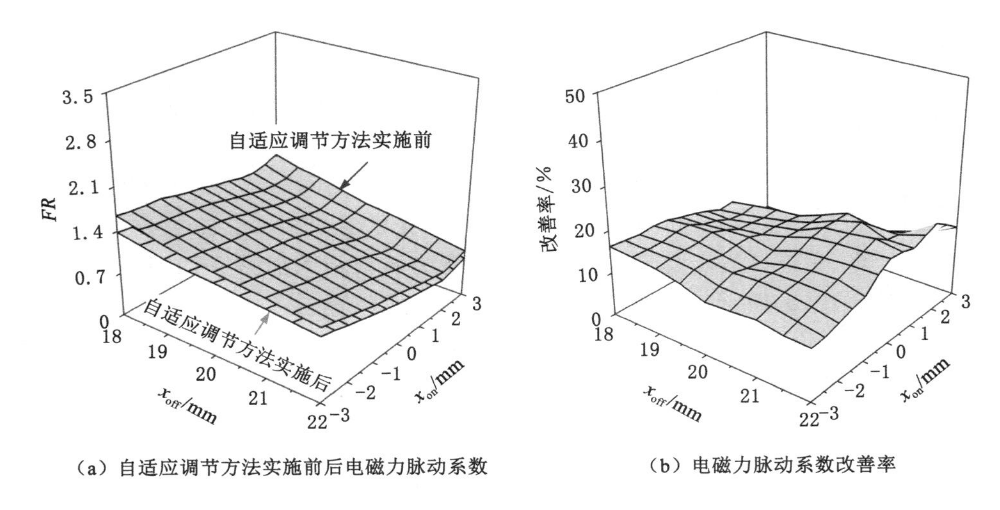

（a）自适应调节方法实施前后电磁力脉动系数　　（b）电磁力脉动系数改善率

图 5-20　仿真结果的电磁力脉动系数分析

对比实验结果与仿真结果发现，实验所得电磁力脉动均比对应的仿真结果要大，这是由电机实际运行中动子与导轨之间的机械摩擦和扰动造成的，但是仿真和实验结果都证明了所提开通位置自适应调节方法能平衡 SRLM 的三相电流并降低纵向边端效应造成的电磁力脉动问题，可见该方法结构简单且易于实现。

5.6　本章小结

纵向边端效应带来的不同相绕组之间的电磁特性偏差使得电机电流特性不对称及电磁力脉动加剧，对于在设计阶段未考虑纵向边端效应对电机性能的负面影响的 SRLM 样机来说，只能通过实施合适的控制方法加以补偿。本章分析了纵向边端效应对电机电流特性的影响规律，提出了一种对电流峰值估计精度良好的电流估计模型，并基于该模型提出了一种适合于补偿 SRLM 纵向边端效应负面影响的开通位置自适应调节控制方法。本章的主要内容总结如下：

（1）研究了纵向边端效应对 SRLM 电流特性的影响规律，通过电压平衡方程的理论分析发现，电机三相电流会在各自起始励磁阶段达到峰值，且三相电流峰值的关系满足 $i_{\max(A)}>i_{\max(C)}>i_{\max(B)}$。

（2）分析了原有的基于线性电感分析所得到的电流估计模型对电流峰值的估计精度，发现原有的电流估计模型并不能反映 SRLM 电流真实的大小关系，因而将相间互耦合特性考虑在内；提出了一种改进的电流估计模型，其对电流峰值的估计精度要高于原来的电流估计模型，能够保证估计误差在 7.5%以内，在电机运行速度较低时，估计误差甚至不超过 5%。

(3) 基于改进的电流估计模型提出了一种开通位置自适应调节方法，为电机的三相绕组寻求合适的开通位置，从而使三相绕组电流得以平衡且电机的合成电磁力脉动也得到抑制；给出了基于开通位置自适应调节控制的电机速度闭环控制框图，该系统结构简单且易于实现，仿真结果验证了所提自适应调节方法的有效性。

(4) 基于所设计的 SRLM 半实物仿真平台进行了实验验证，采集了开通位置自适应调节方法实施前后的电流、磁链与电磁力结果，证明了该自适应调节方法可以平衡电机的三相电流，并且能有效将电机动态电磁力脉动降低约16.1%。实验结果表明，该方法在重载和电机铁心饱和情况下同样适用，具有良好的通用性。

参考文献

[1] 叶云岳.直线电机原理与应用[M].北京:机械工业出版社,2000.

[2] 叶云岳.国内外直线电机技术的发展与应用综述[J].电器工业,2003(1):12-16.

[3] 张振生.直线电机城市轨道交通车辆综述[J].变流技术与电力牵引,2003(4):1-7.

[4] 宋书中,胡业发,周祖德.直线电机的发展及应用概况[J].控制工程,2006,13(3):199-201.

[5] WANG Q, HU J H, ZHANG J, et al. Design considerations of tubular transverse flux linear machines for electromagnetic launch applications[J]. IEEE transactions on plasma science,2015,43(5):1248-1253.

[6] SONG L,WU J,BAO Y.Linear permanent magnet motor blend brake system simulation for electromagnetic launcher[C]//2016 12th World Congress on Intelligent Control and Automation (WCICA).June 12-15,2016, Guilin,China.IEEE,2016:650-654.

[7] XU Q W,CUI S M,ZHANG Q F,et al.Research on a new accurate thrust control strategy for linear induction motor[J].IEEE transactions on plasma science,2015,43(5):1321-1325.

[8] MU S J,CHAI J Y,SUN X D,et al.A variable pole pitch linear induction motor for electromagnetic aircraft launch system[J].IEEE transactions on plasma science,2015,43(5):1346-1351.

[9] MUSOLINO A,RAUGI M,RIZZO R,et al.Optimal design of EMALS based on a double-sided tubular linear induction motor[J].IEEE transactions on plasma science,2015,43(5):1326-1331.

[10] 章达众,廖有用,李国平.直线电机的发展及其磁阻力优化综述[J].机电工程,2013,30(9):1051-1054.

[11] 王先逵,陈定积,吴丹.机床进给系统用直线电动机综述[J].制造技术与机床,2001(8):18-21.

[12] MCLEAN G W.Review of recent progress in linear motors[J].IEE proceedings B electric power applications,1988,135(6):380.

[13] 杨大伟,杨智慧.直线电机发展动态及其应用概况[J].电子工程师,1997(3):8-11.

[14] CAO R W,SU E C,LU M H.Comparative study of permanent magnet assisted linear switched reluctance motor and linear flux switching permanent magnet motor for railway transportation[J].IEEE transactions on applied superconductivity,2020,30(4):1-5.

[15] ZOU J Q,XU W,YU X H,et al.Multistep model predictive control with current and voltage constraints for linear induction machine based urban transportation[J].IEEE transactions on vehicular technology,2017,66(12):10817-10829.

[16] CHING T W,LI W L.A superconducting linear variable reluctance machine for urban transportation systems[J].IEEE transactions on applied superconductivity,2018,28(3):1-5.

[17] ONAT A,KAZAN E,TAKAHASHI N,et al.Design and implementation of a linear motor for multicar elevators[J].IEEE/ASME transactions on mechatronics,2010,15(5):685-693.

[18] HUANG L R,DONG J W,LU Q F,et al.Optimal design of a double-sided permanent magnet linear synchronous motor for ropeless elevator system[J].Applied mechanics and materials,2013,416/417:99-103.

[19] ZHU Y W,LEE S G,CHO Y H.Optimal design of slotted iron core type permanent magnet linear synchronous motor for ropeless elevator system[C]//2010 IEEE International Symposium on Industrial Electronics.July 4-7,2010,Bari,Italy.IEEE,2010:1402-1407.

[20] 黄书荣,徐伟,胡冬.轨道交通用直线感应电机发展状况综述[J].新型工业化,2015,5(1):15-21.

[21] SUZUKI S,KAWASHIMA M,HOSODA Y,et al.HSST-03 system[J].IEEE transactions on magnetics,1984,20(5):1675-1677.

[22] 孙国斌.日本直线电机制动技术的研究进展综述[J].铁道车辆,2020,58(1):16-21.

[23] 苗俭威.广州地铁4号线直线电机常见故障分析[J].机车电传动,2017(4):

120-123.

[24] 唐鹏飞,劳建江,施奇坚.广州地铁四号线直线电机车辆制动系统优化及改进[J].现代制造技术与装备,2016(5):76-79.

[25] 朱玲,洪海峰,郑财辉. 北京机场快轨——直线电机车辆研发与应用[C]//城市轨道交通技术与管理创新论坛,2013-04-25,深圳:世界轨道交通发展研究会,《世界轨道交通》杂志:92-101.

[26] 孙景力.海浪发电:取之不竭的能源[J].电器工业,2005(1):51-53.

[27] 焦永芳,刘寅立.海浪发电的现状及前景展望[J].中国高新技术企业,2010(8):89-90.

[28] LIU C Y,YU H T,HU M Q,et al.Research on a permanent magnet tubular linear generator for direct drive wave energy conversion[J].IET renewable power generation,2014,8(3):281-288.

[29] CHEN Z X,YU H T.Design and experiment of a permanent magnet tubular linear generator for wave energy conversion system[J].Progress in electromagnetics research C,2014,51:45-53.

[30] WOLFBRANDT A.Automated design of a linear generator for wave energy Converters-a simplified model[J]. IEEE transactions on magnetics,2006,42(7):1812-1819.

[31] 苏子舟,张涛,张博,等.导弹电磁弹射技术综述[J]. 飞航导弹,2016(8):28-32.

[32] 龙瑞政.面向电磁弹射的直线电机设计及其控制[D].哈尔滨:哈尔滨工业大学,2009.

[33] 叶云岳. 直线电机技术的研究发展与应用综述[C]// 直线电机与自动化:2002 年全国直线电机学术年会论文集.北京:中国电工技术学会,2002:260-267.

[34] 王宏华.开关型磁阻电动机调速控制技术[M].北京:机械工业出版社,1995.

[35] RALLABANDI V,WU J,ZHOU P,et al.Optimal design of a switched reluctance motor with magnetically disconnected rotor modules using a design of experiments differential evolution FEA-based method[J]. IEEE transactions on magnetics,2018,54(11):1-5.

[36] FARMAHINI FARAHANI E,JALALI KONDELAJI M A,MIRSALIM M.A new exterior-rotor multiple teeth switched reluctance motor with embedded permanent magnets for torque enhancement[J].IEEE transac-

tions on magnetics,2020,56(2):1-5.

[37] HO C Y,WANG J C,HU K W,et al.Development and operation control of a switched-reluctance motor driven flywheel[J].IEEE transactions on power electronics,2019,34(1):526-537.

[38] GONG C,LI S F,HABETLER T,et al.Direct position control for ultra-high-speed switched-reluctance machines based on low-cost nonintrusive reflective sensors[J].IEEE transactions on industry applications,2019,55(1):480-489.

[39] ZHANG H T,LEE D H,LEE C W,et al.Design and analysis of a segmental rotor type 12/8 switched reluctance motor[J].Journal of power electronics,2014,14(5):866-873.

[40] NIKAM S P, RALLABANDI V, FERNANDES B G. A high-torque-density permanent-magnet free motor for in-wheel electric vehicle application[J]. IEEE transactions on industry applications, 2012, 48(6): 2287-2295.

[41] LIU X,PARK K,CHEN Z.A novel excitation assistance switched reluctance wind power generator[J].IEEE transactions on magnetics,2014,50(11):1-4.

[42] CHOI D W,BYUN S I,CHO Y H.A study on the maximum power control method of switched reluctance generator for wind turbine[J].IEEE transactions on magnetics,2014,50(1):1-4.

[43] CHIBA A,KIYOTA K,HOSHI N,et al.Development of a rare-earth-free SR motor with high torque density for hybrid vehicles[J].IEEE transactions on energy conversion,2015,30(1):175-182.

[44] KRISHNAN R.Switched reluctance motor drives:modeling,simulation,analysis,design,and applications[M].Boca Raton [FL]:CRC Press,2001.

[45] 王千龙.双边开关磁阻直线电机不平衡力及位置估测方法研究[D].徐州:中国矿业大学,2016.

[46] LEE B S,BAE H K,VIJAYRAGHAVAN P,et al.Design of a linear switched reluctance machine[J].IEEE transactions on industry applications,2000,36(6):1571-1580.

[47] PAN J,ZOU Y,CHEUNG N,et al.The direct-drive sensorless generation system for wave energy utilization[J].International journal of electrical power & energy systems,2014,62(11):29-37.

[48] LOBO N S,LIM H S,KRISHNAN R.Comparison of linear switched reluctance machines for vertical propulsion application:analysis,design,and experimental correlation[J].IEEE transactions on industry applications,2008,44(4):1134-1142.
[49] LIN J K,CHENG K W E,ZHANG Z,et al.Active suspension system based on linear switched reluctance actuator and control schemes[J].IEEE transactions on vehicular technology,2013,62(2):562-572.
[50] MASOUDI S,FEYZI M R,BANNA SHARIFIAN M B.Force ripple and jerk minimisation in double sided linear switched reluctance motor used in elevator application[J].IET electric power applications,2016,10(6):508-516.
[51] WANG D H,DU X F,ZHANG D X,et al.Design,optimization,and prototyping of segmental-type linear switched-reluctance motor with a toroidally wound mover for vertical propulsion application[J].IEEE transactions on industrial electronics,2018,65(2):1865-1874.
[52] AMOROS J G,ANDRADA P.Sensitivity analysis of geometrical parameters on a double-sided linear switched reluctance motor[J].IEEE transactions on industrial electronics,2010,57(1):311-319.
[53] ZHANG Z,CHEUNG N C,CHENG K W E,et al.Longitudinal and transversal end-effects analysis of linear switched reluctance motor[J].IEEE transactions on magnetics,2011,47(10):3979-3982.
[54] 张霄霄.开关磁阻直线电机系统仿真研究[D].徐州:中国矿业大学,2015.
[55] 王利.现代直线电机关键控制技术及其应用研究[D].杭州:浙江大学,2012.
[56] 詹佳雯.中低速磁悬浮列车直线感应电机及悬浮电磁铁分析[D].杭州:浙江大学,2019.
[57] 吕刚,杨琛.直线感应电机离线参数辨识及关键辨识参量研究[J].电机与控制学报,2020,24(2):55-62.
[58] 杨琛.静止状态下直线感应牵引电机的参数辨识研究[D].北京:北京交通大学,2019.
[59] XU W,DIAN R J,LIU Y,et al.Robust flux estimation method for linear induction motors based on improved extended state observers[J].IEEE transactions on power electronics,2019,34(5):4628-4640.
[60] 佃仁俊.直线感应电机全解耦二自由度无速度传感器控制研究[D].武汉:华中科技大学,2019.

[61] 李冠醇.超高速大推力直线电机及其控制方法研究[D].长沙:国防科技大学,2018.

[62] 陈中成.可控励磁直线磁悬浮同步电动机的优化设计[D].沈阳:沈阳工业大学,2018.

[63] 姬新阳,汤子鑫,宫福红,等.电磁弹射用永磁无刷直流直线电机非换相期间推力分析及补偿[J].大电机技术,2014(2):6-9.

[64] 吴红杰.直流直线牵引传动系统研究[D].成都:西南交通大学,2015.

[65] 陈家鑫.基于直线步进电机的纱嘴控制系统的研究[D].西安:西安工程大学,2017.

[66] 赵建川,王鹏.直线步进电机在微型变焦机构中的应用[J].电子技术与软件工程,2018(22):227-228.

[67] 梁志强.新型直线步进电机在现代控制系统的应用优势分析[J].南方农机,2018,49(24):90.

[68] WANG D H,ZHANG D X,DU X F,et al.Unitized design methodology of linear switched reluctance motor with segmental secondary for long rail propulsion application[J].IEEE transactions on industrial electronics,2018,65(12):9884-9894.

[69] PAN J F,ZOU Y,CHEUNG N,et al.On the voltage ripple reduction control of the linear switched reluctance generator for wave energy utilization[J].IEEE transactions on power electronics,2014,29(10):5298-5307.

[70] 陈昊,谢桂林.开关磁阻调速电动机的功率变换器设计[J].中国矿业大学学报,1998,27(2):158-161.

[71] CHOI Y K,YOON H S,KOH C S.Pole-shape optimization of a switched-reluctance motor for torque ripple reduction[J].IEEE transactions on magnetics,2007,43(4):1797-1800.

[72] NABETA S I,CHABU I E,LEBENSZTAJN L,et al.Mitigation of the torque ripple of a switched reluctance motor through a multiobjective optimization[J].IEEE transactions on magnetics,2008,44(6):1018-1021.

[73] YAN N,CAO X,DENG Z Q.Direct torque control for switched reluctance motor to obtain high torque-ampere ratio[J].IEEE transactions on industrial electronics,2019,66(7):5144-5152.

[74] MIKAIL R,HUSAIN I,SOZER Y,et al.Torque-ripple minimization of switched reluctance machines through current profiling[J].IEEE transactions on industry applications,2013,49(3):1258-1267.

[75] YAO S C,ZHANG W.A simple strategy for parameters identification of SRM direct instantaneous torque control[J].IEEE transactions on power electronics,2018,33(4):3622-3630.

[76] LIM H S,KRISHNAN R,LOBO N S.Design and control of a linear propulsion system for an elevator using linear switched reluctance motor drives[J]. IEEE transactions on industrial electronics, 2008, 55 (2): 534-542.

[77] SOLTANPOUR M R, ABDOLLAHI H, MASOUDI S. Optimisation of double-sided linear switched reluctance motor for mass and force ripple minimisation[J].IET science, measurement & technology,2019,13(4): 509-517.

[78] CHEN H,WANG X,GU J J,et al.Design of bilateral Switched Reluctance linear generator[C]//2010 IEEE Electrical Power & Energy Conference. August 25-27,2010,Halifax,NS,Canada.IEEE,2011:1-5.

[79] SONG S J,ZHANG M,GE L F,et al.Multiobjective optimal design of switched reluctance linear launcher[J].IEEE transactions on plasma science,2015,43(5):1339-1345.

[80] DU J H, LIANG D L, LIU X Z. Performance analysis of a mutually coupled linear switched reluctance machine for direct-drive wave energy conversions[J].IEEE transactions on magnetics,2017,53(9):1-10.

[81] WANG D H,WANG X H,DU X F.Design and comparison of a high force density dual-side linear switched reluctance motor for long rail propulsion application with low cost[J].IEEE transactions on magnetics,2017,53(6):1-4.

[82] WANG W Y, CHEUNG N, CHENG E, et al. Position control for the linear compound switched reluctance machine[C]//2016 International Symposium on Electrical Engineering (ISEE). December 14-14, 2016, Hong Kong,China.IEEE,2017:1-4.

[83] LI Q L,CHENG E,CHEUNG N,et al.Compensation power generation for linear switched reluctance generators[C]//2016 International Symposium on Electrical Engineering (ISEE). December 14-14, 2016, Hong Kong,China.IEEE,2017:1-4.

[84] PAN J F,QIU L,ZHU J,et al.Optimal positioning coordination for multiple linear switched reluctance machines[J].IEEE transactions on magnet-

ics,2017,53(11):1-6.

[85] QIU L,SHI Y,PAN J F,et al.Collaborative tracking control of dual linear switched reluctance machines over communication network with time delays[J].IEEE transactions on cybernetics,2017,47(12):4432-4442.

[86] GE B M,DE ALMEIDA A T,FERREIRA F J T E.Design of transverse flux linear switched reluctance motor [J]. IEEE transactions on magnetics,2009,45(1):113-119.

[87] WEH H,MAY H. Achievable force densities for gent excited machines in new configuration [C]//Proceedings International Conference on Electrical Machines (ICEM),1986: 1107-1111.

[88] CHEN H,WANG Q.Electromagnetic analysis on two structures of bilateral switched reluctance linear motor[J].IEEE transactions on applied superconductivity,2016,26(4):1-9.

[89] CORDA J.Modelling of static thrust characteristics of cylindrical linear switched reluctance actuator[C]//Seventh International Conference on Electrical Machines and Drives.Durham,UK.IEE,1995:354-358.

[90] CHEN H,LIU X,XU T.Design and optimization of single phase tubular switched reluctance linear launcher[C]//2014 17th International Symposium on Electromagnetic Launch Technology.July 7-11,2014,La Jolla,CA,USA.IEEE,2014:1-6.

[91] BIANCHI N,BOLOGNANI S,CORDA J.Tubular linear motors:a comparison of brushless PM and SR motors[C]//2002 International Conference on Power Electronics,Machines and Drives (Conf.Publ.No.487).June 4-7,2002,Sante Fe,NM,USA.London:IET,2002:626-631.

[92] LLIBRE J F, MARTINEZ N, NOGARÈDE B, et al. Linear tubular switched reluctance motor for heart assistance circulatory:analytical and finite element modeling[C]//2011 10th International Workshop on Electronics,Control,Measurement and Signals.June 1-3,2011,Liberec,Czech Republic.IEEE,2011:1-6.

[93] WANG D H,SHAO C L,WANG X H.Design and performance evaluation of a tubular linear switched reluctance generator with low cost and high thrust density[J]. IEEE Transactions on Applied Superconductivity,2016,26(7):1-5.

[94] WANG D H,SHAO C L,WANG X H,et al.Performance characteristics

and preliminary analysis of low cost tubular linear switch reluctance generator for direct drive WEC[J].IEEE transactions on applied superconductivity,2016,26(7):1-5.

[95] WANG D H,WANG X H,ZHANG C H.Performance analysis of a high power density tubular linear switch reluctance generator for direct drive marine wave energy conversion[C]//2014 17th International Conference on Electrical Machines and Systems (ICEMS).October 22-25,2014,Hangzhou,China.IEEE,2015:1781-1785.

[96] MENDES R P G,CALADO M R A,MARIANO S J P S,et al.Design of a tubular switched reluctance linear generator for wave energy conversion based on ocean wave parameters[C]//International Aegean Conference on Electrical Machines and Power Electronics and Electromotion, Joint Conference.September 8-10,2011,Istanbul,Turkey.IEEE,2013:146-151.

[97] DU J H,LU P,YANG X T.Analysis and modeling of mutually coupled linear switched reluctance machine with transverse flux for wave energy conversion[C]//2016 Eleventh International Conference on Ecological Vehicles and Renewable Energies (EVER).April 6-8,2016,Monte Carlo,Monaco.IEEE,2016:1-6.

[98] 寇宝泉,邵永实,邝平健,等.横向磁通圆筒形直线磁阻电机:CN1976186A[P].2007-06-06.

[99] VIOREL I A,HAMEYER K,STRETE L.Transverse flux tubular switched reluctance motor[C]//2008 11th International Conference on Optimization of Electrical and Electronic Equipment. May 22-24, 2008, Brasov, Romania. IEEE, 2008:131-136.

[100] CHEN H, NIE R, YAN W J. A novel structure single-phase tubular switched reluctance linear motor[J]. IEEE transactions on magnetics, 2017,53(11):1-4.

[101] PAN J F,CHEUNG N C,ZOU Y.Design and analysis of a novel transverse-flux tubular linear machine with gear-shaped teeth structure[J]. IEEE transactions on magnetics,2012,48(11):3339-3343.

[102] WEI W K,WANG Q,NIE R.Sensorless control of double-sided linear switched reluctance motor based on simplified flux linkage method[J]. CES transactions on electrical machines and systems, 2017, 1(3): 246-253.

[103] YANG X S,CAO G Z,HUANG S D,et al.Sensorless initial mover position detection of the planar switched reluctance motor using bootstrap circuit[C]//2017 7th International Conference on Power Electronics Systems and Applications - Smart Mobility,Power Transfer & Security (PESA).December 12-14,2017,Hong Kong,China.IEEE,2018:1-5.

[104] WANG Q L, CHEN H, XU T, et al. Position estimation of linear switched reluctance machine with iron losses based on eddy-current effect[J].IET electric power applications,2016,10(8):772-778.

[105] WANG Q, WU Z, JIANG W. Sensorless control of double-sided linear switched reluctance machines with eccentricities [J]. Journal of power electrics,2020,19(5): 1216-1223.

[106] WANG Q L,CHEN H,XU T,et al.Influence of mover yoke and winding connections on unbalanced normal force for double-sided linear switched reluctance machine[J]. IET electric power applications, 2016, 10(2): 91-100.

[107] WANG Q L,CHEN H,NIE R.Unbalanced normal force reduction in the eccentric double-sided linear switched reluctance machine [J]. IET electric power applications,2016,10(5):384-393.

[108] WANG D H,WANG X H,XIONG L X.Performance analysis of a dual stator linear switch reluctance machine with rectangular segments considering force ripples for long stroke conveyor applications[C]//2015 18th International Conference on Electrical Machines and Systems (ICEMS).October 25-28,2015,Pattaya,Thailand.IEEE,2016:295-298.

[109] DU J H,LU P.Optimal force ripple design of mutually coupled linear switched reluctance machines with transverse flux by Taguchi method [C]//2016 IEEE Conference on Electromagnetic Field Computation (CEFC).November 13-16,2016,Miami,FL,USA.IEEE,2017:1.

[110] VADDE A, Venkatesha. Electromagnetic computational analysis of double sided linear switched reluctance motor for reduction of force ripples[C]// 2018 International Conference on Power, Instrumentation, Control and Computing (PICC). January 18-20, 2018, Thrissur, India. IEEE, 2018: 1-7.

[111] PESTANA L M,CALADO M R A,MARIANO S.Direct instantaneous thrust control of 3 phase linear switched reluctance actuator[C]//2012

International Conference and Exposition on Electrical and Power Engineering. October 25-27, 2012, Iasi, Romania. IEEE, 2013: 436-440.
[112] PESTANA L M, CALADO M R A, MARIANO S. Direct Instantaneous Thrust Control optimization of a linear switched reluctance actuator by Pulse-width modulation duty ratio adjustment[C]//2014 14th International Conference on Environment and Electrical Engineering. May 10-12, 2014, Krakow, Poland. IEEE, 2014: 464-468.
[113] HIRAYAMA T, KAWABATA S. Method of applying force distribution function for linear switched reluctance motor driven by current source inverter[C]//2018 International Power Electronics Conference (IPEC-Niigata 2018 -ECCE Asia). May 20-24, 2018, Niigata, Japan. IEEE, 2018: 3406-3411.
[114] PAN J F, CHEUNG N C, ZOU Y. An improved force distribution function for linear switched reluctance motor on force ripple minimization with nonlinear inductance modeling [J]. IEEE transactions on magnetics, 2012, 48(11): 3064-3067.
[115] BAE H K, LEE B S, VIJAYRAGHAVAN P, et al. A linear switched reluctance motor: converter and control[J]. IEEE transactions on industry applications, 2000, 36(5): 1351-1359.
[116] KOLOMEITSEV L, KRAYNOV D, PAKHOMIN S, et al. Control of a linear switched reluctance motor as a propulsion system for autonomous railway vehicles[C]//2008 13th International Power Electronics and Motion Control Conference. September 1-3, 2008, Poznan, Poland. IEEE, 2008: 1598-1603.
[117] FONSECA D S B, CABRITA C P, CALADO M R A. A control characterization of a new linear switched reluctance motor[C]//2007 IEEE International Electric Machines & Drives Conference. May 3-5, 2007, Antalya, Turkey. IEEE, 2007: 548-553.
[118] ZHAO S W, CHEUNG N C, GAN W C, et al. A self-tuning regulator for the high-precision position control of a linear switched reluctance motor [J]. IEEE transactions on industrial electronics, 2007, 54(5): 2425-2434.
[119] ZHAO S W, CHEUNG N C, GAN W C, et al. High-precision position control of a linear-switched reluctance motor using a self-tuning regulator[J]. IEEE transactions on power electronics, 2010, 25(11):

2820-2827.

[120] GAN W C,CHEUNG N C,QIU L.Position control of linear switched reluctance motors for high-precision applications[J].IEEE transactions on industry applications,2003,39(5):1350-1362.

[121] ZHAO S W,CHEUNG N C,YANG J M,et al.Passivity-based control of linear switched reluctance motors with robustness consideration[J].IET electric power applications,2008,2(3):164-171.

[122] PAN J F,ZOU Y,CAO G Z.Adaptive controller for the double-sided linear switched reluctance motor based on the nonlinear inductance modelling[J].IET electric power applications,2013,7(1):1-15.

[123] ZHANG B, YUAN J P, QIU L, et al. Distributed coordinated motion tracking of the linear switched reluctance machine-based group control system[J]. IEEE transactions on industrial electronics, 2016, 63(3): 1480-1489.

[124] PAN J F,CHEUNG N C,YANG J M.Auto-disturbance rejection controller for novel planar switched reluctance motor[J].IEE proceedings - electric power applications,2006,153(2):307.

[125] LIM H S,KRISHNAN R.Ropeless elevator with linear switched reluctance motor drive actuation systems[J].IEEE transactions on industrial electronics,2007,54(4):2209-2218.

[126] ISFAHANI A H,FAHIMI B.Comparison of mechanical vibration between a double-stator switched reluctance machine and a conventional switched reluctance machine[J].IEEE transactions on magnetics,2014,50(2):293-296.

[127] ESKANDARI H,MIRSALIM M.An improved 9/12 two-phase E-core switched reluctance machine[J]. IEEE transactions on energy conversion, 2013,28(4):951-958.

[128] SOFIANE Y, TOUNZI A, PIRIOU F, et al. Study of head winding effects in a switched reluctance machine[J].IEEE transactions on magnetics,2002,38(2):989-992.

[129] CHEN H,ZHANG X X,XU Y.Modeling,simulation,and experiment of switched reluctance ocean current generator system[J].Advances in mechanical engineering,2013,5:261241.

[130] CHEN H,WANG Q L.Modeling of switched reluctance linear launcher

[J].IEEE transactions on plasma science,2013,41(5):1123-1130.

[131] EGEA A,UGALDE G,POZA J,et al.FEM model validation for modular axial flux switched reluctance machine design switched reluctance machine design[C]//2016 Eleventh International Conference on Ecological Vehicles and Renewable Energies (EVER). April 6-8, 2016, Monte Carlo,Monaco.IEEE,2016:1-5.

[132] CHEN H, NIE R, ZHAO W M. A novel tubular switched reluctance linear launcher with a module stator[J]. IEEE transactions on plasma science,2019,47(5):2539-2544.

[133] MAO S H,DORRELL D,TSAI M C.Fast analytical determination of aligned and unaligned flux linkage in switched reluctance motors based on a magnetic circuit model[J].IEEE transactions on magnetics,2009,45(7):2935-2942.

[134] AMOROS J,ANDRADA GASCÓN P. Magnetic circuit analysis of a linear switched reluctance motor [C]//13th European Conference on Power Electronics and Applications,2009: 1598-1606.

[135] CHEN H,SUN C,WANG Q.Analysis of flux-linkage characteristics of switched reluctance linear generator[J]. IEEE transactions on applied superconductivity,2014,24(3):1-5.

[136] CHEN H, YAN W J. Flux characteristics analysis of a double-sided switched reluctance linear machine under the asymmetric air gap[J]. IEEE transactions on industrial electronics,2018,65(12):9843-9852.

[137] 丁文,梁得亮.一种开关磁阻电机非线性磁链与转矩建模方法[J].电机与控制学报,2008,12(6):659-665.

[138] RADUN A.Analytically computing the flux linked by a switched reluctance motor phase when the stator and rotor poles overlap[J]. IEEE transactions on magnetics,2000,36(4):1996-2003.

[139] SHEN L,WU J H,YANG S Y,et al.Fast flux linkage measurement for switched reluctance motors excluding rotor clamping devices and position sensors[J].IEEE transactions on instrumentation and measurement,2013,62(1):185-191.

[140] SALMASI F R,FAHIMI B.Modeling switched-reluctance Machines by decomposition of double magnetic saliencies[J]. IEEE transactions on magnetics,2004,40(3):1556-1561.

[141] 曾辉，陈昊，徐阳，等.基于新型磁链检测方案的开关磁阻电机非线性建模[J].电工技术学报，2013，28(11)：124-130.

[142] KHALIL A，HUSAIN I.A Fourier series generalized geometry-based analytical model of switched reluctance machines[J].IEEE transactions on industry applications，2007，43(3)：673-684.

[143] ILIC′-SPONG M，MARINO R，PERESADA S，et al.Feedback linearizing control of switched reluctance motors [J]. IEEE transactions on automatic control，1987，32(5)：371-379.

[144] LAWRENSON P J，STEPHENSON J M，FULTON N N，et al.Variable-speed switched reluctance motors[J].IEE proceedings B electric power applications，1980，127(4)：253-265.

[145] ANDRÉ DOS SANTOS BARROS T，DOS SANTOS NETO P J，DE PAULA M V，et al.Automatic characterization system of switched reluctance machines and nonlinear modeling by interpolation using smoothing splines[J].IEEE access，2018，6：26011-26021.

[146] KHOTPANYA S，KITTIRATSATCHA S，KAZUHISA I.A magnetic model of a three-phase switched-reluctance machine using cubic spline interpolation technique[C]//2005 International Conference on Power Electronics and Drives Systems.November 28 - December 1，2005，Kuala Lumpur，Malaysia.IEEE，2006：1167-1170.

[147] XUE X D，CHENG K W E，HO S L.Correlation of modeling techniques and power factor for switched-reluctance machines drives[J].IEE proceedings - electric power applications，2005，152(3)：710.

[148] XUE X D，CHENG K W E，HO S L.Simulation of switched reluctance motor drives using two-dimensional bicubic spline[J].IEEE transactions on energy conversion，2002，17(4)：471-477.

[149] MOREIRA J C. Torque ripple minimization in switched reluctance motors via bi-cubic spline interpolation[C]//PESC ′92 Record.23rd Annual IEEE Power Electronics Specialists Conference. June 29-July 3，1992，Toledo，Spain.IEEE，2002：851-856.

[150] 李大芃，王守臣，诸静.开关磁阻电机的模糊神经网络模型[J].中国电机工程学报，2000，20(1)：12-15.

[151] 纪良文，蒋静坪，何峰.基于径向基函数神经网络的开关磁阻电机建模[J].电工技术学报，2001，16(4)：7-11.

[152] ZHANG Z,RAO S H,ZHANG X P.Performance prediction of switched reluctance motor using improved generalized regression neural networks for design optimization[J].CES transactions on electrical machines and systems,2018,2(4):371-376.

[153] CAI J,DENG Z Q,QI R Y,et al.A novel BVC-RBF neural network based system simulation model for switched reluctance motor[J].IEEE transactions on magnetics,2011,47(4):830-838.

[154] CHEN H,YAN W,WANG Q,et al.Modeling of a switched reluctance motor under stator winding fault condition[C]//2015 IEEE International Magnetics Conference (INTERMAG).May 11-15,2015, Beijing,China.IEEE,2015:1.

[155] SELCUK A H,KURUM H.Investigation of end effects in linear induction motors by using the finite-element method[J].IEEE transactions on magnetics,2008,44(7):1791-1795.

[156] AMIRI E,JAGIELA M,DOBZHANSKI O,et al.Modeling dynamic end effects in rotary armature of rotary-linear induction motor[C]//2013 International Electric Machines & Drives Conference.May 12-15,2013, Chicago,IL,USA.IEEE,2013:1088-1091.

[157] WORONOWICZ K,SAFAEE A.A novel linear induction motor equivalent-circuit with optimized end-effect model including partially-filled end slots[C]//2014 IEEE Transportation Electrification Conference and Expo (ITEC).June 15-18,2014,Dearborn,MI,USA.IEEE,2014:1-5.

[158] FAIZ J,JAGARI H.Accurate modeling of single-sided linear induction motor considers end effect and equivalent thickness[J]. IEEE transactions on magnetics,2000,36(5):3785-3790.

[159] PLATEN M, HENNEBERGER G. Examination of leakage and end effects in a linear synchronous motor for vertical transportation by means of finite element computation[J]. IEEE transactions on magnetics,2001,37(5):3640-3643.

[160] JAMALI J.End effect in linear induction and rotating electrical machines [J].IEEE transactions on energy conversion,2003,18(3):440-447.

[161] CREPPE R C,ALFREDO COVOLAN ULSON J,RODRIGUES J F.Influence of design parameters on linear induction motor end effect[J]. IEEE transactions on energy conversion,2008,23(2):358-362.

[162] LIU W X, CUI Z Z, HAO W, et al. Effect of static longitudinal end effect on performance of arc linear induction motor[C]//2019 22nd International Conference on Electrical Machines and Systems (ICEMS). August 11-14, 2019, Harbin, China. IEEE, 2019: 1-6.

[163] LU J Y, MA W M. Research on end effect of linear induction machine for high-speed industrial transportation[J]. IEEE transactions on plasma science, 2011, 39(1): 116-120.

[164] HAJJI M, ALI NASR KHOIDJA M, BARHOUMI E M, et al. Vector control for linear induction machine with minimization of the end effects [C]//2012 First International Conference on Renewable Energies and Vehicular Technology. March 26-28, 2012, Nabeul, Tunisia. IEEE, 2012: 466-471.

[165] KARIMI H, VAEZ-ZADEH S, RAJAEI SALMASI F. Combined vector and direct thrust control of linear induction motors with end effect compensation[J]. IEEE transactions on energy conversion, 2016, 31(1): 196-205.

[166] ALONGE F, CIRRINCIONE M, PUCCI M, et al. Input-output feedback linearization control with on-line MRAS-based inductor resistance estimation of linear induction motors including the dynamic end effects[J]. IEEE transactions on industry applications, 2016, 52(1): 254-266.

[167] FUJII N, KAYASUGA T, HOSHI T. Simple end effect compensator for linear induction motor[J]. IEEE transactions on magnetics, 2002, 38(5): 3270-3272.

[168] LIU G H, DING L, ZHAO W X, et al. Nonlinear equivalent magnetic network of a linear permanent magnet vernier machine with end effect consideration[J]. IEEE transactions on magnetics, 2018, 54(1): 1-9.

[169] HU H Z, ZHAO J, LIU X D, et al. Magnetic field and force calculation in linear permanent-magnet synchronous machines accounting for longitudinal end effect[J]. IEEE transactions on industrial electronics, 2016, 63 (12): 7632-7643.

[170] MA M N, LI L Y, ZHANG J P, et al. Analytical methods for minimizing detent force in long-stator PM linear motor including longitudinal end effects[J]. IEEE transactions on magnetics, 2015, 51(11): 1-4.

[171] DANIELSSON O, LEIJON M. Flux distribution in linear permanent-

magnet synchronous machines including longitudinal end effects[J]. IEEE transactions on magnetics,2007,43(7):3197-3201.

[172] ZHU Y W,LEE S G,CHUNG K S,et al.Investigation of auxiliary poles design criteria on reduction of end effect of detent force for PMLSM[J]. IEEE transactions on magnetics,2009,45(6):2863-2866.

[173] KIM Y J,WATADA M,DOHMEKI H.Reduction of the cogging force at the outlet edge of a stationary discontinuous primary linear synchronous motor[J].IEEE transactions on magnetics,2007,43(1):40-45.

[174] DESHPANDE U. Two-dimensional finite-element analysis of a high-force-density linear switched reluctance machine including three-dimensional effects[J]. IEEE transactions on industry applications, 2000, 36(4):1047-1052.

[175] ZAAFRANE W, DURSUN M, REHAOULIA H. Double sided linear switched reluctance motor analysis and modeling including end-effect [C]//2018 5th International Conference on Electrical and Electronic Engineering (ICEEE). May 3-5, 2018, Istanbul, Turkey. IEEE, 2018: 124-128.

[176] MANZER D G,VARGHESE M,THORP J S.Variable reluctance motor characterization[J].IEEE transactions on industrial electronics,1989,36(1):56-63.

[177] AHMAD S S,NARAYANAN G.Linearized modeling of switched reluctance motor for closed-loop current control[J].IEEE transactions on industry applications,2016,52(4):3146-3158.

[178] PANDA D,RAMANARAYANAN V.Mutual coupling and its effect on steady-state performance and position estimation of even and odd number phase switched reluctance motor drive[J].IEEE transactions on magnetics,2007,43(8):3445-3456.

[179] ZENG L Z,CHEN X D,LI X Q,et al.A thrust force analysis method for permanent magnet linear motor using schwarz-christoffel mapping and considering slotting effect,end effect,and magnet shape[J].IEEE transactions on magnetics,2015,51(9):1-9.

[180] JANG K B,KIM J H,AN H J,et al.Optimal design of auxiliary teeth to minimize unbalanced phase due to end effect of PMLSM[J].IEEE transactions on magnetics,2011,47(5):1010-1013.

[181] DENG X, MECROW B, WU H M, et al. Cost-effective and high-efficiency variable-speed switched reluctance drives with ring-connected winding configuration [J]. IEEE transactions on energy conversion, 2019,34(1):120-129.

[182] DING W,LIU L,LOU J Y,et al.Comparative studies on mutually coupled dual-channel switched reluctance machines with different winding connections [J].IEEE transactions on magnetics,2013,49(11):5574-5589.

[183] AZAR Z,ZHU Z Q.Investigation of electromagnetic performance of salient-pole synchronous reluctance machines having different concentrated winding connections [C]//2013 International Electric Machines & Drives Conference. May 12-15, 2013, Chicago, IL, USA. IEEE, 2013: 359-366.

[184] DENG X,MECROW B,MARTIN R,et al.Effects of winding connection on performance of a six-phase switched reluctance machine[J]. IEEE transactions on energy conversion,2018,33(1):166-178.

[185] CUI X P, SUN J B, GU C L. Iron loss and start-up ability of a 6/2 switched reluctance machine with different magnetic polarity of windings[J].IET electric power applications,2019,13(9):1348-1354.

[186] HAYASHI Y,MILLER T J E.A new approach to calculating core losses in the SRM[J].IEEE transactions on industry applications,1995,31(5): 1039-1046.

[187] CHEN L,CHEN H,YAN W J.A fast iron loss calculation model for switched reluctance motors[J].IET electric power applications,2017,11 (3):478-486.

[188] MTHOMBENI T L,PILLAY P.Lamination core losses in motors with nonsinusoidal excitation with particular reference to PWM and SRM excitation waveforms[J].IEEE transactions on energy conversion,2005,20 (4):836-843.

[189] 闫文举.开关磁阻电机铁损耗分析与建模研究[D].徐州:中国矿业大学,2018.

[190] EGGERS D,STEENTJES S,HAMEYER K.Advanced iron-loss estimation for nonlinear material behavior[J].IEEE transactions on magnetics,2012,48 (11):3021-3024.

[191] YANG T,ZHOU L B,LI L R.Influence of design parameters on end

effect in long primary double-sided linear induction motor[J]. IEEE transactions on plasma science,2011,39(1):192-197.

[192] CREPPE R C,ALFREDO COVOLAN ULSON J,RODRIGUES J F.Influence of design parameters on linear induction motor end effect[J]. IEEE transactions on energy conversion,2008,23(2):358-362.

[193] WANG C F,SHEN J X.A method to segregate detent force components in permanent-magnet flux-switching linear machines[J].IEEE transactions on magnetics,2012,48(5):1948-1955.

[194] LIN D,ZHOU P,STANTON S,et al. An analytical circuit model of switched reluctance motors[J].IEEE transactions on magnetics,2009,45(12):5368-5375.

[195] 吴建华.开关磁阻电机设计与应用[M].北京:机械工业出版社,2000.

[196] MADEMLIS C,KIOSKERIDIS I.Performance optimization in switched reluctance motor drives with online commutation angle control[J].IEEE transactions on energy conversion,2003,18(3):448-457.

[197] WALLACE R S,TAYLOR D G.A balanced commutator for switched reluctance motors to reduce torque ripple[J]. IEEE transactions on power electronics,1992,7(4):617-626.

[198] SHAKED N T,RABINOVICI R.New procedures for minimizing the torque ripple in switched reluctance motors by optimizing the phase-current profile[J]. IEEE transactions on magnetics, 2005, 41(3): 1184-1192.

[199] INDERKA R B,DE DONCKER R W A A.DITC-direct instantaneous torque control of switched reluctance drives[J].IEEE transactions on industry applications,2003,39(4):1046-1051.

[200] BRAUER H J,HENNEN M D,DE DONCKER R W.Control for polyphase switched reluctance machines to minimize torque ripple and decrease ohmic machine losses[J].IEEE transactions on power electronics,2012,27(1): 370-378.

[201] XUE X D,CHENG K W E,HO S L.Optimization and evaluation of torque-sharing functions for torque ripple minimization in switched reluctance motor drives[J].IEEE transactions on power electronics,2009,24(9):2076-2090.

[202] POP A C,PETRUS V,MARTIS C S,et al.Comparative study of

different torque sharing functions for losses minimization in Switched Reluctance Motors used in electric vehicles propulsion[C]//2012 13th International Conference on Optimization of Electrical and Electronic Equipment (OPTIM). May 24-26, 2012, Brasov, Romania. IEEE, 2012: 356-365.

[203] YE J, BILGIN B, EMADI A. An extended-speed low-ripple torque control of switched reluctance motor drives[J]. IEEE transactions on power electronics, 2015, 30(3): 1457-1470.